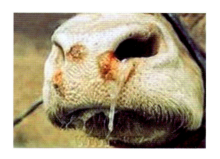

彩图 4-1　牛口蹄疫：病牛
唇部出现水疱

彩图 4-2　牛口蹄疫：病牛舌
部出现明显糜烂

彩图 4-3　牛口蹄疫：病牛唇黏膜
水疱破裂后形成的糜烂区

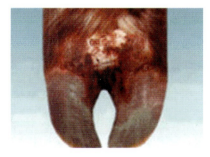

彩图 4-4　牛口蹄疫：病牛蹄部病变

彩图 4-5　牛口蹄疫：病牛乳头
水疱及溃后结痂

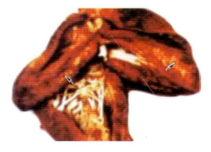

彩图 4-6　牛口蹄疫：病牛虎斑心

彩图4-7　羊小反刍兽疫：病羊
流脓性鼻液

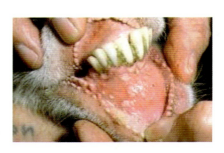

彩图4-8　羊小反刍兽疫：病羊口腔黏膜
出现小的粗糙的红色浅表坏死性病灶

彩图4-9　羊小反刍兽疫：
肠充血、出血

彩图4-10　羊小反刍兽疫：
肠系膜条状出血

彩图4-11　牛瘟：病牛唇内侧、
齿龈出现糜烂区

彩图4-12　牛流行性感冒：高热时，
病牛呼吸促迫，张口气喘

彩图4-13　牛流感：感冒
初期病牛流清涕

彩图4-14　牛流感：病牛口腔
流出白色黏液脓性鼻汁

彩图4-15　牛恶性卡他性热：病牛眼
结膜发炎，角膜混浊

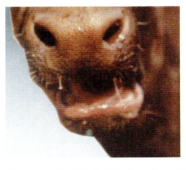

彩图4-16　牛恶性卡他性热：病牛鼻镜
皮肤先充血，后坏死、糜烂、结痂

彩图4-17　牛病毒性腹泻-黏膜病：
病牛鼻镜与硬腭交界处黏膜糜烂

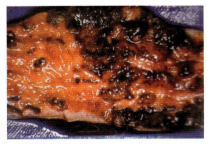

彩图4-18　牛病毒性腹泻-黏膜病：
病牛肠道黏膜出血、坏死

彩图 4-19　牛传染性鼻气管炎：病牛
鼻腔中流出大量黏液脓性分泌物

彩图 4-20　牛传染性鼻气管炎：
病牛眼结膜炎，流泪

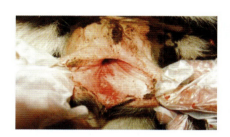

彩图 4-21　牛传染性鼻气管炎：
病牛阴道黏膜出血

彩图 4-22　羊蓝舌病：脸部肿胀

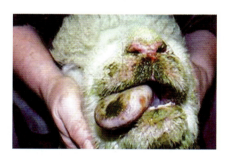

彩图 4-23　羊蓝舌病：舌充血、糜烂

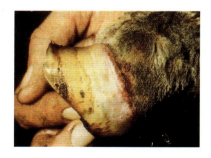

彩图 4-24　羊蓝舌病：蹄部发炎

彩图 4-25　山羊病毒性关节炎-脑炎：
病羊膝关节和跗关节炎症

彩图 5-1　牛恶性水肿：病牛乳房水肿

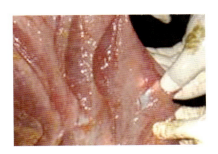

彩图 5-2　羊快疫：胃黏膜水肿

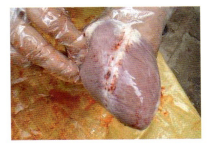

彩图 5-3　羊快疫：心肌出血

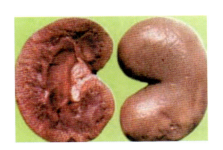

彩图 5-4　羊快疫：肾脏肿胀、瘀血

彩图 5-5　羊黑疫：肝脏表面和实质有
大小不等的灰黄色坏死灶

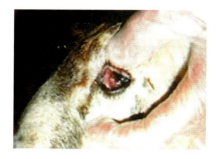

彩图 5-6　羊巴氏杆菌病：角膜炎

彩图 5-7　羊巴氏杆菌病：肺脏瘀血，并有点状出血

彩图 5-8　牛巴氏杆菌病：病牛肺脏水肿，表面有灰白色病灶

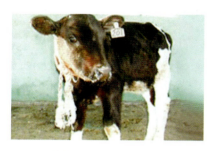

彩图 5-9　牛结核病：犊牛鼻孔留下脓性鼻液

彩图 5-10　牛结核病：病牛淋巴结肿大，有结核结节

彩图 5-11　牛结核病：病牛肺脏有结核结节

彩图 5-12　牛传染性胸膜肺炎：
病牛肺浆膜有少量纤维蛋白附着

彩图 5-13　牛李氏杆菌病：
病牛头颈部歪斜

彩图 5-14　牛李氏杆菌病：病牛
头部一侧麻痹，左耳下垂

彩图 5-15　牛坏死杆菌病（腐蹄病）：
病牛蹄部皮肤出现坏死区

彩图 5-16　羊肠毒血症：
肠道发炎、出血

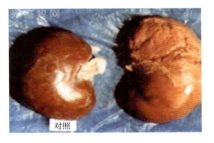

彩图 5-17　羊肠毒血症：肾脏软化，
像脑髓一样

彩图 8-1　牛佝偻病：病牛两
前肢呈内弧圈状弯曲

彩图 8-2　奶牛产后瘫痪

彩图 9-1　牛直肠脱出

彩图 9-2　母牛难产

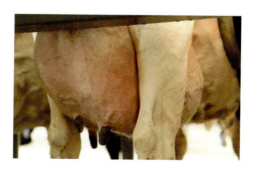

彩图 9-3　母牛乳腺炎：病牛乳区红肿、变硬

经典实用技术丛书

牛、羊病诊治一本通

宋运飞　席克奇　张文明　申　凤　编著
张雨飞　谢云鹏　邱　菊　王运成

机械工业出版社
CHINA MACHINE PRESS

本书介绍了牛、羊传染病的流行与防控，牛、羊病的诊疗技术，牛、羊的免疫接种，牛、羊病毒性传染病的诊治，牛、羊细菌性传染病的诊治，牛、羊寄生虫病的诊治，牛、羊中毒性疾病的诊治，牛、羊营养代谢病的诊治，牛、羊其他普通病的诊治等，重点介绍了各种病的流行特点、临床症状、病理变化、鉴别诊断和防治措施。

　　本书内容通俗易懂，简明扼要，注重实际操作，可供牛、羊饲养者及畜牧兽医等相关人员使用。

图书在版编目（CIP）数据

　　牛、羊病诊治一本通/宋运飞等编著 . —北京：机械工业出版社，2020. 1
（2022. 3 重印）
　　（经典实用技术丛书）
　　ISBN 978-7-111-64590-0

　　Ⅰ. ①牛⋯　Ⅱ. ①宋⋯　Ⅲ. ①牛病 - 诊疗②羊病 - 诊疗　Ⅳ. ①S858. 2

中国版本图书馆 CIP 数据核字（2020）第 016625 号

机械工业出版社（北京市百万庄大街 22 号　邮政编码 100037）
策划编辑：周晓伟　责任编辑：周晓伟　高　伟　陈　洁
责任校对：宋逍兰　责任印制：张　博
保定市中画美凯印刷有限公司印刷
2022 年 3 月第 1 版第 5 次印刷
145mm × 210mm · 7. 625 印张 · 4 插页 · 256 千字
10801—13800 册
标准书号：ISBN 978-7-111-64590-0
定价：35. 00 元

电话服务　　　　　　　　　网络服务
客服电话：010-88361066　　机 工 官 网：www. cmpbook. com
　　　　　010-88379833　　机 工 官 博：weibo. com/cmp1952
　　　　　010-68326294　　金 书 网：www. golden-book. com
封底无防伪标均为盗版　机工教育服务网：www. cmpedu. com

Preface 前言

　　我国是世界牛、羊饲养大国。据资料统计，2016 年我国牛存栏量达 10817 万头，羊存栏量达 31100 万只。牛、羊都是食草类牲畜，具有较高的食用营养价值和工业应用价值，是当前国家大力提倡发展的养殖门类。随着我国农村经济的发展和人们消费水平的提升，牛、羊饲养业日益成为农业和农村经济结构调整的一个重要方向。

　　但伴随牛、羊生产的发展，牛、羊群体的扩大，牛、羊疾病也逐渐增多，并且复杂多样，不仅给牛、羊饲养场和饲养户的生产带来损失，而且直接危害人类健康。因此，探讨牛、羊病的防治方法，采取有效措施进行防治，对提高牛、羊生产的经济效益和自然环境卫生都是非常重要的。

　　为了适应目前我国农村牛、羊生产的需要，我们学习和参考了某些中外牛、羊病诊治专著及有关技术资料，借鉴各地牛、羊病防治的成功经验，结合自己的工作体会，编写了本书，期望能对牛、羊的养殖生产有所帮助。

　　本书在写作上力求语言通俗易懂、简明扼要，内容系统，注重实际操作。书中重点介绍了牛、羊传染病的流行与防控，牛、羊病的诊疗技术，牛、羊的免疫接种，牛、羊病毒性传染病的诊治，牛、羊细菌性传染病的诊治，牛、羊寄生虫病的诊治，牛、羊中毒性疾病的诊治，牛、羊营养代谢病的诊治，牛、羊其他普通病的诊治等内容，可供牛、羊饲养者及畜牧兽医等相关人员使用。

　　需要特别说明的是，本书所用药物及其使用剂量仅供读者参考，不可照搬。在生产实际中，所用药物学名、常用名与实际商品名称有差异，药物浓度也有所不同，建议读者在使用每一种药物之前，参阅厂家提供的产品说明以确认药物用量、用药方法、用药时间及用药禁忌等。购买兽药时，执业兽医有责任根据经验和对患病动物的了解决定用药量及选择最佳治疗方案。

　　本书在编写过程中参考了一些专家、学者的文献资料，在此向他们表示感谢。

　　由于作者的理论和技术水平有限，书中不妥或错误之处在所难免，敬请广大读者批评指正。

编著者

Contents 目录

牛、羊传染病的流行与防控

牛/羊疾病，尤其是一些传染性疾病和成批发生的寄生虫病，是牛/羊生产的大敌，如果疏于防范，往往会使整群以至整个牛/羊饲养场毁于一旦，造成重大的经济损失。因此，在牛/羊生产中，必须贯彻"以预防为主"的方针，采取切实可行的措施，确保畜体健康无病，高产稳产。

一、病原微生物

传染病是由人们肉眼看不见而具有致病性的微小生物——病原微生物引起的，它们包括病毒、细菌、支原体、真菌及衣原体等。

（1）病毒 病毒是很小的微生物，一般圆形病毒的直径为几十纳米至一百多纳米，必须用电子显微镜放大数万倍才能观察到。

病毒不能独立进行新陈代谢，每种病毒必须寄生在对其具有易感性的动物、植物或微生物的活细胞内，才能正常生存和繁殖。由病畜消化道、呼吸道等排出的各种病毒，都是释放在细胞之外的，它们在自然界中不能繁殖，但能存活数十天至数百天之久，当有机会侵入畜体时，又在细胞内繁殖，引起疾病。

病毒有耐冷怕热的共性，温度越低，存活越久，但在高热环境中存活的时间很短。例如，绵羊肺腺瘤病病毒，56℃经30分钟即可灭活。不同病毒对酸、碱、日光、紫外线及各种消毒剂有不同的耐受力，但大多数不能耐受碱和长时间（半小时以上）的日光直射。

牛/羊病毒性传染病与细菌性传染病的一个不同之处是前者用疫苗预防的效果比较好，但一般来说没有特效药物可以治疗。抗生素及磺胺类药物的作用是破坏细菌的新陈代谢，而病毒靠寄生生存，没有自身的代谢，因而不受这些药物的影响。能够进入细胞杀灭病毒而又不损害细胞的化学药品，研制难度大，仅取得有限的进展。有些牛/羊病毒性传染病可以用高免血清治疗，虽有特效，但费用比较高。

（2）细菌　细菌是单细胞的微生物，直径或长度一般为几微米到几十微米，用普通光学显微镜放大 1000 多倍可以观察。依细菌的形态可分为球菌、杆菌和螺旋菌 3 种类型，有些球菌和杆菌在分裂之后，仍有一般显微镜下看不到的原浆带相连，从而排列成一定形态，分别称为双球菌、链球菌、葡萄球菌、链状杆菌等。

细菌与病毒不同，它能独立进行新陈代谢。只要有适宜的温度、湿度、酸碱度及营养等条件，细菌就可以大量分裂繁殖。例如，大肠杆菌在适宜条件下，每 20 分钟左右就分裂 1 次。一般病原菌在 10～45℃的温度下都可以繁殖，以 37℃最为适宜。当外界环境不利时，细菌会减缓乃至停止繁殖，但能存活较长时间，待环境有利时再恢复繁殖。

有些细菌能在细胞壁外面形成肥厚的胶状物，包裹整个菌体，这种胶状物称为荚膜。它具有抵抗动物细胞的吞噬和消除抗体的作用，从而增强细菌的致病能力。还有些杆菌在外界环境不利时能形成一种有坚实厚壁的圆形或椭圆形囊状结构，称为芽孢，可大大增强对高温、干燥及消毒药的抵抗力。能否形成荚膜和芽孢，以及芽孢呈现什么形态是菌种的特征，因而是鉴别细菌的依据之一。

细菌可以在人工培养基上进行培养。在固体培养基上培养时，细菌大量繁殖所形成的肉眼可见的聚集物称为菌落，不同细菌的菌落呈不同形态，这也是鉴别细菌和诊断传染病的依据之一。

牛/羊细菌性传染病都可以用药物进行预防和治疗，但大多数细菌性传染病没有可供免疫接种的菌苗，只有少数有用于预防的菌苗，但效果也不够理想，仅在必要时使用。

（3）支原体　支原体又称霉形体，其大小介于细菌和病毒之间，结构比细菌简单，但能独立生存。支原体没有真性细胞壁，只有极薄的胞质膜，不足以保持固定形态，因而呈多形性，如球形、杆形、星形、螺旋形等。多种抗生素，如土霉素、金霉素对支原体有效，但青霉素的作用是破坏细胞壁的合成，而支原体并无真性细胞壁，所以青霉素对支原体无效。

（4）真菌　真菌包括担子菌、酵母菌和霉菌，一般担子菌、酵母菌对动物无致病性。霉菌种类繁多，有些霉菌对牛和羊有致病性，如烟曲霉菌使饲料、垫料发霉，引起牛/羊患曲霉菌病，而黄曲霉菌常使花生饼变质，饲喂牛和羊后引起中毒。

霉菌的形态是细长的菌丝，有很多分枝，各执行不同功能。一些菌

丝肉眼看不到，大量菌丝聚在一起呈丝绒状，是人们所常见的。

霉菌能够进行独立的新陈代谢，在温暖（22～28℃）、潮湿和偏酸性（pH 4～6）的环境中繁殖很快，并可产生大量的孢子浮游在空气中，易被牛/羊吸入肺脏。一般消毒药对霉菌无效或效力甚微。

（5）衣原体　衣原体是一种介于病毒和细菌之间的微生物，生长繁殖到一定阶段寄生在细胞内，对抗生素敏感。

二、传染病的流行

某些病原微生物侵入牛/羊体后，在体内生长繁殖，损伤牛和羊的体组织，扰乱其生理机能而引起疾病。这种疾病可由一头病牛/羊传染给同群的其他健康牛/羊，也可由一个牛/羊群传染给其他牛/羊群而发生同样的疾病，因而称为传染病。

牛/羊传染病的传播扩散必须具备传染源、传播途径和牛/羊的易感性3个基本因素，如果打破、切断和消除这三个环节中的任何一个环节，这些传染病就会停止流行。

（1）传染源　传染源即病原微生物的来源。主要传染源是病牛、病羊和带菌（毒）的牛和羊，患病牛/羊不仅体内有病原微生物繁殖，而且通过各种排泄物将病原微生物排出体外，传播扩散，使健康牛/羊发生传染病。但带菌（毒）的隐性感染牛/羊，由于缺乏病症，不被人们注意，往往会被认为是健康牛/羊，这样就潜伏了极大危险，易造成大面积传染。另外，患传染病的牛/羊尸体处理不当，也是散播病原微生物的重要传染源。

（2）传播途径　牛/羊传染病的病原微生物由传染源向外传播的途径有两种，即垂直传播和水平传播。

1）垂直传播，也叫亲子代传递，是种牛、种羊感染了（包括隐性感染）某些传染病时，体内的病菌或病毒能侵入受精卵，传播给下一代犊牛、羔羊。能垂直传播的牛/羊传染病有沙门氏菌病、支原体病、脑脊髓炎、大肠杆菌病等。

2）水平传播，也叫横向传播，是指病原微生物通过各种媒介在同群牛/羊之间和地区之间的传播。这种传播方式面广量大，媒介物也很多。同群牛/羊之间的传播媒介主要是饲料、饮水、空气中的飞沫与灰尘等，远距离传播的媒介通常是牛/羊舍内清除出去的垫料和粪便、运畜车辆、在各饲养场之间周转的饲料包装袋及工作人员的衣物等。

（3）**牛/羊的易感性** 病原微生物仅是引起传染病的外因，它通过一定的传播途径侵入牛/羊体后，是否导致发病，还要取决于内因，也就是牛/羊的易感性和抵抗力。牛/羊由于品种、年龄、免疫状况及体质强弱等不同，对各种传染病的易感性有很大差别。例如，在年龄方面，犊牛、羔羊对沙门氏菌、大肠杆菌等易感性高，成年牛/羊则对布氏杆菌感性高；在免疫状况方面，牛/羊群接种过某种传染病的疫苗后，产生了对该病的免疫力，易感性即大大降低。当牛/羊群对某种传染病处于易感状态时，如果体质健壮，也有一定的抵抗力。

三、传染病的感染与发病

1. 感染的类型

某种病原微生物侵入畜体后，必然引起畜体防卫系统的抵抗，其结果必然出现以下3种情况：一是病原微生物被消灭，没有形成感染；二是病原微生物在畜体内的一定部位定居并大量繁殖，引起病理变化和症状，也就是引起发病，称为显性感染；三是病原微生物与畜体内防卫力量处于相对平衡状态，病原微生物能够在畜体某些部位定居，进行少量繁殖，有时也引起比较轻微的病理变化，但没有引起症状，也就是没有引起发病，称为隐性感染。有些隐性感染的牛/羊是健康带菌者、带毒者，会较长时期排出病菌、病毒，成为易被忽视的传染源。

2. 发病过程

显性感染的过程可分为以下4个阶段：

（1）**潜伏期** 病原微生物侵入畜体后，必须繁殖到一定数量才能引起症状，这段时间称为潜伏期。潜伏期的长短与入侵的病原微生物毒力、数量及畜体抵抗力强弱等因素有关。例如，牛瘟的潜伏期一般为3~5天，其最大范围为2~10天。

（2）**前驱期** 前驱期是牛/羊发病的征兆期，表现出精神不振、食欲减退、体温升高等一般症状，尚未表现出该病特征性症状。前驱期一般只有数小时至1天多，某些最急性的传染病前驱期时间很短，甚至没有前驱期。

（3）**明显期** 在明显期，牛/羊的病情发展到高峰阶段，表现出病的特征性症状。前驱期与明显期合称为病程。急性传染病的病程一般为数天至2周。慢性传染病的病程则可达数月。

（4）**转归期** 转归期即病程发展到结局阶段，发病牛/羊有的死亡，

有的恢复健康。康复牛/羊在一定时期内对该病具有免疫力，但体内仍残存并向外排放该病的病原微生物，成为健康带菌或带毒牛/羊。

四、传染病的基本防治措施

1. 预防牛/羊传染病的基本措施

（1）饲养场选址要符合防疫要求　饲养场的场址应背风向阳，地势高燥，水源充足，排水方便。位置要远离村镇、机关、学校、工厂和居民区，与铁路、公路干线及运输河道也要有一定距离。

（2）对饲养人员和车辆要进行严格消毒，切断外来传染源　饲养场入口也应设置消毒设施，外来车辆进入场区和饲养人员出入牛/羊舍要消毒。

（3）建立场内兽医卫生制度

1）不得把后备牛/羊群或新购入的牛/羊群与成年牛/羊群混养，以防止疫病接力传染。

2）食槽、水槽要保持清洁卫生，定期清洗消毒。粪便要定期清除。

3）牛/羊转群前或牛/羊舍进牛/羊前，要彻底消毒牛/羊舍和用具。

4）定期对牛/羊群进行计划免疫和药物防病，定期驱虫。疫苗接种是防止某些传染病发生的可靠措施，在接种时要查看疫苗的有效期、接种方法及剂量等。预防性用药是根据某些病的发病规律提前用药，应注意各种抗菌类药物交替使用，以防病原菌产生抗药性。

5）饲养场要重视和做好除鼠、防蚊、灭蝇工作。

（4）加强牛/羊群的饲养管理，提高牛/羊的抗病能力

1）供给全价饲料。饲料的营养水平不仅影响牛/羊的生产能力，而且缺乏某些成分可发生相应的缺乏症。所以要从正规的饲料厂购买饲料，贮存时注意时间不要过长，并防止霉变和结块。在自配饲料时，要注意原料的质量，避免饲料配方与实际应用相脱节。

2）给予适宜的环境温度。适宜的环境温度有利于提高牛/羊群的生产能力。温度过高或过低，都会影响牛/羊群的健康，冷热不定很容易导致牛/羊呼吸道疾病的发生。

3）维持良好的通风换气条件。牛/羊舍内的粪便及残存的饲料受细菌的作用可产生大量的氨气，加上牛/羊呼吸排出的气体对牛/羊机体是有害的，特别是氨气，一旦达到使人感觉不适甚至流泪的程度，可导致牛/羊呼吸道黏膜损伤而发生细菌和病毒的感染。要减少牛/羊舍内的有害气体,一方面可采取在不突然降低温度的情况下开窗或排风扇排气,另一方面要保持地面干燥卫生,减少氨气的产生。

4)保持合理的饲养密度。饲养密度过大可造成牛/羊群拥挤和空气中有害气体增多,牛/羊易患伤寒、球虫病、大肠杆菌病及呼吸道疾病等。

(5)建立兽医疫情处理制度

1)兽医防疫人员每天要深入牛/羊舍观察,有疫情要立即诊断。

2)发现传染病时,病牛/羊应隔离,死牛/羊应深埋或烧毁。对一些烈性传染病,应及时报告上级兽医机关,并封锁牛/羊饲养场,进行紧急接种,直至最后一头病牛/羊死亡半个月后不再有病牛/羊出现,方可报告上级部门解除封锁。

3)对污染的牛/羊舍和用具要进行消毒处理,牛/羊的粪便需要堆积发酵后方可运出场外。

2. 消灭牛/羊群传染病的基本措施

一旦发生传染病,为了扑灭疫情,避免造成大范围流行,必须立即查明和消灭传染源,切断传染途径,提高牛/羊群对传染病的抵抗力。

(1)发现异常,及早做出诊断 发现牛/羊群中有部分牛/羊发病或异常时,应立即请兽医亲临现场,做出病情诊断,并查明发病原因。若不能确诊,应立即将病料送到兽医权威部门进行确诊。必要时应把疫情通知周围牛/羊饲养场或饲养户,以便采取预防措施。

(2)针对疫情,及时采取防治措施 当确诊为口蹄疫、牛瘟、羊小反刍兽疫等烈性传染病时,如果为流行初期,应立即对未发病牛/羊进行疫苗的紧急接种,以便在短期内使流行逐渐停止。但是,正在潜伏期的病牛/羊,接种疫苗后,不但不能使其免疫,反而可能加速发病死亡。所以到了流行中期,已经感染而貌似健康的牛/羊为数很多,此时接种疫苗,往往收效不大。当确诊为巴氏杆菌病等细菌性传染病时,在流行初期除用菌苗进行紧急接种外,还可用磺胺类药物或抗生素进行治疗和预防,并加强饲养管理。

(3)严格隔离和封锁,防止疫情蔓延 对发生传染病的牛/羊群要进行全部检疫,对检出的病牛/羊要隔离治疗,疑似病牛/羊应隔离观察,对病牛/羊或疑似病牛/羊设专人饲养管理。对发生传染病的牛/羊群和饲养场,应及早划定疫区,进行严格封锁。在封锁期间,禁止犊牛、羔羊、种牛、种羊的调进或调出。待场内病牛/羊已经全部痊愈或处理完毕,

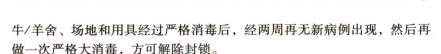

牛/羊舍、场地和用具经过严格消毒后，经两周再无新病例出现，然后再做一次严格大消毒，方可解除封锁。

（4）坚决淘汰病牛/羊，彻底进行环境消毒 牛/羊群发病后，对所有病重的牛/羊要坚决淘汰。如果可以利用，必须在兽医部门同意的地点，在兽医监督下加工处理。牛毛、羊毛、血水、废弃的内脏要集中深埋，肉尸要高温处理。病死牛/羊的尸体、粪便和垫草等应运往指定地点烧毁或深埋，防止猪、犬等扒吃。对被污染的牛/羊舍、运动场及饲养用具，都要用2%～3%的热火碱（氢氧化钠溶液）等高效消毒剂进行彻底消毒。

　　对于牛/羊病的防治，要坚持以预防为主的原则，"防"重于"治"，治疗是不得已的补救措施。只有做好疫病的预防工作，才能保证牛/羊群健康，降低饲养成本。

第二章 牛、羊病的诊疗技术

一、流行病学调查与临床诊断

1. 流行病学调查

有许多牛/羊病的临床表现非常相似，但各种病的发病时机、季节、传播速度、发展过程、易感日龄、牛/羊品种、性别及对各种药物的反应等方面各有差异，这些差异对鉴别诊断有非常重要的意义。因此，在发生疫情时要进行流行病学调查，以便结合临床症状和化验结果进行最后确诊。

2. 临床诊断

临床诊断是诊断牛/羊病最常用的方法。通过问诊、视诊、触诊、叩诊和嗅诊等方法所发现的症状表现及异常变化，综合起来加以分析，往往可以对疾病做出诊断，或者为进一步检验提供依据。

（1）羊病的临床诊断

1）大群检查。接触羊群时，首先对群体进行检查，从大群羊中先挑出病羊和可疑病羊，然后再对其进行个体检查。运动、休息和摄食饮水的检查，是对羊群进行临床检查的三大环节；眼看、耳听、手摸、检温（即用体温计检查羊的体温），是对羊群进行临床检查的主要方法。运用"看、听、摸、检"的方法，通过三大环节的检查，可以把大部分病羊从羊群中挑选出来。运动时的检查是在羊群自然活动和人为驱赶活动时的检查，从不正常的姿态中找出病羊。休息时的检查是在保持羊群安静的情况下，进行看和听，以检出姿态、声音有异常变化的羊。摄食饮水时的检查是在羊自然摄食、饮水或喂给少量食物、饮水时进行的检查，以检出摄食、饮水有异常表现的羊。

① 运动时的检查。检查者位于羊群旁边或进入羊群内。首先，观察羊的精神外貌和姿态步样。健康羊精神活泼，步态平稳，不离群，不掉队。而病羊多精神不振，沉郁或不安，步行跟蹡或做旋回运动，跛行，

前肢软弱跪地或后肢麻痹，有时突然倒地发生痉挛等。发现这些有异常表现的羊时，应将其挑出做个体检查。其次，注意观察羊的天然孔及分泌物。健康羊鼻镜湿润，鼻孔、眼及嘴角干净；病羊鼻镜干燥，鼻孔流出分泌物，有时鼻孔周围粘有脏土等杂物，眼角附着脓性分泌物，嘴角流出唾液。发现这样的羊，应将其挑出复检。

② 休息时的检查。检查者位于羊群周围，保持一定距离。首先，按顺序并尽可能地逐只观察羊的站立和躺卧姿态。健康羊吃饱后多合群卧地休息，时而进行反刍，当有人接近时常起立离去。病羊常独自呆立一侧，肌肉震颤及痉挛，或者离群单卧，长时间不见其反刍，有人接近也不理睬。发现这样的羊应做进一步检查。其次，同样要注意羊的天然孔、分泌物及呼吸状态等，当发现口鼻及肛门等处流出异常分泌物及排泄物，以及鼻镜干燥和呼吸促迫时，也应挑出。再次，注意被毛状态。如果发现被毛有脱落之处，无毛部位有痘疹或痂皮时，也要挑出做进一步检查。休息时的检查还要听羊的各种声音，如听到磨牙声、咳嗽声或喷嚏声时，也要挑出复检。

③ 摄食饮水时的检查。此时是在放牧、喂饲或饮水时对羊的食欲及摄食饮水状态进行的观察。健康羊在放牧时多走在前头，边走边吃草，饲喂时也多抢着吃草，当饮水时或放牧中遇见水时，多迅速奔向饮水处，争先喝水。病羊吃草时，多落在后边，时吃时停，或者离群站立不吃草，当全群羊吃饱后，病羊的饥窝（肷部）仍不鼓起，饮水时或不喝或暴饮，如果发现这样的羊，应挑出复检。

2）个体检查。

① 问诊。问诊是通过询问畜主或饲养员，了解羊发病的有关情况。询问内容一般包括：发病时间，发病只数，病前和病后的异常表现，以往的病史、治疗情况、免疫接种情况，饲养管理情况及羊的年龄、性别等。但在听取其回答时，应考虑所谈情况与当事人的利害关系（责任），分析其可靠性。

② 视诊。视诊是观察病羊的表现。视诊时，最好先从离病羊几步远的地方观察羊的肥瘦、姿势、步态等情况；然后靠近病羊详细察看被毛、皮肤、黏膜、结膜、粪尿等情况。

a. 肥瘦：一般急性病，如急性臌胀、急性炭疽等，病羊身体仍然肥壮；相反，一般慢性病，如寄生虫病等，病羊身体多瘦弱。

b. 姿势：观察羊只一举一动是否与平时相同，如果不同，就可能是

有病的表现。有些疾病表现出特殊的姿势，如破伤风表现四肢僵直，行动不灵便。

c. 步态：一般健康羊步行活泼而稳重。如果羊患病，常表现行动不稳，或者不愿行走。当羊的四肢肌肉、关节或蹄部发生疾病时，则表现为跛行。

d. 被毛和皮肤：健康羊的被毛平整而不易脱落，富有光泽。在病理状态下，被毛粗乱蓬松，失去光泽，而且容易脱落。患螨虫病的羊，病部被毛可成片脱落，同时皮肤变厚变硬，出现蹭痒和擦伤。在检查皮肤时，除注意皮肤的颜色外，还要注意有无水肿、炎性肿胀、外伤及皮肤是否温热等。

e. 黏膜：一般健康羊的眼结膜，鼻腔、口腔、阴道和肛门黏膜表面光滑且呈粉红色。口腔黏膜发红，多半是由于体温升高，身体上有发炎的地方。黏膜发红并带有红点、血丝或呈紫色，是由于严重的中毒或传染病引起的。黏膜苍白，多为贫血；黏膜呈黄色，多为黄疸；黏膜呈蓝色，多为肺脏、心脏患病。

f. 吃食、饮水、口腔、粪尿：羊采食或饮水忽然增多或减少，以及喜欢舔泥土、吃草根等，也是有病的表现，可能是慢性营养不良。反刍减少、无力或停止，表示羊的前胃有病。口腔有病时，如喉炎、口腔溃疡、舌有烂伤等，打开口腔就可以看出来。羊的排粪也要检查，主要检查其形状、硬度、色泽及附着物等。正常时，羊粪呈小球形，没有难闻的臭味。病理状态下，粪便有特殊臭味，见于各型肠炎；粪便过于干燥，多为缺水和肠弛缓；粪便过于稀薄，多为肠功能亢进；前部肠管出血粪呈黑褐色，后部出血则粪呈鲜红色；粪内有大量黏液，表示肠黏膜有卡他性炎症；粪便混有完整谷粒和纤维很粗，表示消化不良；粪便混有纤维膜时，表示为纤维素性肠炎；粪便混有寄生虫及其节片时，说明体内有寄生虫。健康羊每天排尿 3～4 次，排尿次数和尿量过多或过少，以及排尿痛苦、失禁，都是有病的征候。

g. 呼吸：健康羊每分钟呼吸 12～20 次。呼吸次数增多，见于热性病、呼吸系统疾病、心脏衰弱及贫血、腹压升高等；呼吸次数减少，主要见于某些中毒、代谢障碍、昏迷。另外，还要检查呼吸型、呼吸节律及呼吸是否困难等。

③ 嗅诊。诊断羊病时，嗅闻分泌物、排泄物、呼出气体及口腔气味也很重要。例如，患肺坏疽时，病羊的鼻液带有腐败性恶臭；患胃肠炎

时，病羊的粪便腥臭或恶臭；消化不良时，可从呼气中闻到酸臭味。

④ 触诊。触诊是用手指或手指尖感触被检查的部位，并稍加压力，以便确定被检查的各个器官组织是否正常。触诊常用如下几种方法：

a. 皮肤检查：主要检查皮肤的弹性、温度、湿度、有无肿胀和伤口等。羊的营养不好，或者羊得过皮肤病，皮肤就没有弹性。羊高热时，皮肤温度会升高。

b. 体温检查：一般用手摸羊耳朵或把手插进羊嘴里去握住舌头，可以知道病羊是否发热。测温的准确方法是用体温表测量。在给病羊测体温时，先把体温表的水银柱甩下去，涂上油或水以后再慢慢插入肛门里，体温表的1/3留在肛门外面，插入后滞留的时间一般为 2～5 分钟。一般幼羊比成年羊的体温高一些，热天比冷天高一些，运动后比动前高一些，这都是正常的生理现象。羊的正常体温是 38～40℃。如果高于正常体温，则为发热，常见于传染病。

当直肠、肛门内有粪球时，应让粪球排出后再测温，否则测得的温度不准确。另外，若肛门括约肌很紧，可用体温计在肛门中轻轻地转动几下，使局部放松后再插入，不然易损伤直肠黏膜。

c. 脉搏检查：检查时，注意每分钟跳动次数和强弱等。检查羊脉搏时，用手指摸后肢股部内侧的动脉。健康羊每分钟脉搏跳动 70～80 次。病羊脉搏的跳动次数和强弱都与健康羊不同。

d. 体表淋巴结检查：主要检查颌下淋巴结、颈浅淋巴结、髂下淋巴结和乳房上淋巴结。当羊发生结核病、伪结核病、羊链球菌病时，体表淋巴结往往肿大，其形状、硬度、温度、敏感性及活动性等也会发生变化。

e. 人工诱咳：检查者站立在羊的左侧，用右手捏压气管前 3 个软骨环，羊有病时，就容易引起咳嗽。羊发生肺炎、胸膜炎、结核病时，咳嗽低弱；发生喉炎及支气管炎时，咳嗽强而有力。

⑤ 听诊。听诊是利用听觉来判断羊体内正常的声音和有病的声音。最常用的听诊部位为胸部（心脏、肺脏）和腹部（胃、肠）。听诊的方法有两种：一种是直接听诊，即将一块布铺在被检查的部位，然后把耳朵紧贴其上，直接听羊体内的声音；另一种是间接听诊，即用听诊器听诊。不论用哪种方法听诊，都应当把病羊牵到清静的地方，以免受外界

杂音的干扰。

a. 心脏听诊：心脏跳动的声音，正常时可听到"嘣""咚"两个交替发出的声音。"嘣"音，为心室收缩时所产生的声音，其特点是低、钝、长、间隔时间短，叫作第一心音。"咚"音，为心室舒张时所产生的声音，其特点是高、锐、间隔时间长，叫作第二心音。第一、二心音均增强，见于热性病的初期；第一、二心音均减弱，见于心脏功能障碍的后期或患有渗出性胸膜炎、心包炎；第一心音增强时，常伴有明显的心搏动增强和第二心音微弱，主要见于心脏衰弱的后期，排血量减少，动脉压下降时；第二心音增强时，见于肺气肿、肺水肿、肾炎等病理过程中。如果在正常心音以外听到其他杂音，多为瓣膜疾病、创伤性心包炎、胸膜炎等。

b. 肺脏听诊：听取肺脏在吸入和呼出空气时，由于肺脏振动而产生的声音。一般有下列5种：

Ⅰ. 肺泡呼吸音：健康羊吸气时，从肺部可听到"夫"的声音；呼气时，可以听到"呼"的声音，这称为肺泡呼吸音。肺泡呼吸音过强，多为支气管炎、黏膜肿胀等；过弱时，多为肺泡肿胀、肺泡气肿、渗出性胸膜炎等。

Ⅱ. 支气管呼吸音：空气通过喉头时过喉头狭窄部所发出的声音，类似"赫"的声音，此音传到气管，称气管呼吸音，在肺前部支气管区听到的称支气管呼吸音。如果在肺部其他部位听到这种声音，多为肺炎的肝变期，见于羊传染性胸膜肺炎等疾病。

Ⅲ. 啰音：支气管发炎时，管内积有分泌物，被呼吸的气流冲动而发出的声音称为啰音。啰音可分为干啰音和湿啰音两种。干啰音甚为复杂，有咝咝声、笛声、口哨声及猫鸣声等，多见于慢性支气管炎、慢性肺气肿和肺结核等。湿啰音类似含漱音、沸腾音或水泡破裂音，多发生于肺水肿、肺充血、肺出血和慢性肺炎等。

Ⅳ. 捻发音：这种声音像用手指捻毛发时发出的声音，多发生于慢性肺炎和肺水肿等。

Ⅴ. 摩擦音：摩擦音一般有两种，一种为胸膜摩擦音，多发生在肺脏与胸膜之间，多见于纤维素性胸膜炎和胸膜结核等。胸膜发炎，纤维素沉积，使胸膜变得粗糙，当呼吸时，两层胸膜互相摩擦而发出声音，这种声音像一只手贴在耳上，另一只手的手指轻轻摩擦贴耳的手背所发出的声音。另一种为心包摩擦音。当发生纤维素性心包炎时，心包膜的壁层和脏层失去润滑性，因而伴随心脏的跳动两层膜互相摩擦而发生杂音。

c. 腹部听诊：主要是听取腹部胃肠运动的声音。羊健康的时候，于左肷窝可听到瘤胃蠕动音，呈逐渐增强又逐渐减弱的"沙沙"声，每分钟可听到3~6次。羊患前胃弛缓或发热性疾病时，瘤胃蠕动音减弱或消失。羊的肠音类似于流水声或漱口声，正常时较弱。在羊患肠炎初期，肠音亢进；便秘时，肠音消失。

⑥ 叩诊。叩诊是用手指或叩诊锤来叩打羊体表部分或体表的垫着物（如手指或垫板），借助所发声音来判断内脏的活动状态。羊叩诊方法是检查者左手食指或中指平放在检查部位，右手中指由第二指节呈直角弯曲状，向左手食指或中指第二指节上敲打。叩诊的声响有：清音、浊音、半浊音、鼓音。清音，为叩诊健康羊的胸廓所发出的持续、高而清的声音。浊音，为健康状态下，叩打臀及肩部肌肉时发出的声音。在病理状态下，当羊胸腔积聚大量渗出液时，叩打胸壁出现水平浊音。半浊音，为介于浊音和清音之间的一种声音，叩打含少量气体的组织，如肺缘，可发出这种声音；羊患支气管肺炎时，肺泡含气量减少，叩诊出现半浊音。鼓音，如叩打左侧瘤胃处，发鼓响声；若瘤胃臌胀，则鼓响声增强。

（2）牛病的临床诊断

1）个体常规检查。

① 问诊。向畜主询问病牛生活史、既往病史和现病史等所有与疾病相关的信息，为诊断提供线索。诊断中可以随时向畜主询问。

提示　　通过与畜主交流，了解病牛的相关信息，进行病例记录，帮助诊断。

② 视诊。主要用眼观察病牛的各种异常表现。对病牛视诊时，检查者站在病牛的左前方2~3米远的地方，先观察病牛的全貌，如精神、营养、姿势、被毛、胸围和腹围等，然后由左前方向左后方边走边看，依次观察头部、颈部、胸部、腹部和四肢，走到正后方时，稍停留一下，观察尾部、会阴部，并对照观察胸部、腹部及臀部的状态和对称性，再由右侧回到正前方。如果发现异常，可稍接近牛体，按相反的方向再转一圈，进一步观察。最后牵遛，观察步态。

注意

视诊时要仔细，按照一定的顺序进行观察。

③ 触诊。主要用手直接触摸。在检查体表的温度、湿度及肌肉的紧张性时，将手轻放于体表即可。如果检查深部组织和肿胀，可施加一定的压力进行触摸。

注意

在触诊时注意触诊的目的不同，触诊的部位不同，采用不同的触诊方法。

④ 叩诊。主要叩打病牛体表，根据声响，推断其体内的病理变化，多用于胸部检查。犊牛可用指指叩诊法，成年牛则多用槌板叩诊法。

指指叩诊法：用弯曲的右手中指，垂直地向紧贴牛体表的左手中指的第二指骨中央，进行短而急的连续两次叩打，叩击后，右手中指应立即抬起。

槌板叩诊法：用左手持叩诊板紧贴体表，右手持叩诊槌，以腕关节的力量向叩诊板上叩打，动作短促急速，每次2~3下，间歇性地叩击。

提示

浊音：叩诊厚层的肌肉部位（如臀部）及不含气的实质器官（如心脏、肝脏、脾脏）与体壁直接接触的部位时所产生的声音。
清音：叩诊正常肺区时所产生的声音。

鼓音：当小动物胃内臌气严重时，叩击所发生的声音。三种基本音之间可有程度不同的过渡阶段（如清音与浊音之间可有半浊音等）。

⑤ 听诊。主要听病牛体内的声响，从而推断内部器官的病理变化。常用于心脏、肺脏及胃、肠的检查。听诊可分为直接听诊和间接听诊。

直接听诊：将耳朵直接贴于病牛体表进行听诊。此法对检查肺脏及瘤胃都适用。听诊肺脏时，面向牛头方向，一只手放在鬐甲部或背部做支点；听诊瘤胃时，面向牛尾方向，另一只手放在腰部做支点。

间接听诊：利用听诊器进行听诊。听诊器要紧贴病牛体表，防止摩擦，但不要强压。

尽可能选择在安静的室内进行。听诊时保持周围环境安静；防止听诊器胶管与手臂、衣服等的摩擦造成干扰。听诊器的接耳端要适宜地插入检查者的外耳道（不松也不紧）；接体端（听头）要紧密地放在动物体表的检查部位，但也不应过于用力压迫。检查者在听诊时要注意观察动物的动作，如听呼吸音的同时应观察其呼吸活动。

⑥ 嗅诊。闻病牛的呼出气体、排泄物和分泌物，对某些疾病的诊断有意义。例如，牛患肺坏疽或腐败性支气管炎时，鼻液和呼出的气体有腐败臭味；酮血病时，呼出的气体有氯仿或烂苹果气味；尿毒症时皮肤及汗液有尿臭味；子宫蓄脓时，阴道分泌物有脓性味。

嗅诊不是临床上主要的检查方法，但是在特定疾病的诊断上有着重要的意义。例如，呼出气体及鼻液的特殊腐败臭味，提示呼吸道及肺脏的坏疽性病变；尿液及呼出气息的酮味，提示酮尿症；阴道分泌物的化脓、有腐败臭味，可提示子宫蓄脓症或胎衣滞留等。

2）一般性检查。主要包括容态、被毛和皮肤、可视黏膜、体表淋巴结的检查，以及体温、呼吸、脉搏次数的测定等。

① 容态检查。容态是指牛的容貌及全身状态。着重观察其精神状态、体躯发育、营养及姿势等。

a. 精神状态：主要注意其面部表情，眼、耳动作反应等，精神状态异常可表现为抑制或兴奋。

b. 体躯发育：主要根据骨骼的发育程度及躯体的结构而定。必要时应测量体长、体高、胸围等体尺。若躯体矮小，结构不匀称，提示营养不良或慢性消耗性疾病（如慢性传染病、寄生虫病或长期的消化机能紊乱等），如犊牛患佝偻病时，则表现为体格矮小，并且躯体结构呈明显改变，如头大颈短、关节粗大、肢体弯曲或脊柱凹凸等特征性状。

c. 营养状态：主要根据被毛的光泽程度和肌肉的丰满程度判断其营养状况。营养状态分为良好、中等和不良 3 级。

② 被毛和皮肤检查。

a. 被毛状态：健康牛的被毛平整，富有光泽，不易脱落。患病后往往被毛粗乱，失去光泽。牛患慢性疾病或长期消化障碍时，换毛迟缓，毛焦腹缩。牛患疥癣或湿疹时，被毛容易脱落。

b. 皮肤温度：检查皮肤温度时通常用手背感觉。牛适于触诊皮肤温度的部位为鼻镜、角根、胸侧及四肢下部。

全身性皮肤温度增高，见于发热性疾病、中暑等；局部性皮肤温度增高，多见于炎症，如皮炎、蜂窝织炎、咽喉炎、腮腺炎等。皮肤温度降低，常见于大失血、心力衰竭等。

c. 皮肤湿度：因发汗多少而不同。健康牛在安静状态下，除鼻镜湿润多水珠外，皮肤常不湿不干而有油腻感。

发汗增多，见于热性病、高度呼吸困难及剧烈疼痛性疾病等。内脏破裂时，病牛可出冷汗，常常预后不良。发汗减少，见于体内水分丧失过多的疾病，如剧烈腹泻和呕吐等。

d. 皮肤弹力：检查部位是肋弓后缘或颈部。用手将健康牛的皮肤捏成皱褶，松开后很快恢复原状。在营养障碍、大失血、脱水、皮肤有慢性炎症时，病牛的皮肤弹力减退。但老龄牛的皮肤弹力减退是正常生理现象。

e. 皮肤肿胀：多为局限性的，常见的有气肿和水肿。

Ⅰ. 气肿：气体积聚于皮下组织中。触诊时有捻发音，边缘轮廓不明显，见于黑斑病甘薯中毒、气肿疽、恶性水肿等。

Ⅱ. 水肿：多发生在胸下、腹下、阴囊、四肢及眼睑。肿胀界限多不明显，组织弹性减退，指压呈捏生面团样，表面光滑紧张而有冷感，见于心脏衰弱、慢性消耗性疾病、重症贫血及肾炎等。炎性水肿时，其特点是伴有炎症变化。

此外，在皮肤检查中，还应注意有无丘疹、水疱、脓疱、溃疡、外伤等变化。

③ 可视黏膜检查。可视黏膜包括眼结膜、口腔黏膜、鼻黏膜和阴道黏膜等，但在一般性检查时，仅做眼结膜检查。

检查眼结膜时，两只手持牛角，使牛头转向侧方，即可露出结膜和巩膜（图2-1）。也可用大拇指将下眼睑压开，观察结膜（图2-2）。健康牛的眼结膜呈浅粉红色。病理变化有以下几种：

a. 结膜苍白：贫血的表现。急速苍白，见于大失血、肝脏和脾脏破裂等；逐渐苍白，见于慢性消耗性疾病，如营养性贫血、肠道寄生虫病等。

图2-1　牛眼结膜检查法

图2-2　牛眼结膜及角膜检查法

b. 结膜潮红：血液循环障碍的表现，见于眼的外伤、结膜炎及各种急性热性传染病等。

c. 结膜蓝紫（结膜发绀）：血液中还原血红蛋白增多的结果，见于肺炎、心力衰竭及某些中毒性疾病等。

d. 结膜发黄（结膜黄染）：血液内胆红素增多的结果，见于肝脏疾病及某些中毒性疾病等。

e. 结膜有出血点或出血斑：血管壁通透性增大的结果，见于中毒和出血性疾病等。

④ 体表淋巴结检查。主要用触诊法。着重注意其大小、硬度、温度、敏感性和移动性。通常检查颌下淋巴结、颈浅淋巴结、髂下淋巴结（股前淋巴结）和乳房上淋巴结（图2-3）。

淋巴结急性肿胀时，有热有痛，见于泰勒虫病等；慢性肿胀时，无热无痛，坚硬，缺乏移动性，见于结核病、放线菌病、白血病等。

⑤ 体温测定。在直肠内测定体温。测温前先将体温计水银柱甩至最低刻度，并涂以润滑剂或水，然后站在牛的正后方，左手将牛尾略向上举，右手将体温计斜向前下方缓缓插入直肠（图2-4）。用体温计夹子夹在尾根部被毛上，3~5分钟后取出查看。测温后应将体温计擦拭干净，并将水银柱甩下，以备再用。

健康牛因年龄、品种不同，体温也有所不同。犊牛、青年牛的体温为38~39.5℃，成年牛的体温为38~39℃，水牛的体温为37~38.5℃。健康牛的体温，一昼夜内略有变动。一般都均表现清晨低，午后高，温差在1℃以内。

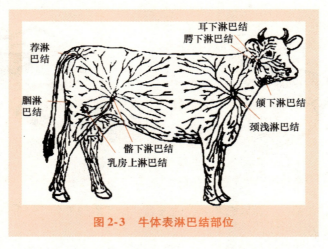

图2-3　牛体表淋巴结部位

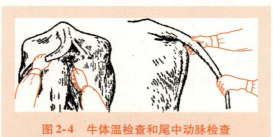

图2-4　牛体温检查和尾中动脉检查

体温低于常温称为体温低下，常见于大失血、内脏破裂、中毒性疾病及濒死期。体温高于常温并伴有其他热候的，就可认为是发热。一般认为，病牛体温升高1℃以内的为微热；2℃以内的为中热；2℃以上的为高热。把每天上下午测温的结果记录下来，连成曲线，称作体温曲线。根据体温曲线判定热型。对诊断牛病意义较大的热型有：

a. 稽留热：高热持续3天以上，并且每天温差在1℃以内。见于传染性胸膜肺炎、犊牛副伤寒等。

b. 弛张热：体温日差在1℃以上，并且不降到常温。见于化脓性疾病、败血症及支气管肺炎等。

c. 间歇热：有热期与无热期交替出现。见于慢性结核病、锥虫病、梨形虫病等。

⑥ 脉搏数检查。检查牛的脉搏，通常是触摸尾中动脉。

检查者站在牛的正后方，左手将尾根略为举起，用右手食指、中指和无名指轻压尾底面的尾中动脉，计数 1 分钟的跳动次数。健康牛每分钟的脉搏数为：犊牛 90～110 次，青年牛 70～90 次，成年牛 60～80 次，水牛 30～50 次。

脉搏数增加，见于热性病、心脏病、呼吸器官疾病、剧烈疼痛性疾病、贫血及某些中毒性疾病等。脉搏数减少，见于脑病、洋地黄中毒、铅中毒等。

⑦ 呼吸数检查。检查呼吸数，最好站在病牛胸部的前侧方或腹部的后侧方，观察不负重后肢一侧的胸腹部起伏运动，胸腹壁的一起一伏是 1 次呼吸。也可将手背放在鼻孔前方感觉呼出的气流，在冬季还可看呼出的气流。一般计算 1 分钟的呼吸数。健康牛每分钟的呼吸数为：犊牛 20～50 次，成年牛 15～35 次，水牛 10～20 次。呼吸数增多，见于热性病、呼吸器官疾病、贫血、心脏病、腹压增高性疾病等。呼吸数减少，见于某些脑病及疾病的濒死期。

3）系统检查。牛胸腹腔器官位置如图 2-5 和图 2-6 所示。

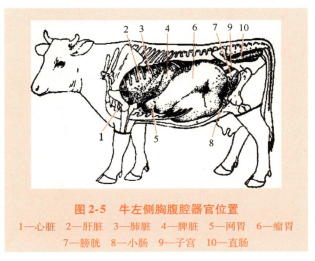

图 2-5　牛左侧胸腹腔器官位置
1—心脏　2—肝脏　3—肺脏　4—脾脏　5—网胃　6—瘤胃
7—膀胱　8—小肠　9—子宫　10—直肠

① 循环系统检查。

a. 心脏检查：

Ⅰ. 心脏触诊：主要用来检查心搏动。心室收缩时，由于心肌紧张

并稍向左旋，而使相应部位的胸壁发生振动，称为心搏动。检查心搏动时，检查者站在牛的左侧，右手放在鬐甲部做支点，左手插于肘头内侧平贴于胸壁上，即可感到心搏动。心搏动的次数可代替脉搏的次数。

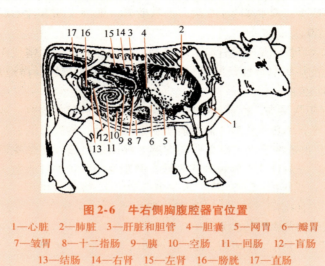

图2-6　牛右侧胸腹腔器官位置

1—心脏　2—肺脏　3—肝脏和胆管　4—胆囊　5—网胃　6—瓣胃
7—皱胃　8—十二指肠　9—胰　10—空肠　11—回肠　12—盲肠
13—结肠　14—右肾　15—左肾　16—膀胱　17—直肠

心搏动增强，见于热性病的初期、剧烈疼痛性疾病、心脏肥大及贫血等。心搏动减弱，见于胸腔积液、心包炎、心力衰竭等。

Ⅱ. 外观视诊：通过视诊颈静脉有无怒张、下颌间隙及胸前区有无水肿，可间接推测有无心包炎。

Ⅲ. 心脏叩诊：对诊断创伤性心包炎是一种简便、确实的方法。叩诊时，将牛的左前肢向前牵拉，露出心脏叩诊区。健康牛的心脏，在左侧第三至第四肋间有一掌心大的半浊音区（类似叩打肺边缘时所发出的声响），它的上界是一稍呈弧形的斜线。如果半浊音变为浊音（类似叩打肌肉时所发出的声响），而且浊音区增大，上界变为水平时，则很可能是心包炎引起的。

心区叩诊呈鼓音或金属音，见于创伤性心包炎。叩诊有疼痛，见于创伤性心包炎及胸膜炎等。

Ⅳ. 心脏听诊：是检查心脏的重要方法之一，一般采用间接听诊法。

听诊心脏时，可听到有节律的类似"通—塔""通—塔"的两个声音，称为心音。前一个声音叫第一心音或收缩期心音，是心室收缩时所发生的声音，其特点是音调低、持续时间长、尾音也长；后一个声音叫第二心音或舒张期心音，是心室舒张时所发生的声音，其特点是音调高、持续时间短、尾音消失快。第一心音距离第二心音的时间短，与心搏动和脉搏相一致，而第二心音距离下一次的第二心音时间长，与心搏动和脉搏不一致。

心音的病理改变主要有以下几种：

ⅰ. 心音增强或减弱：两个心音同时增强，见于热性病的初期，但健康牛在兴奋、运动时，两个心音也增强。单纯第一心音增强，见于贫血等。单纯第二心音增强，见于肾炎等。两个心音同时减弱，见于心脏衰弱的后期、疾病的濒死期、创伤性心包炎及渗出性胸膜炎等。单纯第一心音减弱比较少见，只是在心肌梗死或心肌炎的末期才可能出现。第二心音减弱比较常见，是心脏衰弱的重要指征。

ⅱ. 心音分裂或重复：把一个心音分成两个声音，听起来类似"噗、通—塔""噗、通—塔"或"通、塔—拉""通、塔—拉"。

第一心音分裂或重复，见于一侧心肌损伤等。但健康牛兴奋时，有时也可出现第一心音分裂或重复，稍安静后自然消失。第二心音分裂或重复，见于肾炎、严重的肺脏充血等。

ⅲ. 心脏杂音：分为心内杂音和心外杂音。

心内杂音：按其发生的时期可分为收缩期杂音和舒张期杂音。收缩期杂音是发生在心室收缩期，跟随在第一心音后面或与第一心音同时出现的杂音；舒张期杂音是发生在心室舒张期，跟随在第二心音后面或与第二心音同时出现的杂音。心内杂音的性质是多样的，有的声音柔和如吹风声，有的声音尖锐、粗糙如锯木声或咝咝声。贫血、心脏病时，可听到收缩期杂音或舒张期杂音。

心外杂音：常见的有心包摩擦音和心包拍水音。心包摩擦音类似于皮革摩擦的声音，见于心包炎的初期。心包拍水音是在心包积液时，伴随着心脏的活动而发生的一种类似水击河岸的声音，见于心包炎的渗出期。

ⅳ. 心律失常：正常情况下，心脏的跳动是有节律的，心音的快慢、强弱和间隔一致。如果心音快慢不定、强弱不定、间隔不等，就是心律失常。心律失常多见于心脏兴奋性改变、心脏传导系统功能障碍和严重疾病时。

b. 脉搏检查：

Ⅰ. 脉搏数：健康牛的脉搏数详见本章"一般性检查"。

Ⅱ．脉搏性质：着重检查脉搏的强弱。脉搏强而有力，见于热性病初期、心脏代偿功能亢进及兴奋、运动过程中；脉搏弱而无力，见于心脏衰弱、热性病及中毒性疾病的后期；脉搏不感于手，见于心力衰竭及濒死期。

Ⅲ．脉搏节律：健康牛的脉搏，间隔相等，强弱一致。如果间隔不等，强弱不定，就是无节律脉。其诊断意义与心律失常相同。

② 呼吸系统检查。

a. 呼吸运动检查：

Ⅰ．呼吸数：健康牛的呼吸数详见本章"一般性检查"。

Ⅱ．呼吸式：健康牛为胸腹式呼吸，即呼吸时胸壁与腹壁的运动协调，强度一致。病理情况下，可出现胸式呼吸或腹式呼吸。胸式呼吸即胸壁运动较腹壁运动明显，见于瘤胃膨胀、创伤性网胃炎、腹膜炎及腹壁疾病等。腹式呼吸即腹壁运动较胸壁运动明显，见于胸膜炎、肋骨骨折及心包炎等。

Ⅲ．呼吸困难：即呼吸费力、呼吸数改变、呼吸节律异常，有时呼吸式也发生改变。

当鼻腔、咽、喉及气管患病时，常发生吸气性呼吸困难；患慢性肺气肿及细支气管炎时，则多发生呼气性呼吸困难；肺脏疾病、胸膜疾病、心脏疾病、血液疾病、脑病、腹压增高性疾病、中毒性疾病及热性病等，则呈现混合性呼吸困难，即吸气和呼气都发生困难。

b. 鼻液检查：健康牛仅有少量浆液性鼻液，常用舌舔去，如果见有鼻液流出，多为病态。检查鼻液时应注意以下问题：

Ⅰ．鼻液量：大量鼻液，见于呼吸系统的急性炎症性疾病和某些传染病；少量鼻液，见于慢性呼吸系统疾病和某些传染病。

Ⅱ．鼻液性状：浆液性鼻液，为无色透明水样，常见于呼吸道黏膜急性炎症的初期及感冒等；黏液性鼻液，黏稠，蛋清样或灰白色不透明，常见于呼吸道黏膜急性炎症的中期或恢复期；脓性鼻液，黏稠，混浊不透明，呈黄色或黄绿色，见于呼吸道黏膜急性炎症的后期、鼻旁窦炎及肺脓肿破溃等；腐败性鼻液，污秽不洁，发恶臭味，常见于坏疽性肺炎和腐败性支气管炎等；血液性鼻液，呈不同程度的红色，见于呼吸道黏膜损伤和肺出血。

Ⅲ．鼻液流出状态：一侧性鼻液，见于一侧鼻腔和鼻旁窦的疾病；两侧性鼻液，见于喉以下呼吸器官的疾病。

第二章

Ⅳ. 混杂物：鼻液中混有饲料碎片和唾液，见于咽和食管疾病；鼻液中混有酸臭呕吐物，见于瘤胃酸中毒等。

c. 咳嗽检查：当不能观察到病牛自然咳嗽时，可用毛巾短时间盖住两侧鼻孔，然后突然放开，观察是否咳嗽，这种方法称作人工诱咳法。健康牛通常不咳嗽，或者仅发出一两声咳嗽。如果连续多次发咳，即为病态。

咳嗽的声音干而短，常见于喉和气管异物、慢性支气管炎、胸膜炎和肺结核等；湿而长，常见于咽喉炎、支气管炎和支气管肺炎等；短而弱，有疼痛表现，常见于急性喉炎、喉水肿和胸膜炎等。单发性咳嗽，常见于感冒、慢性支气管炎和肺结核等；连续性咳嗽，常见于急性喉炎、支气管炎和支气管肺炎等。

d. 喉及气管检查：可用视诊、触诊和听诊等方法。

视诊时，应注意喉有无肿胀，气管有无变形，头颈部的姿势有无变化等。触诊时，可用手指触压喉及气管。如果有肿胀、增温和疼痛，表明喉或气管有炎症。此时，轻轻触压，病牛即表现不安，伴发咳嗽。听诊喉和气管时，都可听到类似"赫赫"的声音。病理情况下，喉和气管呼吸音增强并常伴有啰音。

e. 胸部检查：

Ⅰ. 胸部触诊：检查者站在病牛的一侧，一只手放在背部做支点，另一只手的手指伸直并拢，垂直放在肋间部，指端不离牛体表，自上而下连续地进行短而急的触压。患胸膜炎、肋骨骨折等病时，牛对胸部触诊敏感。

Ⅱ. 胸部叩诊：多用槌板叩诊法。叩诊时，要从上到下，由前向后，按肋间顺序叩打。

牛的正常肺脏叩诊区，前界为自肩胛骨后角沿肘肌向下所划的类似"S"形曲线，止于第四肋间；上界为距背中线约一掌宽与脊柱平行的直线；后界由第十二肋骨上端开始，向下向前经髋结节水平线与第十一肋骨的交点、肩关节水平线与第八肋骨的交点所连接的弓形线，止于第四肋间的下方（图 2-7）。此外，在肩前第一至第三肋间还有一狭窄的肩前叩诊区。病理情况下，肺脏叩诊区可扩大或缩小。

正常肺脏的叩诊音为清音，其特征是声响强、音调低、持续时间长，尤以肺脏中部最为明显，肺边缘的叩诊音则弱而钝浊，带有半浊音性质。

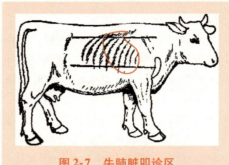

图 2-7　牛肺脏叩诊区

叩诊呈浊音（类似叩打臀部肌肉时所发生的声响）或半浊音（类似叩打肺边缘时所发生的声响），见于肺炎、胸膜炎等；叩诊呈鼓音，见于肺空洞、气胸等；叩诊呈过清音（类似叩打空纸盒时所发出的声响），见于肺气肿。

Ⅲ．胸部听诊：可用直接听诊法或间接听诊法。听诊时，先从胸壁中部开始，其次听上部，最后听下部，均由前向后，依次进行，每个部位听 2～3 次呼吸音后再变换位置，直至听完全肺。

健康牛，在肺区内可听到类似"夫夫"的肺泡呼吸音，肺脏的中前部最为明显。病理情况下，胸部听诊音常发生改变。

肺泡呼吸音增强，常见于热性病和贫血等；肺泡呼吸音减弱或消失，见于肺炎、肺气肿和胸膜炎等。

啰音是伴随呼吸而出现的一种附加声音，有干啰音和湿啰音两种。干啰音类似笛声、哨声、咝咝声或鼾声，常见于支气管炎、肺结核等；湿啰音又称水泡音，类似含漱、沸腾水或水泡破裂的声音，常见于支气管炎、支气管肺炎和肺水肿等。

捻发音类似在耳边捻头发的声音，常见于肺炎和肺水肿的初期等。

胸膜摩擦音类似粗糙皮革互相摩擦而发出的声音，常见于胸膜炎的初期和渗出液吸收期。

胸腔拍水音也叫振荡音，类似振荡半瓶水或水击河岸时所发出的声音，见于渗出性胸膜炎。

③ 消化系统检查。

a. 反刍检查：健康牛的反刍有以下 4 个特点：

Ⅰ．通常在饲喂后 30～90 分钟开始出现反刍动作。

Ⅱ. 一昼夜反刍的次数为 6 ~ 8 次。

Ⅲ. 每次反刍持续的时间为 40 ~ 50 分钟。

Ⅳ. 一个食团咀嚼的次数为 40 ~ 70 次。

反刍检查，应着重观察牛是否按此规律进行反刍。病理情况下可出现反刍迟缓、稀少无力、时间短促，甚至反刍停止。反刍重新出现和恢复，常为病情好转的征兆。

Ⅴ. 嗳气检查。瘤胃内容物产生的气体经过反射动作由食管排出体外，称为嗳气。检查嗳气可用视诊法和听诊法。嗳气时，可在左侧颈沟部看到由下向上的气体移动波，有时还可听到咕噜声。健康牛一般每小时嗳气 20 ~ 40 次。嗳气次数减少，见于前胃病、热性病及传染病等。嗳气停止，见于食管梗塞及严重的前胃功能障碍性疾病，此时往往继发瘤胃臌胀。

b. 口腔检查：一般采用徒手开口法，即用一只手捏住鼻中隔并向上提，另一只手牵出舌头并向下压下颌，即可使口张开。

检查口腔时，应注意口腔黏膜的颜色、发疹情况，口腔的温度、湿度、气味，以及舌及牙齿状态等。

健康牛的口腔黏膜呈粉红色，有光泽。除口炎时仅见口腔黏膜潮红外，口腔黏膜颜色的病理变化及其诊断意义与眼结膜基本相同。

口腔黏膜发生水疱，常见于水疱性口炎及口蹄疫等。

口腔的温度和体温通常是一致的。如果仅口温增高而体温不高，为口炎的表现。

口腔过分湿润或大量流涎，常见于口炎、咽炎、食管梗塞及某些中毒性疾病等。口腔干燥，常见于热性病、脱水及阿托品中毒等。

食欲减退或废绝、患口腔疾病时，口腔内常发出异常的臭味。

检查舌时，除注意其活动能力、有无损伤外，更应注意有无舌苔。在患热性病及胃肠病时，常可见到舌苔。舌苔黄厚，一般表示病情重或病程长；舌苔薄白，一般表示病情轻或病程短。

检查牙齿，主要注意有无牙齿磨灭不正、损伤、松动或脱落等。

c. 咽的检查：主要采用外部视诊和触诊法。外部视诊时，应注意咽部有无肿胀，吞咽有无障碍及头颈姿势有无改变。如果发现病牛咽部肿胀、头颈伸展、运动不灵活、吞咽障碍，则应怀疑咽炎。

外部触诊时，检查者可用两只手的指端在病牛两侧颈静脉沟的上端，下颌支的直后方，向咽部轻轻触压。如果咽部肿胀，触诊敏感，表

第二章

明有炎症，见于咽炎、腮腺炎、咽后淋巴结肿胀及放线菌病等。

d. 食管检查：

Ⅰ. 视诊：注意颈部食管有无局限性的膨隆。当食管梗塞或扩张时，常可发现局限性膨隆。

Ⅱ. 触诊：注意颈部食管有无异常变化。当食管梗塞时，常可摸到硬固的物体；当食管炎时，触摸有疼痛反应。

Ⅲ. 探诊：用胃管进行检查。胃管插入的方法及注意事项如下：

ⅰ. 确实保定好病牛，固定好头部。

ⅱ. 胃管用水湿润或涂上润滑油类。

ⅲ. 经口（一定装入开口器）或经鼻缓慢插入胃管，到达咽部时感觉有抵抗，此时不要强行推进，待病牛发生吞咽动作时，趁机插入食管。

ⅳ. 胃管过咽后，应立即进行试验。插入食管时，在左侧颈沟部可摸到胃管，向管内吹气，在左侧颈沟部可见有波动，嗅闻管口可感有酸臭气体排出。如果确实证明胃管在食管内，可根据需要继续向前推进，直至进入瘤胃。如果胃管误插入气管内，则应拔出重插。如果发现鼻、咽黏膜损伤出血，应暂停操作，冷水浇头，即可止血。如果仍出血不止，应及时采取其他止血措施。

食管探诊具有诊断和治疗的双重意义。当食管梗塞时，根据胃管插入的长度可以确定梗塞的部位，还可将梗塞物推入胃内；当瘤胃积食、积气或积液时，胃管插入胃内后，可排出数量不等的食物、气体或液体，胃内压力也因此缓解。

e. 前胃检查：

Ⅰ. 瘤胃检查：视诊时，主要注意左侧饥窝部的外形变化。正常时，左侧饥窝部稍凹陷。当瘤胃积食、瘤胃酸中毒和瘤胃臌胀时，瘤胃容积增大，饥窝部膨隆。当饥饿和长期腹泻时，瘤胃容积缩小，饥窝部凹陷加深。触诊时，检查者站在牛的左侧，将手掌摊平或握成拳头，用力紧贴放于左侧饥窝部，即可感到腹壁逐渐变硬而鼓起，然后又慢慢地下落，这就是1次蠕动。健康牛的瘤胃每两分钟蠕动2～5次。听诊时，在左侧饥窝部进行。正常瘤胃蠕动音呈现逐渐增强而后又逐渐减弱的沙沙声。

瘤胃蠕动次数增多，蠕动音增强，见于急性瘤胃臌胀的初期及应用增强瘤胃运动功能的药物后。瘤胃蠕动次数减少，蠕动音减弱，见于前胃弛缓、瘤胃积食、瘤胃酸中毒及热性病等。

瘤胃蠕动停止，蠕动音消失，见于瘤胃臌胀的后期及其他严重疾病。

Ⅱ. 网胃检查：主要检查网胃有无敏感疼痛。检查方法有多种，常用的一种是检查者站在牛左边，另一人站在牛右边，两个人握手抬举或用一木棍横过牛的剑状软骨部，两个人同时用力向上抬举，顶压网胃。在抬举时两个人各把另外一只手放在牛的髻胛部，并向下压。另一种是检查者面向牛后方蹲在牛左侧肘外，右膝屈曲，以右手臂肘部抵于右膝上，拇指与食指和中指并拢伸直，以右膝盖频频抬高，推动合拢三指中的拇指，而拇指则顶在胸骨区的膈肌与剑伏软骨附着点上（图2-8）。当有创伤性网胃炎时，病牛对上述两种触压表现疼痛、抗拒、呻吟，并企图卧下。

Ⅲ. 瓣胃检查：触诊可在右侧第七至第九肋间肩关节水平线上下3厘米范围内用拳叩击或用指尖用力压迫，如出现疼痛反应，应考虑瓣胃阻塞和瓣胃炎。听诊可听到类似瘤胃的蠕动音，但较弱小。瓣胃蠕动音减弱或消失，见于瓣胃阻塞、严重的前胃疾病及热性病等。

图2-8 网胃触诊

Ⅳ. 皱胃检查：皱胃触诊在右侧第九至第十一肋间，沿肋骨弓部向前下方触压，如敏感，多为皱胃炎症。听诊可听到类似流水音或含漱音的皱胃蠕动音。皱胃炎时，蠕动音常增强；皱胃积食和前胃运动功能严重障碍时，蠕动音减弱或消失；皱胃变位时，在与变位对应的部位可听到钢管音。叩诊对正常的皱胃没有意义，但在皱胃变位时意义较大。皱胃右方变位时，在右侧最后三个肋间可叩出鼓音区；左方变位时，在左侧相对应部位也可叩出鼓音区。

Ⅴ. 排粪状态检查：应注意排粪姿势、排粪次数及排粪量。

排粪时疼痛不安，拱腰努责，称为排粪带痛，见于腹膜炎、直肠损伤及创伤性网胃炎等。病牛不断做排粪姿势，并强度努责而仅排出少量粪便的，称为里急后重，见于直肠炎等。病牛未取排粪姿势而不自主地排出粪便，称为排粪失禁，见于持续性腹泻及腰荐部脊髓损伤等。

排粪次数增多，粪便性状改变，不断排出粥样、液状或水样便，称

为腹泻，见于肠炎、结核、副结核及犊牛副伤寒等。排粪次数减少，排粪量也减少，称为排粪迟滞，此时粪便干硬、色暗，常被覆黏液，见于便秘、前胃疾病及热性病等。

④ 泌尿生殖系统检查。

a. 肾脏检查：成年牛可行外部触诊和直肠内触诊，犊牛采取外部触诊。

外部触诊时，可用双手在腰部施加轻重不同的捏压，或者将左手放在腰部，右手握拳向左手背上捶击。患急性肾炎、肾盂肾炎时，病牛疼痛不安，拱背摇尾，躲避检查。直肠内触诊，可以判定肾脏的大小、形状、硬度及敏感性等。患肾炎时，肾脏出现压痛或肿大。

b. 膀胱检查：主要是靠直肠内触诊。检查时，应注意膀胱内尿液的多少、有无异物，膀胱壁的厚度及敏感性等。膀胱空虚时，可感到拳大的梨状物；膀胱充满时，触压有波动感；膀胱炎时，触压有疼痛反应，并可感到膀胱壁增厚；膀胱结石时，常可触到硬如石块的物体。

c. 尿道检查：对公牛的尿道检查，主要采取外部触诊，必要时用导尿管进行探诊。公牛易患尿道结石。

对母牛的尿道可用手指直接检查，也可用阴道开膣器打开阴道后进行尿道口视诊，或者用导尿管探诊。母牛易患尿道炎。

d. 排尿状态检查：应注意排尿姿势、排尿次数及排尿量的检查。

排尿时不安、呻吟、摇尾，或者后肢踢腹，称为排尿带痛，见于膀胱炎、尿道炎等。病牛未取正常排尿姿势，而不自主地排出少量尿液，称为尿失禁，见于腰荐部脊髓损伤等。

排尿次数增多而每次排尿量不减少的，称为多尿，见于大量饮水后、慢性肾炎及渗出性胸膜炎的吸收期。排尿次数增多而每次排尿量减少的，称为尿频，见于膀胱炎、尿道炎等。

排尿次数减少而总排尿量也减少的，称为少尿或无尿，见于急性肾炎、剧烈腹泻及尿道阻塞等。

e. 外生殖器官检查：对公牛应注意阴囊、睾丸及阴茎的检查，多用视诊和触诊法。阴囊肿胀，睾丸肿大，有热有痛，见于睾丸炎等。阴茎脱垂，见于神经麻痹。此外，要注意阴茎的外伤及肿瘤。

对母牛应注意阴道及乳房的检查。常用视诊、触诊和嗅诊法。阴道流出大量分泌物，见于阴道炎和子宫炎。阴道分泌物有恶臭味，见于子宫蓄脓及胎衣停滞等。阴道黏膜潮红、肿胀，见于阴道炎。乳房潮红、肿胀、硬固、温热、疼痛，见于乳腺炎。

正常乳汁为均匀一致的白色液体。乳房有炎症时，乳汁减少，颜色异常，混有凝块。

⑤ 神经系统检查。

a. 精神状态检查：

Ⅰ. 精神兴奋：是大脑皮质兴奋性增高的表现。此时病牛容易惊恐，狂奔乱跑，哞叫不安。精神兴奋常见于脑炎、狂犬病及某些中毒性疾病等。

Ⅱ. 精神抑制：是大脑皮质抑制过程占优势的表现。精神抑制分为沉郁、昏睡及昏迷 3 种。

精神沉郁时，病牛耳聋头低，眼半闭，站立不动，反应迟钝。许多疾病发病时常见到此现象。

病牛昏睡时，陷入沉睡状态，针刺体表有所反应，但特别迟钝，很快又陷入沉睡状态。此情况见于脑炎及颅内压增高等。

病牛昏迷时，倒地不醒，反射消失，针刺体表毫无反应。昏迷常为预后不良的征兆。

b. 运动功能检查：

Ⅰ. 强迫运动：是不受意识支配，也不受外界因素影响的一种不自主的运动。常见的有盲目运动和圆圈运动，见于脑炎等。

Ⅱ. 体位平衡失调：病牛站立时表现为头部摇晃，体躯偏斜，四肢叉开，关节屈曲，力图保持平衡，将其四肢稍微收拢，缩小支撑面积，容易跌倒。此情况常见于小脑疾病等。

Ⅲ. 运动失调：病牛运动时，体躯摇晃，步样不稳，动作笨拙，四肢高抬，着地用力，状如涉水。此情况见于大脑、小脑和脊髓疾病等。

Ⅳ. 痉挛：是指肌肉不随意地急剧收缩，又叫抽搐。痉挛分为阵发性痉挛和强直性痉挛两种。

阵发性痉挛是指肌肉一阵阵地不随意收缩，多带有节奏性，见于钙、镁缺乏等。

强直性痉挛是指肌肉长时间均等且连续地收缩，常见于破伤风、有机磷农药中毒和马钱子中毒等。

Ⅴ. 瘫痪（麻痹）：运动功能完全丧失称为瘫痪（完全麻痹）；运动功能不全丧失称为轻瘫（不全麻痹）。一个肢体的瘫痪叫单瘫；一侧体躯的瘫痪叫偏瘫；后躯的瘫痪叫截瘫。偏瘫是脑的疾病；截瘫是脊髓的损伤；单瘫多为脊髓的损伤，也可见于脑部疾病。

c. 感觉功能检查：着重检查痛觉和瞳孔对光的反应。

检查痛觉时，应先把牛的眼睛遮住，然后用针头以不同的力量针刺皮肤，观察牛的反应。一般先从臀部开始，然后沿脊柱两侧向前，直至颈侧、头部。健康牛，针刺后立即出现反应，表现相应部位的肌肉收缩，被毛颤动，或者迅速回头、竖耳、弹踢。痛觉减退，见于脊髓损伤等；痛觉消失，见于脊髓横贯性损伤及意识障碍等；痛觉过敏，见于局部炎症及脊髓膜炎等。

检查瞳孔对光的反应时，用手电筒光从侧方迅速照射瞳孔，观察瞳孔有无反应。健康牛，在强光照射时，瞳孔迅速缩小；除去强光照射，随即恢复原态。瞳孔扩大，见于动物高度兴奋、剧痛性疾病、应用阿托品药物及某些脑病经过中；瞳孔缩小，见于有机磷中毒及应用毛果芸香碱药物等。

d. 反射检查：着重检查耳反射和肛门反射。

检查耳反射时，用细棍轻触耳内侧被毛，健康牛即摇耳和转头。检查肛门反射时，用细棍轻触或针刺肛门部皮肤，健康牛的肛门括约肌产生一连串短而急的收缩。反射增强多由于神经系统的兴奋性普遍增高所致；反射减弱或消失表示神经系统处于抑制状态。

二、病死牛、羊尸体剖检诊断

病理剖检是对牛/羊病进行现场诊断的一种重要诊断方法。在临床诊断时，有些疾病的症状很不明显，有些发病后突然死亡，来不及进行临床检查，或者临床检查没有发现任何病症，并且牛/羊发生了传染病、寄生虫病或中毒性疾病时，器官和组织常呈现出特征性病理变化，这样可通过对患病牛/羊进行死后尸体剖检，做全面、系统的观察，检查组织器官的病理变化，结合生前症状，做出正确的诊断。

在实践中，有条件时应尽可能剖检病畜尸体，必要时可剖检典型病畜。除肉眼观察外，必要时可将病料送有关部门进行病理组织学检查。

1. 尸体剖检的注意事项

剖检所用器械要预先用高压锅进行消毒。剖检前应对病牛/羊或病变部位进行仔细检查，如怀疑为炭疽，应先采耳尖血涂片镜检，排除后方可进行剖检。剖检时间越早越好（一般不应超过24小时），特别是在夏季，尸体腐败后影响观察和诊断。剖检时应保持清洁，注意消毒，尽量减少对周围环境和衣物的污染，并做好个人防护。剖检后将尸体和污染物做深埋处理，在尸体上撒上生石灰或10%石灰乳、4%氢氧化钠、5%～20%漂白粉溶液等。

将污染的表层土壤铲除后投入坑内，埋好后对埋尸地面要再次进行消毒。

2. 剖检的方法和程序

为了全面系统地观察尸体内各组织、器官所呈现的病理变化，尸体剖检必须按照一定的方法和程序进行。尸体剖检的程序一般为：

(1) 外部检查　外部检查主要包括牛/羊的品种、性别、年龄、毛色、特征、营养状况、皮肤等一般情况的检查，死后变化，口、眼、鼻、耳、肛门和外生殖器官等天然孔检查，并注意可视黏膜的变化。

(2) 剥皮的方法与皮下检查

1）剥皮的方法。尸体仰卧固定，由下颌间隙经过颈、胸、腹下（绕开阴茎或乳房、阴户）肛门做一纵切口，再由四肢系部经其内侧至上述切线做4条横切口，然后剥离全部皮肤。

2）皮下检查。应注意检查皮下脂肪、血管、血液、肌肉、外生殖器官、乳房、唾液腺、眼、扁桃体、食道、喉、气管、甲状腺和淋巴结等的变化。

(3) 腹腔的剖开与检查

1）腹腔的剖开与腹腔脏器的取出。剥皮后使尸体左侧卧位，从右侧肷窝部沿肋骨弓至剑状软骨切开腹壁，再从髋关节至耻骨联合切开腹壁。将此三角形的腹壁向腹侧翻转即可暴露腹腔。检查有无肠变位、腹膜炎、腹水或腹腔积血等异常。在横膈膜之后切断食道，用左手插入食道断端握住食道向后牵拉，右手持刀将胃、肝脏、脾脏背部的韧带和后腔静脉、肠系膜根部切断，即可取出腹腔脏器。

2）胃的检查。从胃小弯处的瓣皱胃孔开始，沿瓣胃大弯、网瓣胃孔、网胃大弯、瘤胃背囊、瘤胃腹囊、食管、右侧沟线路切开，同时注意内容物的性质、数量、质地、颜色、气味、组成及黏膜的变化，特别应注意皱胃的黏膜炎症和寄生虫、瓣胃的阻塞状况、网胃内的异物、刺伤或穿孔、瘤胃内容物的状态等。

3）肠道的检查。检查肠外膜后，沿肠系膜附着缘对侧剪开肠管，重点检查内容物和肠黏膜，注意内容物的质地、颜色、气味和黏膜的各种炎症变化。

4）其他器官的检查。主要包括肝脏、胰脏、脾脏、肾脏、肾上腺等，重点注意这些器官的颜色、大小、质地、形状、表面、切面等有无异常变化。

（4）骨盆腔器官的检查　除输尿管、膀胱、尿道外，重点检查公牛/羊的精索、输精管、腹股沟、精囊、前列腺和外生殖器官，母牛/羊的卵巢、输卵管、子宫角、子宫体、子宫颈与阴道。重点观察这些器官的位置及表面和内部的异常变化。

（5）胸腔器官的检查　割断前腔静脉、后腔静脉、主动脉、纵隔和气管等同心脏和肺脏的联系后，即可将心脏和肺脏一同取出。检查心脏时应注意心包液的数量、颜色，心脏的大小、形状、软硬度，心室和心房的充盈度，以及心内膜和心外膜的变化。

检查肺脏时，重点注意肺脏的大小变化、表面有无出血点和出血斑、是否发生实变、气管和支气管内有无寄生虫等。

（6）脑的取出与检查　先沿两只眼睛的后沿用锯横向锯断，再沿两个角外缘与第一锯相接锯开，并于两个角的中间纵锯一条正中线，然后两只手握住左右角用力向外分开，使颅顶骨分成左右两半，即可露出脑。应注意检查脑膜、脑脊液、脑回和脑沟的变化。

（7）关节的检查　尽量将关节弯曲，在弯曲的背面横切关节囊。注意囊壁的变化，确定关节液的数量、性质及关节面的状态。

①要注意剖检人员的防护。在进行病理剖检前，若怀疑待检牛/羊已感染的疾病可能对人有接触感染时（如口蹄疫、布氏杆菌病等），必须采取严格的卫生预防措施。

②已经腐败的尸体，会给剖检工作造成很大困难，并且容易误诊。

三、实验室诊断

在诊断牛/羊病的过程中，对其中的有些疾病特别是某些传染病，必须配合实验室检查才能确诊。当然，有了实验室检查结果，还必须结合流行病学调查、临床症状和病理剖检所见进行综合分析，切不可单靠化验结果就盲目做出结论。

提示　采集一种病料，使用一套器械与容器，不得再采集其他病料或容纳其他脏器材料。

四、药物诊断

使用药品治疗疾病，有的疗效很好，非常理想；有的疗效不明显；有的无疗效，病情越来越重。例如，使用抗生素治疗病毒性传染病无效，而治疗细菌性传染病有效，这给临床诊断提供了可靠依据。

五、鉴别诊断

随着牛/羊生产的发展，牛/羊病的临床表现和病理变化变得错综复杂，给临床诊断带来了一定的困难。对于小型养殖场而言，在牛/羊病诊断中，鉴别诊断难度相对较大，但非常重要，必须给予高度重视。要根据病原特性、流行特点、临床症状、病理特征，认真分析，仔细梳理，从可能会发生的多种疾病中逐一排除，最后做出正确诊断。

提示　临床上，由于种种原因，通过一种诊断方法很难得出正确的结论，只有将多种诊断方法结合起来，进行综合分析，才能得出正确的判断。

六、牛、羊的保定方法

1. 羊体保定

在进行医疗检查时，应在了解羊的习性的基础上，视个体情况，尽可能在其自然状态下进行检查。必要时，可采取一定的保定措施，以便检查和处理，保证人、羊安全。接近羊只时，要胆大、心细、温和、注意安全。检查者先向其发出欲接近的信号，然后从其侧前方徐徐接近。接近后，可用手轻轻抚摸其颈部或臀部，使其保持安静、温顺状态。

（1）握角骑跨夹持保定法　保定者两只手握住羊的两个角或头部，骑跨羊身并以人腿内侧夹持羊两侧胸壁即可保定，属于站立保定的一种方法。此法适用于临床检查和治疗时的保定（图2-9）。

（2）双手围抱保定法　保定者从羊胸侧用两只手分别围抱其前胸或股后部加以保定（图2-10）。羔羊保定时，保定者坐着抱住羔羊，羊背向保定者，头朝上，臀部朝下，两只手分别握住前两肢。此法适用于一

般的临床检查或治疗时的保定。

图 2-9　握角骑跨夹持保定法

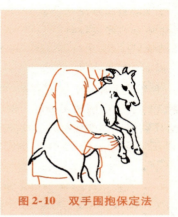

图 2-10　双手围抱保定法

（3）侧卧保定法　保定大羊时，保定者俯身从对侧一只手抓住两条前肢系部或一条前肢臂部，另一只手抓住两条后肢系部，前后一起按住即可（图 2-11）。为了保证牢靠，可用绳索将羊四肢捆绑在一起。此法适用于治疗和简单手术的保定。

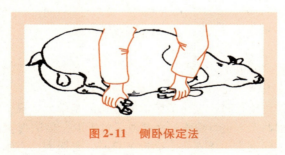

图 2-11　侧卧保定法

（4）倒立式保定法　保定者骑跨羊颈部，面向后，两条腿夹紧羊体，弯腰用手将羊的两条后肢提起（图 2-12）。此方法适用于去势、后躯检查等。

（5）拴系保定法　拴系保定法就是用绳子拴系在羊角或羊的颈部，并将绳子固定在木桩或护栏上，使羊不能大幅度活动的保定方法。此法在保定人员的协助下可对羊的各部位进行检查和治疗。

（6）手术床保定法　将羊的四肢捆绑于专用手术床上，根据需要使其侧卧或仰卧。此法多用于手术。

2. 牛体保定

保定是控制病牛反抗，限制其防卫活动，保障人畜安全，并暴露术区，便于进行诊疗的必要措施。

保定的原则是安全、迅速、简单、确实。保定前必须了解该牛有无恶癖，保定时应注意要有饲养员或熟练的助手在旁；保定的场地应宽敞，不应在狭小的厩舍或房间内施行；保定用具要结实，绳结要用活结，易结易解。尽量采用站立保定或柱栏内保

图 2-12 倒立式保定法

定，必要时才用倒卧保定。倒卧时要选择宽广、平坦、松软的场地，特别要注意防止发生桡神经麻痹或骨折。倒卧前最好禁食半天，体大、性格暴躁的牛可预服镇静剂。此外，尚需注意牛角抵人和后肢向前外方划弧踢人。检查者切忌双脚并置下蹲，必须跨丁字步，以便退让。

（1）站立保定法

1）徒手保定法。保定者一只手抓住牛的鼻绳或鼻中隔，将牛鼻上提，另一只手握住牛角根并略向后推动。

2）牛角根保定法。将牛头抬高，紧贴木柱或树干，然后用绳子把牛角绑在木柱或树干上（图2-13）。此法适用于头部检查和豁鼻修补等。

3）下颌捻紧保定法（上撬法）。用一根小指粗的麻绳，做成环形，其大小略大于被套入的下颌齿槽间隙，将麻绳套入下颌齿槽间隙后，保定者用木棍穿入绳圈捻紧即可，但对小牛不宜过分强捻，以免引起下颌骨骨折（图2-14）。此法适用于注射和一般外科处理。

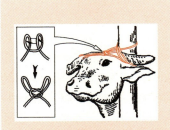

图 2-13 牛角根保定法

图 2-14 牛下颌捻紧保定法

（2）柱栏内保定法 柱栏内保定法包括二柱栏保定法、四柱栏保定法、五柱栏保定法和六柱栏保定法。

1）二柱栏保定法。把牛的头绳系在前柱上，取一条粗圆绳，一端拴个铁圈，挂在后柱拐钉上，把绳从左侧绕过前柱，经右侧至后柱并挂在拐钉上，将绳收紧；再从此反转向前绕过前柱，经左侧返回至后柱并将绳末端固定于此。最后吊挂胸、腹吊绳（图2-15）。在野外治疗时可利用相邻的两棵大树，架上一根横木代替。此法适用于投药、注射、去势及蹄病的治疗等。

2）五柱栏保定法。保定时先挂好前柱上的胸带，从栏后将牛牵入栏内，挂好后柱上的臀带，鼻绳则根据诊疗需要，可拴在前柱上。为了防止有的牛跳出脚带和卧地，可在肩部装上背带或在下腹部兜上腹带，将其系在两侧的横杆上（图2-16）。

　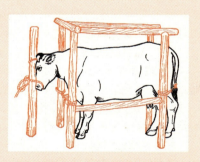

图2-15　牛二柱栏保定法　　　　图2-16　牛五柱栏保定法

在对四肢下部进行检查、注射或一般外科处理时，可对患肢进行转位。转位的方法有前肢前方转位（图2-17）和后肢后方转位（图2-18）。为了防止意外，可先装背带或腹带后再转位。

（3）侧卧保定法

1）提肢倒卧法。取长约10米的圆绳一根，把绳折成一长一短，在绳的拆转部做一套结，以左侧倒卧为例，套结套在左前肢掌部，短绳由胸下向上绕于髻胛部，长绳由上向下绕于背腰部。倒牛时一人牵住牛绳并抓住牛角，另一人拉住短绳，还有两人拉住长绳。将牛向前牵，当系绳的左前肢抬起时，立即抽紧短绳并向下压。同时，抓牛角的人把牛头用力向右侧弯，使牛的重心向左偏移，抓长绳的两人一并用力向后牵引，并稍向右拉，牛即跪下而后向左侧卧倒（图2-19）。

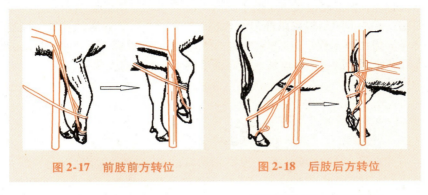

图2-17　前肢前方转位　　　图2-18　后肢后方转位

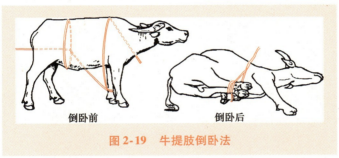

倒卧前　　　　　　　倒卧后

图2-19　牛提肢倒卧法

　　牛卧下后，照管牛头的人将牛头压在地上，按住牛角使牛头不能上抬，抓短绳的人抽紧牛绳，并以一只脚踏在牛的髻胛部，抓长绳的两个人，其中一人压住髋结节，另外一人将腰部的绳子向后拉开，拉至两条后肢跗部收紧，然后将两条后肢与倒卧侧前肢捆绑在一起。此法适用于中等体型的牛，常用于去势或会阴部手术。体大、性劣的牛，不宜用该法。

　　2）双抽筋倒卧法。用长约15米的圆绳一根，在绳的中央折成两个双重的绳套，把两个直径5~6厘米的铁环分别穿在两个绳套上（也可不用），然后把这两个绳套自下而上绕在牛的颈部，在颈侧把两个绳套互相重叠，并用小木棍固定（此时铁环分别位于牛两侧肩前），再把绳的两端从两条前肢和两条后肢间通过，分别绕过后肢系部（也可小腿部）折向前穿过颈部铁环（如果不用铁环则穿过绳套）向后。放倒时一人尽量将牛头下掣，数人向后拉两个绳端，使牛的两条后肢前移或两条前肢后移渐失重心而倒卧。为助倒卧，也可在拴小木棍一侧前肢的腋下外加一条胸绳，倒卧时由另一个助手同时向卧侧牵拉。倒卧后继续收紧两个绳端，并在牛的小腿或系部与小木棍之间以"8"字形缠绕数圈，最后将绳端绕在小木棍上（图2-20）。解除保定时，只需要将小木棍抽去，绳套就全部松脱，牛即可站起。此法适用于体大、性劣的牛。

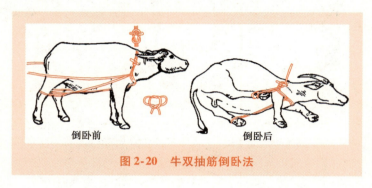

倒卧前　　倒卧后

图2-20　牛双抽筋倒卧法

注意　保定过程中不能造成人员受伤；保定要牢固，防止牛挣脱、逃跑；保定要易于解除；保定过程中不能造成对病牛的伤害；保定过程中要畜主配合。

七、羊的投药方法

在养羊生产中，为了促进羊群生长，预防和治疗某些疾病，经常需要进行投药。羊的投药方法很多，大体上可分为两大类：一是全群投药法；二是个体给药法。

1. 全群投药法

（1）混水给药

1）操作方法。将药物溶解于水中，让羊自由饮用。此法常用于预防和治疗羊病，尤其适用于已患病、采食量明显减少而饮水状况较好的羊群。投喂的药物应该是较易溶于水的药片、药粉和药液，如葡萄糖、高锰酸钾、四环素、卡那霉素、北里霉素（吉他霉素）、磺胺二甲基嘧啶、亚硒酸钠等。

2）注意事项。

① 对油剂（如鱼肝油等）及难溶于水的药物（如制霉菌素、红霉

素），不能采用此法给药。

② 对微溶于水且又易引起中毒的药物片剂，要充分研细，然后溶于水中，使之成为悬浮液。

③ 对其水溶液稳定性较差的药物，如青霉素、金霉素、土霉素等，要现用现配，一次配用时间不宜超过 8 小时。为了保证药效，最好在用药前停止供水 1～2 小时，然后再喂给药液，以便羊群在较短时间内将药液饮完。

④ 要准确掌握药物的浓度。用药混水时，应根据"毫克/千克"或"%"首先计算出全群羊所需药量，并严格按比例配制符合浓度的药液。"毫克/千克"代表百万分率。例如，1 毫克/千克就是百万分之一，等于每千克水中加入 125 毫克药物或每吨水中加入 125 克药物。如果将"毫克/千克"换算成百分数（%），把小数点向左移 4 位即可，如 500 毫克/千克＝0.05%。

⑤ 应根据羊的可能饮水量来计算药液量。羊的饮水量多少与其品种、饲养方法、饲料种类、季节及气候等因素紧密相关，生产中要给予考虑。例如，冬天饮水量一般减少，配给药液就不宜过多；而夏天饮水量增加，配给药液必须充足，否则就会造成部分羊只饮水过少，影响药效。

（2）混料给药

1）操作方法。将药物均匀混入饲料中，让羊吃料时能同时吃进药物。此法简便易行，切实可靠，适用于长期投药，是养羊最常用的投药方式。适用于混料的药物比较多，尤其对一些不溶于水且适口性差的药物，采用此法投药更为恰当，如土霉素、复方新诺明、氯苯胍、微量元素、多种维生素、鱼肝油等。

2）注意事项。

① 药物与饲料的混合必须均匀，尤其对一些易产生不良反应的药物，如磺胺类药物及某些抗寄生虫药物等，更要特别注意。常用的混合方法是将药物均匀混入少量饲料中，然后将含有全部药量的部分饲料与大批量饲料混合。大批量饲料混药时，还需要多次逐步递增混合才能达到混合均匀的目的。保证饲喂时每只羊都能服入大致等量的药物。

② 要注意掌握饲料中药物的浓度。混料的浓度与混水的浓度虽然都用"毫克/千克"或百分数表示，但饲料中的药物浓度不能当作溶液中的药物浓度，因为混水比混料的药物浓度往往要高。例如，北里霉素（吉他霉素），混料用量为 110～330 毫克/千克，而混水用量却为 250～

500 毫克/千克。但对羊易产生毒性的药物（如磺胺类药物），其混水量往往比混料量低。例如磺胺嘧啶，用于治疗时混料用量为 0.2%，而混水用量为 0.1%。

（3）药浴和喷淋 药浴和喷淋是防治羊体外寄生虫，尤其是螨病的有效措施。

1）操作方法。一般可选择在每年剪毛或抓绒后 7～10 天进行。选取表 2-1 所列杀虫药配成所需浓度的水乳剂，使羊在药浴池或特制药浴、喷淋装置内进行药浴或喷淋，也可人工使其在药浴池或大盆、大锅内逐只进行。喷淋装置，国内主要有两种：一种是 9AL-8 型喷淋装置，主要由机械和建筑两个部分组成；另一种是流动药浴车，主要型号有 9A-21 型新长征一号牛/羊洗浴车、9LYY-15 型移动式羊洗浴机、9AL-2 型小型洗浴机及 9YY-16 型移动羊洗浴车。9AL-2 型小型洗浴机每 15～30 分钟可淋浴 200～250 只羊。喷淋装置多在牧区使用，深受牧民欢迎。规模化羊场多建药浴池，而小规模饲养和散养多采用大盆或大锅进行药浴。

表 2-1　药浴或喷淋常用杀虫药

药物名称	作用范围	使用方法	100 千克水用量/克	备　注
溴氰菊酯	广谱杀虫药	药浴或喷淋	2	屠宰前 7 天停药
氯菊酯	广谱杀虫药	药浴	2	屠宰前 7 天停药
		喷淋	40	
敌匹硫磷（螨净）	广谱杀虫药	药浴	20	屠宰前 7 天停药
		喷淋	60	
杀灭菊酯	广谱杀虫药	药浴	8	屠宰前 7 天停药
		喷淋	20	

2）注意事项。

① 药浴或喷淋要选择在温暖晴朗的天气进行。药浴或喷淋前要使羊只饮足水，以免因口渴误饮药液而引发中毒。

② 药浴过程中，应注意浴液的温度，保持在 36～39℃，并随时补充新药液，以保证浴液的有效浓度。

2. 个体给药法

（1）口服法

1）长颈瓶给药法。当给羊灌服流态药物时，可将药物倒入细口长颈的玻璃瓶、塑料瓶或一般的酒瓶中。

操作时，先使保定羊只站立，抬高羊的嘴巴，给药者右手拿药瓶，左手用食指和中指自羊右口角伸入口内，轻轻压迫舌头，羊口即张开。然后，右手将药瓶口从左口角伸入羊口中，并将左手抽出，待瓶口伸到舌头中段，即抬高瓶底，将药物灌入。

2）药板给药法。此法专用于给羊服用舌用舔剂。舔剂不流动，在口腔中不会向咽部滑动，因而不致发生误咽。给药时，用竹质或木质药板，药板长约30厘米、宽约3厘米、厚约3毫米，表面必须光滑没有棱角。

操作时，先使保定羊只站立，给药者站在羊的右侧，左手将开口器放入羊口中，右手持药板，用药板前部刮取药物，从右口角伸入口内到达舌根部，将药板翻转，轻轻按压，并向后抽出，把药抹在舌根部，待羊下咽后，再抹第二次，如此反复进行，直到把药给完。

提示　防止连续大量灌入或在羊叫唤时投给，以防药液进入气管。

（2）灌肠法　灌肠法是将药物配成液体，直接灌入羊的直肠内。羊可用小橡胶管灌肠。

操作时，先使保定羊只站立，将直肠内的粪便清除，然后在橡胶管前端涂上凡士林，插入直肠内，把连接橡胶管的盛药容器提高到羊的背部以上。灌肠完毕后，拔出橡胶管，用手压住肛门或拍打尾根部，以防药液排出。灌肠药液的温度应与体温一致。

（3）胃管法　羊插入胃管的方法有两种：一是经鼻腔插入；二是经口腔插入。

1）经鼻腔插入。操作时，先使保定羊只站立，将胃管插入鼻孔内，沿下鼻道慢慢送入，到达咽部时有阻挡的感觉，待羊进行吞咽动作时乘机送入食管；如果不吞咽，可轻轻来回抽动胃管，诱发吞咽。胃管通过咽部后，如果进入食管，继续深送会感到稍有阻力，这时要向胃管内用力吹气，或者用橡胶球打气，如果见左侧颈沟有起伏，表示胃管已进入食管。如果胃管误入气管，多数羊会表现不安、咳嗽，继续深送，感觉毫无阻力，向胃管内吹气，左侧颈沟看不见波动，用手在左侧颈沟胸腔入口处摸不到胃管，同时，胃管末端有与呼吸一致的气流出现。如果胃

管已进入食管，继续深送即可到达胃内。此时从胃管内排出酸臭气体，将胃管放低时则流出胃内容物。

2）经口腔插入。先装好木质开口器，用绳固定在羊头，将胃管通过木质开口器的中间孔，沿上腭直插入咽部，借吞咽动作胃管可顺利进入食管，继续深送，胃管即可到达胃内。胃管插入正确后，即可接上漏斗灌药。药液灌完后，再灌少量清水，然后取掉漏斗，用嘴对胃管吹气，或者用橡胶球打气，使胃管内残留的液体完全入胃，用拇指堵住胃管管口，或者折叠胃管，慢慢抽出。此法适用于灌服大量水剂及有刺激性的药液。患咽炎、咽喉炎和咳嗽严重的病羊，不可用胃管灌药。

（4）注射法

1）肌内注射法。肌内注射法是兽医临床上常用的给药方法。肌肉内血管丰富，容易吸收，感觉神经较少，疼痛轻微。刺激性较大或较难吸收的药液（水剂、乳剂、油剂等）及多种疫苗的接种，均可应用此法。注射前必须仔细检查注射器有无缺损，针头是否通畅、有无倒钩，活塞是否严密，并将针头、注射器充分冲洗干净，严格消毒。注射部位可选择肌肉肥厚并能避开大血管及神经干的部位，羊一般可选择颈部两侧。

操作时，先使保定羊只站立，注射部位剪毛消毒，操作者左手固定注射部位，右手持注射器，与皮肤呈垂直的角度迅速刺入肌肉 2~3 厘米（视羊的大小而定），回抽针管内芯，确认无回血后，方可注入药液，注射完毕拔出针头，进行局部消毒。

2）皮下注射法。对于易溶解、无刺激性的药物，或者希望药物较快吸收、尽快产生药效时，均可用皮下注射法给药，如阿托品、阿维菌素、疫苗、血清等均可用此法。注射前也必须仔细检查注射器和针头是否通畅、有无倒钩，活塞是否严密，并将针头、注射器充分冲洗干净，严格消毒。注射部位可选择羊的颈部两侧或股内侧的皮肤较松处。

操作时，先使保定羊只站立，局部消毒，以左手的食指和拇指捏起注射部位的皮肤，右手持注射器，使针头和皮肤呈 30 度角，向内下方刺入 2~3 厘米，注入药液，注射完毕，拔出针头，消毒注射部位。

3）皮内注射法。皮内注射法主要用于皮内变态反应诊断及炭疽芽孢苗免疫注射。注射前也需要仔细检查注射器和针头是否通畅、有无倒钩，活塞是否严密，并将针头、注射器充分冲洗干净，严格消毒。注射部位可选在颈部两侧或尾根部。

操作时，先使保定羊只站立，进行局部消毒，然后以左手拇指、食指和中指固定（绷紧）皮肤，右手持注射器，使针头与皮肤呈30度角，刺入表皮与真皮之间，缓慢注入药液，至皮肤表面形成一个小圆形丘疹即可。注射完毕，拔出针头，消毒注射部位。

　　4）静脉注射法。静脉注射是将药液直接注入静脉中，随血液循环分布全身，可迅速产生药效，但排泄也较快。此法主要用于补液和刺激性较大的不适于肌内注射和皮下注射的药物。注射部位多采用颈静脉和耳静脉，也可以采用四肢静脉。

　　操作时，先保定羊只（可取站立式，也可取侧卧式），在颈静脉上1/3处，局部剪毛消毒，用左手拇指在其血管的近心端按压，使血管怒张，其余四指在颈的对侧固定。右手持针头或注射器，将针头向斜下方刺入静脉内，松开左手见到回血后，再将药液慢慢注入静脉内。注射完毕后，以左手按住注入孔，右手拔出针头，消毒注射部位。

　　如果药液量较大，可采用输液器进行输液。操作时步骤同静脉注射，保定羊只、消毒局部、按压血管，右手将已排尽空气的输液针头刺入静脉血管内，见到回血时方可松手，观察2~3分钟，看药液滴入是否均匀，扎针部分是否异常，如果一切正常，可用胶布或纸夹固定好针头，让配好的药液缓慢地滴入血管内即可。输液后左手用酒精棉球按住针孔，右手将针头拔出，左手继续按压片刻，以防药液流出。

　　5）气管内注射法。气管内注射法是将药液直接注入气管内，用以治疗寄生虫病（如注射碘液治疗肺线虫病）或支气管肺炎等。注射前也需要仔细检查注射器和针头是否正常，并将针头、注射器充分冲洗干净，严格消毒。

　　操作时，先将羊侧卧保定，并使其后躯低于前躯，注射部位在喉头的下方，气管的上1/3处，以左手食指找到气管软骨环之间，剪毛消毒，以拇指和中指固定皮肤，右手持注射器垂直刺入气管内，抽动活塞，见有气泡时即可缓缓注入药液，注射完毕，取针消毒。注意药量不要超过5毫升（以羊只大小而定），药液加热至接近体温，以减少刺激。为避免剧烈咳嗽，可先注入2%普鲁卡因液0.5~1.0毫升后再注射药液。如果欲使药液流入两侧肺部，需要隔天将羊翻转，卧于另一侧，以上述同样的方法注射药液1次。也可进行站立式保定，助手抬高羊头，操作者注射。

　　6）腹腔注射法。腹腔注射法一般用于腹膜炎的治疗、羔羊体液和营养物质的补充及腹膜透析，以治疗内脏的某些疾病。注射部位、保定的方法、操作步骤因羊个体大小不同而不同。小羊在脐孔后方5~10厘米处，先由助手捉起羊的两后肢，使其内脏因重力而下垂，找准部位进行常规消毒。操作者用左手捏起腹壁，右手持注射器刺入腹腔，回抽观察以确定针刺于腹腔内，将药液注入，注射完毕，拔出针头，消毒注射部位。大羊在右肷部，常规剪毛、消毒，用16号针头与腹壁垂直刺入腹腔，当针头能左右活动时，再将药液徐徐注入腹腔，注射完毕，取针消毒。

7）乳腺内注射法。乳腺内注射法是治疗乳腺炎的有效方法。使用通乳针头（或将大号长针头剪去尖锐部分，再将其磨至钝圆，以免损伤乳腺管）注射药物。

操作时，将通乳针头消毒后晾干，取侧卧位保定，挤净乳池内的乳汁，轻轻地将通乳针头经乳头管送入乳池，把药液慢慢地注入其内，注射完毕，拔出通乳针头，轻轻捏住乳头孔，轻轻按摩乳房，促进药物吸收。

八、牛的投药方法及治疗技术

1. 投药方法

（1）水剂投药法 用投药胶管经鼻或口准确地插入食管中。经口插入时，先给牛装一个木质开口器，胶管由开口器中央圆孔插入（操作程序及注意事项，详见本章"食管检查部分"），接上漏斗，将药液倒入漏斗内，高举漏斗超过牛头，药液自行流入胃内。之后倒入少量清水，将管中残留的药液冲下，拔掉漏斗，折叠胶管并缓缓抽出。

如果药液量较少或患咽炎，不宜用上述方法，避免因刺激加重病情，可用长颈玻璃瓶或橡胶瓶将药液一点点地倒入口内，使其一口一口地咽下。

（2）丸剂投药法 小药丸可用投药器或裹在草团中投服。投服大药丸时，可一只手将牛舌拉出，另一只手持药丸迅速地投至舌根部，立即放开舌头，并托住下颌部，稍抬高牛头，药丸即被自然咽下。

（3）舔剂投药法 打开牛口腔，用木片或竹片从一侧口角将舔剂送入口腔并迅速涂于舌根背部，随即抬高牛头，使其自然咽下。

（4）糊剂投药法 碾压较粗的中药，调制成糊状，用灌角将药经口灌入。灌药时，由助手牵引牛的鼻环，使牛头稍仰，灌药者一只手持盛药的灌角，顺口角插入口腔，送至舌面中部，将药灌下，同时另一只手持药盆，接取自口角流出的药液。

（5）皮下注射　皮下注射是指将药液注射于皮下疏松组织中，常用于无刺激性且易溶解的药物、菌苗或血清的注射。

1）部位。颈侧皮肤易移动的部位。

2）方法。左手拎起皮肤形成皱褶，右手持注射器，将针头刺入皮下，进针 2～3 厘米，推动注射器活塞，注射完后用碘酊或酒精棉球按压针孔。

（6）肌内注射　肌内注射用于刺激性较强或较难吸收的药液注射。

1）部位。颈侧或臀部肌肉丰厚且无大血管、神经通过的部位。

2）方法。先把针头垂直刺入肌肉，然后接上注射器，回抽无血即可注入药液，注射完后涂碘酊或酒精消毒。

3）注意事项。针身不要全部刺入肌肉，以免病牛骚动时发生断针；过强的刺激性药物，如氯化钙、水合氯醛、水杨酸钠等不能进行肌内注射。

（7）静脉注射　将药液直接注入静脉内，适用于用药量大、有刺激性的水剂注射和输血。静脉注射后奏效迅速，但排除也快。

1）部位。多选在颈沟上 1/3 颈静脉上，也可在耳静脉或乳静脉（母牛）上注射。

2）方法。先排尽注射器或输液管中的气体，以左手按压注射部下边，使血管怒张，右手持针在按压点上方约 2 厘米处，垂直或呈 45 度角刺入静脉内，见回血后将针头继续顺血管进针 1～2 厘米，接上针管或输液管，用手扶持或用夹子把胶管固定在颈部，缓缓注入药液。注射完毕，用酒精棉球压住针孔，迅速拔出针头，按压针孔片刻，最后涂以碘酊。

3）注意事项。病牛要确实保定，看准静脉后再刺入针头；针头刺入血管后，应再送入部分针身，然后注入药液，以免中途针头滑脱；注入大量药液时，速度要慢，以每分钟 30～60 毫升为宜，药液应加热至接近体温；油类制剂不能静脉注射；要排净注射器或胶管内的空气；注射刺激性的药液时绝对不能漏到血管外。

（8）皮内注射　将药液注入表皮与真皮之间，多用于牛结核菌素的变态反应试验。

1）部位。在颈侧或尾根不易受摩擦、舐、咬处的皮肤。

2）方法。左手捏起皮肤，右手持注射器使针头与皮肤呈 30 度角刺入皮内，缓慢地注入药液，在注射部位呈现小丘疹状隆起为注射正确。拔出针头后，不再消毒或压迫。

3）注意事项。注射时感到较费力，表明注射正确。如果注射时感到很容易，则表明注入皮下，应重新刺针。

（9）乳池内注射　用通乳针（乳导管）或用磨秃的针头插入乳头管内，把药液注入乳池。此法常用于治疗乳腺炎。

1）方法。洗净乳房外部并擦干，挤净乳池内的乳汁，用酒精棉球消毒乳头；左手握住乳头，使乳头管与乳头孔成一条直线，将通乳针（乳导管）从乳头孔插入乳池；左手固定乳头和通乳针（乳导管），右手将注射器接上，缓缓注入药液，注射完毕拔出通乳针（乳导管），轻轻捏住乳头孔，并按摩乳房使药液散开。

2）注意事项。数个乳室需同时注射时，先注射健康乳室，后注射有病乳室。一般每天注射 1 次，注射后至下次注射之间停止挤乳。

2. 穿刺术

（1）瘤胃穿刺术　瘤胃穿刺术常用于瘤胃急性臌胀，或者穿刺采集瘤胃液样品，以及向瘤胃内注入药液。

1）部位。左肷部，髋结节和最后肋骨连线的中点。瘤胃臌胀时，取其臌胀部的顶点。

2）方法。牛站立保定，术部剪毛消毒；将皮肤切一个小口，用套管针垂直迅速刺入瘤胃约 10 厘米；固定套管，抽出针芯，用纱布块堵住管口行间歇放气；若套管堵塞，可插入针芯疏通或稍摆动套管；排完气插入针芯，手按腹壁并紧贴胃壁，拔出套管针，对皮肤切口做一针结节缝合，术部涂以碘酊。经套管可以直接向瘤胃内注入药液。如果无套管针，可用大号针头、穿刺针等代替。

3）注意事项。避免多次反复穿刺，第二次穿刺时不宜在原穿刺孔进行；排出气体后，为防止复发，可经套管向瘤胃内注入防腐消毒剂，如 5% 来苏儿溶液 200 毫升或 1.0% ~ 2.5% 甲醛溶液 500 毫升等；放气速度不宜太快，以防病牛虚脱。

（2）腹腔穿刺术　腹腔穿刺术用于诊断某些内脏器官及腹膜的疾病。在治疗腹膜炎时，需要穿刺放出腹水和注入药液。

1）部位。脐右侧 5 ~ 10 厘米处。

2）方法。牛站立保定，术部剪毛消毒，用注射针头垂直刺入 2 ~ 4 厘米，刺入腹腔后阻力消失，有落空感。如果腹腔中有渗出液或漏出液即可自行流出，可根据流出液体的数量、色泽及性状判断腹腔脏器及腹膜疾病的性质。穿刺完毕，拔出针头，术部涂以碘酊。

3）注意事项。液体不能自行流出时，可用注射器抽吸；如果有大量腹水，应缓慢放出，并注意观察心脏的活动情况。

（3）胸腔穿刺术　胸腔穿刺术用于检查胸腔中液体的性质，排出胸腔积液或注入药液。

1）部位。左侧倒数第四、第五肋间，右侧倒数第五、第六肋间，在胸外静脉上方 2～5 厘米处。

2）方法。牛站立保定，术部剪毛消毒。操作者一只手将术部皮肤稍向侧方移动，另一只手持穿胸套管针或带有胶管的静脉注射针头，紧靠肋骨前缘垂直刺入 3～5 厘米，如果有液体即可自行流出。操作完毕，拔出针头，术部涂以碘酊。

3）注意事项。针头上的胶管用止血钳夹紧闭塞后再穿刺，以免空气进入胸腔造成气胸；排液时不可过快。

3. 洗胃术

洗胃常用于治疗牛前胃的某些疾病（主要是瘤胃炎）或急性食物中毒。洗胃前准备好胃管及开口器（最好用木质开口器），并将胃管洗净，管的前端及管壁涂以液状石蜡等润滑剂。具体操作方法和注意事项见本章"食管检查"部分。

胃管插入后，在胃管外口装上漏斗，缓慢地灌入温盐水或其他药液 5～10 升。在漏斗中盐水尚未完全流净时，迅速将漏斗放低，向下压低牛头，再拔去漏斗，利用虹吸作用把胃内腐败液体等从胃管中不断吸出。

对瘤胃过度臌胀和心脏、肺脏有严重疾病的体弱牛，不宜强迫洗胃；洗胃时若发现病牛不安，心跳急剧增快，应立即停止洗胃。

4. 灌肠术

灌肠分为浅、深两种。浅部灌肠仅用于排除直肠内积粪，深部灌肠则用于肠便秘、直肠内给药或降温等。灌肠前准备好灌肠器和橡胶管，深部灌肠还需要唧筒。

（1）方法　牛浅部灌肠时，在橡胶管上涂以液状石蜡或肥皂水，一人把橡胶管插进牛肛门后，再逐渐向直肠内推送。另外一人提高灌肠器，让液体流入直肠。如果液体流入不快，可适当抽动橡胶管。灌入一定量液体后，牛便出现努责，此时，应握捏牛肛门或压迫尾根，同时捏压牛的背腰部，以缓解努责，让直肠内充满液体，再与粪便一并排出。如此反复进行多次，直到将直肠内洗净为止。

深部灌肠是在浅部灌肠的基础上进行的，但橡胶管要长些，硬度要适当（不宜过硬）。橡胶管插入直肠后，装上灌肠器，伴随液体的进入，不断地将橡胶管内送。如果用唧筒代替高举或高挂的灌肠器，液体进入肠道的速度就更快。在边灌边把橡胶管向里送的同时，压入液体的速度应放慢，否则会因液体大量进入深部肠道，反射性地刺激肠管收缩而把液体排出，或者使部分肠管过度膨胀（特别是在有炎症、坏死的肠段）造成肠破裂。

（2）注意事项 直肠有破裂可疑或严重损伤、肠变位时不宜灌肠。除灌肠降温以外，灌肠用液体的温度均不宜过低，尤其进行深部灌肠时。

5. 直肠检查术

直肠检查是诊断或治疗牛腹腔和盆腔内器官疾病及妊娠诊断的一种手段。

（1）准备 检查者应剪短并磨光指甲，手和臂上涂以液状石蜡或软肥皂等。牛应确实保定，必要时可先灌肠后检查。

（2）方法 检查者站在牛的正后方，左手握牛尾并抵在一侧坐骨结节上，右手五指集成圆锥形，缓慢伸入直肠。若遇积粪应取出。对膀胱充满的牛，可适当压迫膀胱促使排尿。牛出现努责时，手应暂时停止前进或稍后退，并用前臂下压肛门，待肠壁松弛后再伸入检查。手到达直肠狭窄部位时应小心判明肠腔走向，再徐徐向前伸入。检查时应用指腹轻轻触摸或按压被检部位，仔细判断脏器的位置及形态。检查完毕，手慢慢退回，防止损伤肠黏膜。

（3）注意事项 在检查中或检查后发现肛门流血、粪表面或手臂上沾有鲜血，都是直肠损伤的可疑现象，必须仔细检查。证实某种损伤后，即应采取相应的措施。

6. 子宫冲洗术

子宫冲洗是治疗牛子宫内膜炎时采用的一种方法。由于用大量消毒液冲洗子宫，会降低子宫上皮的抵抗力和防御功能，发生子宫严重弛缓，导致所谓的"治疗性"不孕，故应尽量少用。

（1）方法 冲洗前，应按常规消毒子宫洗涤器具。目前常使用马的导尿管或硬质橡胶管或塑料管代替子宫洗涤器，用大玻璃漏斗或铁皮漏斗代替唧筒或挂桶。冲洗时，应将导管小心地从阴道插入子宫颈内。冲洗药液的选择，应根据炎症经过而定，一般常采用3%～10%氯化钠溶液、0.2%新洁尔灭溶液、0.1%高锰酸钾溶液、1%~2%碳酸氢钠和氯化钠溶液等。可隔天冲洗1次，每次药液量为10升左右，冲洗至药液流出子宫时保持原状态不变为止。为了使药液和黏膜更充分地接触，冲洗时可用一只手伸入直肠，在直肠内轻轻按摩子宫。

（2）注意事项 必须避免插入时用力过猛而发生子宫穿孔；冲洗后药液必须尽量排空。

7. 导尿术

母牛膀胱过度充满而又不能排尿时，可行导尿。做尿液检查而一时未见排尿，也可导尿取尿样。

（1）方法 牛站立保定，清洗肛门、外阴部，用酒精消毒，导尿者左手放在牛臀部，右手持导尿管伸入阴道内，以食指触摸尿道外口，借助拇指、中指的协助，把导尿管前端头部插入尿道外口内。

（2）注意事项 尿道外口位于阴道前庭尿道下盲囊皱襞上方稍前处。导尿时尽管导尿者的食指早就感到有1个纵行圆柱状组织，并且食指指端也可伸入到尿道外口内，但要将导尿管送入其中仍较困难，这是由于导尿管头部圆滑（有时涂润滑剂）及尿道外口由软组织组成以致呈闭合状态的原因。所以，要耐心细致地操作。

8. 去势术

（1）术前检查和准备 术前应做健康检查，并注意有无隐睾或阴囊疝，还要适当限饲。有血去势应在术前1周注射破伤风类毒素，或者在术前1天注射破伤风抗毒素。

（2）保定及麻醉 牛站立或侧卧保定，术部消毒后即可进行手术。一般不麻醉，必要时可行局部皮下浸润麻醉或精索内麻醉。

（3）手术方法

1）有血去势术。术者左手握住阴囊颈部，将睾丸挤向阴囊底，使阴囊壁紧张。切开阴囊有3种方法：

①纵切法。适用于成年牛。在阴囊缝际两侧各1~2厘米处做纵切口，挤出睾丸，分别结扎精索后切除。

②横切法。适用于6月龄左右的公牛。在阴囊底部，垂直阴囊缝际做一横切口，挤出两侧睾丸，结扎精索后切除。

③横断法。术者左手握住阴囊底部皮肤，右手持刀或剪刀切除阴囊底部皮肤2~3厘米长，然后切开总鞘膜，挤出睾丸，分别结扎精索后切除。

2）无血去势法。用无血去势钳隔着阴囊皮肤夹住精索部并用力合拢钳柄，听到类似腱被切断的音响，继续钳压1分钟，再缓慢张开钳嘴，在钳夹下方2厘米处再钳夹1次。用同样的方法夹断另一侧精索。术部皮肤涂布碘酊。也可用耳夹子式的两个木棍夹住阴囊颈部，使一侧睾丸的阴囊壁紧张，阴囊底朝上，用棒槌对准睾丸猛力捶打，将睾实质击碎，然后用手掌反复挤压至呈粥状即可。用同样的方法处理另一侧睾丸。阴囊皮肤涂布碘酊。

上述去势术后阴囊极度肿大，需每天早晚牵遛运动，经1个月左右，肿胀消失，睾丸萎缩。

9. 断角术

断角术常用于角突骨折、有抵癖和角生长异常的牛。

（1）保定及麻醉 牛柱栏内保定，头固定在前方柱上。剪毛消毒后行角神经传导麻醉。在额骨外侧缘稍上方，眶上突基部与角根之间的中点将针头刺入皮肤约1厘米，注射3%盐酸普鲁卡因溶液5~10毫升，10分钟后即被麻醉。

（2）方法 将断角器的刃紧贴角根，两手握住断角器把柄，以急速强大的压力把角一次性钳断。助手迅速用厚层灭菌纱布压迫止血或烧烙止血，若有骨碎片应除净。然后撒布碘仿磺胺粉，用纱布覆盖，再用绷带包扎固定，在绷带上涂以敌百虫软膏或松馏油等，以防蚊蝇及雨水落入。

用断角器断角，动作必须快而稳，不可摇动断角器，以防止额骨骨折或损坏器械。

如果用骨锯断角，要在角根周围依次锯入，当锯至一定深度时，从一侧迅速锯断。骨锯断角费时多、出血多，为减少出血，可在角神经麻醉部位按压或做一小切口，行颞浅动脉结扎。

术后2~3天需要更换1次绷带，并仔细处理断面及窦腔。

防止摩擦、绷带脱落及额窦化脓等。术后经过良好时，约1个月痊愈。

10. 削蹄术

牛运动缓慢，尤其是舍饲牛（如奶牛）活动范围小，运动不足，蹄的磨灭甚少，常造成蹄角质过度延长、蹄变形或诱发蹄病，需要削蹄矫正。

削蹄牛的保定很重要，一般温顺的牛可站立保定或二柱栏内保定。

为了安全可靠，可注射846合剂（速眠新）或保定宁等化学保定剂，侧卧保定。削蹄工具有剪蹄钳、蹄铲或"T"形双刃镰形刀及蹄锉等。削蹄时，一般先剪掉过长的角质，再削蹄负面、蹄间面和蹄壁负缘。削蹄负面时用镰形刀或蹄铲，从蹄踵部开始，削向蹄尖；蹄间面和蹄壁负缘可用镰形刀削修内外趾不同大小的蹄，应先削切较大趾。修整蹄形、矫正蹄角度时，则应从较小趾开始。削蹄时一般要多削蹄尖部，少削或不削蹄壁、蹄踵。蹄的角度，前蹄为47～48度，后蹄为43～47度。蹄负面切削要平坦，内外蹄大小要一致，保持蹄与系的方向一致。正常削蹄应每年2～3次，如果蹄变形，应及时进行削修。

11. 豁鼻修补术

豁鼻修补术适用于因突然暴力强拉鼻环引起的牛豁鼻。牛豁鼻多见于水牛，其他役用牛偶有发生。

（1）保定及麻醉　牛侧卧或站立保定，确实固定头部。剪毛消毒后行两侧眶下神经传导麻醉，针头沿眶下孔略向外上方刺入3～4厘米，注入3%盐酸普鲁卡因溶液10毫升。鼻唇部做浸润麻醉。

（2）方法　术部用0.1%新洁尔灭溶液清洗消毒。在缺损的上部鼻端中部削成一个半圆形的新鲜创面，称为公榫；根据公榫的形状、大小，在缺损下方的游离端相对位置做一个凹面的新鲜创面，称为母榫，以公榫、母榫吻合为度。为使公榫、母榫紧密接着，先做2～3针扭孔状缝合，榫面上的出针、入针点适当靠近内侧缘。然后在榫面的外侧缘做数针结节缝合。最后用生理盐水清洗，涂以碘酊。

术后加强护理，保持术部清洁。术后1周内除饲喂、饮水时间外，整日戴口笼。

12. 冷却疗法

冷却疗法广泛应用于一切急性无菌性炎症（如挫伤、扭伤、蹄叶炎等）的初期，以及手术后的出血和组织内溢血的止血等，对化脓性炎症和慢性炎症禁用。

（1）冷敷法　将毛巾或脱脂棉浸入5～10℃的冷水或冷药液中，取出后贴于患部，并用绷带固定。其后，应不断进行交换或浇注冷敷液，使患部保持冷却状态。对局部有损伤者，应在冷水中加入适量的防腐药液。也可使用装有冷水、冰块或雪的胶皮袋，用纱布或毛巾包上，置于患部，用绷带固定。可每天冷敷数次，每次30分钟。

（2）冷蹄浴法　将患肢放入盛冷水的帆布桶或胶皮桶内，患部浸于水中进行冷浴，一般持续 0.5～1.5 小时。为使桶内的水经常保持冷的状态，每隔 5～10 分钟换水 1 次；或者利用一根长胶皮管，一端插至桶底，另一端直接连在自来水龙头上，连续不断地注入冷水；或者将病牛牵到沙石底的小河沟内，使其站在流水中，治疗效果也比较好。

（3）冷黏土疗法　用冷水将黏土调制成黏糊状，涂于患部。为增强黏土的冷却作用，可向每升水中添加 2 食匙食醋。此法适用于治疗挫伤和关节扭伤。

13. 温热疗法

温热疗法适用于各种急性炎症的后期及慢性炎症，对急性无菌性炎症的初期、组织内有出血倾向、炎性肿胀剧烈、急性化脓坏死等禁用本法。

（1）热敷法　先将厚层脱脂棉或毛巾浸入热水中（40～45℃），取出并适当挤拧后覆盖于患部，再盖一层塑料薄膜或其他防水材料，用纱布包扎固定。每天 2 次，每次 30～60 分钟。如果在水中加入 10%～20% 硫酸镁、复方醋酸铅液或食醋等，可以提高疗效。

（2）热蹄浴法　用胶皮桶或帆布桶盛 40～45℃ 热水，将病肢放入浸泡。每天浸泡 2～3 次，每次 30 分钟。根据需要，可在水中加入适量的高锰酸钾、来苏儿、碘酊或食盐等。

（3）酒精温敷法　酒精温敷法是用酒精代替水的一种温敷法，具体方法与热敷法相同。临床上常用 75% 酒精或普通白酒温敷，作用比水热敷大得多。每次持续时间为 4～6 小时。解除酒精绷带后包扎保温绷带。如果在酒精内加入鱼石脂，使之配成 10% 鱼石脂酒精溶液，可增强酒精温敷的作用。酒精浓度越高，其温敷的作用也越大。但酒精浓度过高或温敷时间过长，可破坏局部组织代谢，甚至引起坏死，应予注意。

（4）石蜡疗法　施行石蜡疗法前，将患部剪毛、洗净擦干，将石蜡在水浴锅中加热熔化（不要滴入水，以防引起烫伤），待冷却到所需温度时再使用。初次治疗时，石蜡的温度可从 55～60℃ 开始，以后逐渐提高温度，最高不宜超过 85℃。倘若石蜡中混有水分，或者用于创伤的治疗，应将石蜡加热到 100～120℃，持续 20～30 分钟，以利于水分蒸发及灭菌。一般石蜡疗法每次 40～90 分钟，每天 1 次或隔天 1 次。使用时，为了防止烫伤，先用毛刷蘸石蜡围绕患部涂布 2～3 层，以形成"防烫层"，然后根据具体情况选用下列方法治疗：

1）石蜡热敷法。在防烫层上迅速涂布大量的石蜡，直到形成 1～

1.5厘米厚的蜡层，外包胶布或塑料薄膜，再加保温层，最后用绷带固定。

2）石蜡纱布热敷法。将按患部大小叠好的6～8层纱布块浸入蜡液，取出稍挤，立即贴敷于患部，外面包保温绷带并固定。此法适用于患部面积较大，石蜡热浴不易进行的部位。

3）石蜡袋热敷法。将石蜡装入塑料袋内封闭袋口，以水浴加热熔化后敷于患部，外加棉垫，用绷带固定。

4）石蜡热浴法。用于治疗四肢下部疾病。将油布或塑料薄膜缠绕患部2～3圈，布层与肢体间留2～2.5厘米的间隙，用绷带将布层下端绑紧。从布层上端倒入所需温度的石蜡液，逐步将布圈收拢，上端结扎，最后在油布或塑料薄膜外面包土保温层，绷带缠绕结扎固定。

（5）红外线照射 红外线照射多用于治疗各种创伤和亚急性炎症。照射时应根据患部大小，一盏灯或两盏灯并用。灯距皮肤40～70厘米（手放在牛体上，照射时以不烫手为宜），每次照射15～30分钟，每天1～3次。

14. 输液疗法

（1）适应证 各种原因引起的脱水、酸中毒、大失血、烧伤、休克、中毒、败血症及各种较大的手术时，食欲减少或废绝的病牛等。

（2）方法

1）静脉输液法。操作步骤基本同静脉内注射法，但不是用注射器直接注入，而是用输液瓶或药液瓶接上胶管，借空气和药液的压力输入。

2）腹腔内输液法。注射部位在右肷凹的中央。剪毛消毒后，绷紧皮肤，针头垂直刺入3～5厘米。证明针已刺入腹腔后，即可输液，速度为每分钟100毫升左右。注入2000～4000毫升的药液，一般1～2小时即可全部被吸收。操作中应严格消毒，否则易引起腹膜炎。刺激性的药液不宜腹腔输入。

3）注意事项。

① 输液量应根据病牛的具体情况确定。一般病情较重者每天输液2次，重危病例可酌情增加输液次数。

② 输液速度要缓慢，以防心脏负担过重。

③ 对患心力衰竭、肺水肿及肾炎的病牛，禁止大量输液。对出血性疾病，尚未彻底止血前，应慎重输液。

④ 输液中注意检查针头是否在血管内及有无阻塞，并观察病牛的状

态，若出现全身震颤、不安、出汗、体温升高等反应时，应减慢输液速度或停止输液。

15. 手术疗法

对所有化脓性炎症，为了防止有机体的中毒现象，当某一部位已化脓出现波动时，应立即手术切开，切除坏死组织，畅通排脓。对某些深在性炎症，若脓性浸润逐渐增加，而有使组织发生坏死的危险时，可不必等待化脓成熟即行早期切开。切开后的处置，可按一般创伤的原则治疗。

16. 乳房送风疗法

乳房送风在治疗瘫痪病中有较好的疗效。

送风方法是应用乳房送风器和通乳针（乳导管）。送风前可使病牛横卧成便于送风的姿势，对乳房进行严格消毒并拭干，将乳房内的乳汁挤尽，再用酒精消毒乳头孔。先在乳房送风器的金属筒内放入消毒纱布或脱脂棉，以备滤过空气。之后将消毒的乳导管通过通乳针（乳导管）插入乳池内，连接送风器，手握橡胶球徐徐打气。打入空气量以乳房皮肤张紧，基部边缘轮廓清楚为准，此时用手指弹敲乳房呈鼓音。必须注意，送风过量会发生乳腺腺泡破裂，过少又不起作用。送风结束后，用纱布条轻轻扎住乳头，不使空气逸出，1~2小时后可解掉。送风后应取青霉素40万单位，溶于生理盐水20毫升内，分别注入4个乳房内，防止发生炎症。

无乳房送风器时可用打气筒代替，或者用大容量玻璃注射器代替。

牛、羊的免疫接种

一、免疫接种的目的和种类

1. 免疫接种的目的

免疫接种是激发动物机体产生特异性抵抗力，使易感动物转化为不易感动物的一种手段。有组织有计划地对牛/羊进行疫苗接种，是预防和控制牛/羊传染病的一项极为重要的措施，对某些传染病（如小反刍兽疫、口蹄疫、牛/羊痘、破伤风等）的防治起关键性的作用。

2. 免疫接种的种类

牛/羊的免疫接种根据进行的时机不同，可以分为两类：一是预防接种；二是紧急接种。

（1）预防接种 预防接种是指为预防某些传染病而进行的疫苗接种。在实施预防接种时，首先，要依据当地畜群各种传染病发生、流行的现状和历史，制订周密的预防接种计划；其次，制定并执行符合本地区、本场实际的合理免疫程序。一般一个地区、一个饲养场可能发生的传染病有多种，市场上用来预防这些传染病的疫苗也有很多种，并且性质不尽相同，免疫期长短不一。因此，在牛/羊饲养过程中，往往需要使用多次、多种疫苗。所以，根据各种疫苗的免疫特性，合理地设定预防接种的次数和时间。

（2）紧急接种 紧急接种是指在发生传染病时，为了迅速控制和扑灭疫情，对疫区和受威胁区内尚未发病的易感畜体进行的应急性免疫接种。紧急接种具有两个特点，即不安全性和区域性。不安全性是指尽管接种时对畜群经过了个体观察，但仍有接种潜伏期病畜的可能。对已感染牛/羊进行接种，有促其尽快发病的作用，故对疫区内易感牛/羊群进行紧急接种后，一段时间内有病牛/羊增多的现象出现。区域性是指紧急接种仅在疫区和受威胁区内进行，其他区域一般不进行。受威胁区的大小视疫病性质而定，如小反刍兽疫、口蹄疫、牛/羊痘等烈性传染病发生

时，受威胁区在疫区周围 10 千米以上，目的在于建立"免疫带"，以包围疫区，阻止疫情扩散。

二、疫苗的保存、运输、稀释与使用

疫苗的保存、运输、稀释与使用方法是否得当，对其效果影响很大，在生产中必须给予重视。

（1）疫苗的保存　各种疫苗在使用前和使用过程中必须按说明书上规定的条件保存，绝不能马虎大意。一般活菌苗要保存在 2～15℃的阴暗环境中，但对弱毒疫苗，则要求低温保存。一般情况下，疫苗保存期越长，其中的病毒或细菌死亡越多，因此要尽量缩短保存期限。

（2）疫苗的运输　疫苗运输时，通常都达不到低温的要求，因而运输时间越长，疫苗中的病毒或细菌死亡越多，如果中途再转运几次，其影响就会更大。所以，在运输疫苗时，一方面应千方百计地降低温度，如采用保温箱、保温筒、保温瓶等；另一方面要利用航空等高速运输工具，以缩短运转时间，提高疫苗的效力。

（3）疫苗的稀释　各种疫苗使用的稀释液、稀释倍数及稀释方法都有一定的要求，必须严格按规定处理。否则，疫苗的滴度就会下降，影响免疫效果。例如，用于饮水的疫苗稀释液，最好是用蒸馏水或去离子水，也可用洁净的深井水，但不能用自来水，因为自来水中的消毒剂会杀死疫苗中的病毒或细菌。如果能在饮水中加入 0.1% 的脱脂奶粉，会保护疫苗的活性。在稀释疫苗时，应用注射器先吸入少量稀释液注入疫苗瓶中，充分振摇溶解后，再加入其余的稀释液。如果疫苗瓶太小，不能装入全量的稀释液，需要把疫苗吸出放在另一个容器内，再用稀释液把疫苗瓶冲洗几次，使全部疫苗所含的病毒或细菌都被冲洗下来。

（4）疫苗的使用　疫苗在临用前由冰箱取出，稀释后应尽快使用，一般来说，活毒疫苗应在 4 小时内用完。当天未能用完的疫苗应废弃，并妥善处理，不能隔天再用。疫苗在稀释前后都不应受热或晒太阳，更不许接触消毒剂。稀释疫苗的一切用具必须洗涤干净，煮沸消毒。混饮苗的容器也要洗干净，使之无消毒药残留。

总之，疫苗在使用时要勤抽快打，不要拖延时间，以免影响免疫效果。

三、疫苗质量的测定

（1）物理性状的观察　生物制品使用前应认真检查有无破损，外观

第三章

是否符合各类制品规定的要求。例如，冻干活菌（疫）苗应是疏松海绵状固体，稀释后团块迅速溶解均匀，无异物和干缩现象。凡玻璃瓶有裂纹、瓶塞松动及药品色泽等物理性状与说明不相符者，不得使用。

（2）冻干活菌（疫）苗真空度的测定 测定真空度可采取高频火花测定器。测定时瓶内出现蓝色或紫色光者为真空（切勿直对瓶盖），不透光者为无真空。也可用流水检测法，即用消毒注射器吸取稀释液后，将注射器针头插入菌（疫）苗瓶塞内，如果稀释液自动流入瓶内，说明瓶内真空。无真空疫苗不得使用，若使用这种冻干菌（疫）苗免疫，必然导致免疫失败。

（3）效力检查 效力检查在生产实践中具有重要意义。凡合法生物药品制造厂所生产的疫苗，均应为经过检验的合格产品，产品附有批准文号、生产日期、批号、有效期等说明。但在生产实践中，往往由于保存、运输及使用不当，造成疫苗质量下降。为确保免疫效果，疫苗使用前应进行效力检验。检验方法应严格按国家农业农村部颁布的规程进行。

四、牛、羊群免疫程序的制定

牛/羊群的免疫程序包括单一传染病免疫程序和多种传染病综合免疫程序。有些传染病需要多次进行免疫接种，在牛/羊多大日龄接种第一次，什么时候再接种第二次、第三次等，称为单一传染病免疫程序。为预防多种传染病，对多种疫苗的接种时间和顺序做出安排，称为多种传染病综合免疫程序。对于单一传染病免疫程序，不同的传染病都有具体要求；对于牛/羊群多种传染病综合免疫程序，要根据具体情况先确定对哪几种病进行免疫，然后合理安排。

1. 制定牛/羊群免疫程序应注意的问题

在制定牛/羊群免疫程序时，应重点考虑以下几个因素：

（1）接种疫苗的种类和接种时间 根据当地疫病的流行情况及严重程度，决定需要接种哪些种类的疫苗和进行接种的时间。

（2）牛/羊体的基础抗体水平 牛/羊体的基础抗体水平包括两个方面：一是犊牛、羔羊的母源抗体水平。初生犊牛、羔羊吃初乳后，乳汁的抗体被犊牛、羔羊的肠道吸收进入血液，从中获得母源抗体。母源抗体可增强犊牛、羔羊的抗病力，同时也可干扰首次免疫的效果。所以，要达到预期的免疫效果，必须根据母源抗体的消长规律，待抗体水平降至一定程度时，才可进行免疫接种。二是重复免疫牛/羊的残存抗体水平。重复免疫后，牛/羊体内都或多或少存在上一次免疫接种产生的抗体。过早接种，可能因体内抗体水平过高而使接种进入体内的疫苗大多被中和而影响免疫效果；过迟接种，则错过最佳免疫时机，容易遭受疫病侵袭。

（3）疫苗的种类和剂型　牛/羊用疫苗有强毒灭活疫苗和弱毒活疫苗两大类，常用剂型有4种，即真空冻干苗、氢氧化铝灭活疫苗、油佐剂苗和湿苗。油佐剂苗或氢氧化铝灭活疫苗注射后，需2~3周才能产生较强的免疫力，并且注射量较大，一般免疫期较短，但受母源抗体的干扰较小。弱毒活疫苗注射后，经7天左右就能产生良好的免疫力，注射剂量小，一般免疫期较长，但易受母源抗体的干扰。

（4）免疫接种方法　牛/羊用疫苗一般采用皮下或肌内注射接种，有些可以口服、滴鼻或气雾免疫，个别菌苗（如气喘病弱毒菌苗）需要做胸腔内注射才能产生免疫力。总之，应按疫苗使用说明进行操作，不可随意改变。

（5）各种疫苗的配合接种　疫苗是生物制品，有其特异性，只能预防与之相对应的疾病。为了预防多种传染病，需要接种多种疫苗。有时为了节省人力、物力和时间，也可把几种疫苗混合接种，但不能盲目混合，要依据其抗原性的强弱、刺激机体产生免疫反应的类型等合理配合。因为多种疫苗同时接种，疫苗间有时可产生相互干扰作用，并且各种疫苗的抗原性有较大差异，抗原性强的疫苗可干扰抗原性弱的疫苗，影响其免疫效果。

需要注意的是，免疫程序是依据本场当前的实际情况制定的，需要在生产实践中不断改进和完善。世界上没有统一的、完全一致的免疫程序，也没有一成不变的免疫程序。

2. 免疫程序的实施

（1）牛群的免疫程序

1）口蹄疫免疫。在可能流行口蹄疫的地区、国境线地带，每年春秋两季各用同型的口蹄疫弱毒疫菌接种1次，肌内或皮下注射，1~2岁牛1毫升，2岁以上牛2毫升。注射后14天产生免疫力，免疫期为4~6个月。此疫苗残余毒力较强，会引起一些幼牛发病。因此，1岁以下的小牛不要接种。

2）狂犬病免疫。对被疯狗咬伤的牛，应立即接种狂犬病疫苗，颈部皮下注射2次，每次25~50毫升，间隔3~5天，免疫期为6个月。

在狂犬病多发地区，也可用来进行定期预防接种。

3）伪狂犬病免疫。疫区内的牛，每年秋季接种牛伪狂犬病氢氧化铝甲醛苗1次，颈部皮下注射，成年牛10毫升，犊牛8毫升。必要时6～7天后加强注射1次。免疫期为1年。

4）牛痘免疫。牛痘多发地区，每年冬季给断奶后的犊牛接种牛痘苗1次，皮内注射0.2～0.3毫升，免疫期为1年。

5）牛瘟免疫。牛瘟疫苗有多种，我国普遍使用的是牛瘟绵羊化兔化弱毒疫苗，适用于朝鲜牛和牦牛之外其他品种的牛。此苗应按制造和检验规程就地制造使用。以制苗兔血液或淋巴、脾脏组织制备的湿苗（1∶100），无论大小牛一律肌内注射2毫升；冻干苗按瓶签规定的方法使用。接种后14天产生免疫力，免疫期在1年以上。

6）炭疽免疫。经常发生炭疽病和受该病威胁地区的牛，每年春季应做炭疽菌苗预防接种1次。炭疽菌苗有3种，使用时从下列菌苗中任选1种：

①无毒炭疽芽孢苗。1岁以上牛皮下注射1毫升，1岁以下牛皮下注射0.5毫升。

②2号炭疽芽孢苗。大小牛一律皮下注射1毫升。

③炭疽芽孢氢氧化铝佐剂苗（或称浓缩芽孢苗）。为上两种芽孢苗的10倍浓缩制品，以1份浓缩苗加9份20%氢氧化铝胶稀释后，按无毒炭疽芽孢苗或2号炭疽芽孢苗的用法、用量使用。以上各苗均在接种后14天产生免疫力，免疫期约为6个月。

7）布氏杆菌病免疫。在布氏杆菌病多发地区，每年要定期对检疫为阴性的牛进行预防接种。我国现有3种菌苗：第一种是流产布氏杆菌19号弱毒菌苗，只用于处女犊牛，即6～8月龄时免疫1次，必要时在妊娠前加强免疫1次，每次颈部皮下注射5毫升（含600亿～800亿活菌），免疫期可达7年。第二种是布氏杆菌羊型5号冻干弱毒菌苗，用于3～8月龄的犊牛，可皮下注射（用菌500亿/头），也可气雾吸入（室内气雾时用菌250亿/头，室外气雾时用菌400亿/头），免疫期为1年。以上两种菌苗，公牛、成年母牛和妊娠牛均不宜使用。第三种是布氏杆菌猪型2号冻干弱毒菌苗，公牛、母牛均可用，妊娠牛不宜注射，以免引起流产。可供皮下注射、气雾吸入和口服接种，皮下注射和口服时用菌数为500亿/头，室内气雾吸入时用菌数为250亿/头。免疫期在2年以上。

8）气肿疽免疫。对近 3 年发生过气肿疽的地区，每年春季接种气肿疽明矾菌苗 1 次，大小牛一律皮下接种 5 毫升。小牛长到 6 个月时，加强免疫 1 次。接种后 14 天产生免疫力，免疫期约为 6 个月。

9）破伤风免疫。常发生破伤风的地区，应每年定期接种精制破伤风类毒素 1 次，大牛 1 毫升、小牛 0.5 毫升，皮下注射。接种后 1 个月产生免疫力，免疫期为 1 年。发生创伤或手术（特别是去势术）有感染危险时，可临时再接种 1 次。

10）牛巴氏杆菌病免疫。历年发生牛巴氏杆菌病的地区，在春季和秋季各定期预防接种 1 次，在长途运输前随时加强免疫 1 次。我国当前使用的是牛出血性败血病氢氧化铝菌苗，体重在 100 千克以下的牛用药 4 毫升，100 千克以上的牛用药 6 毫升，均皮下或肌内注射。注射后 21 天产生免疫力，免疫期为 9 个月。妊娠后期的牛不宜使用。

11）牛传染性胸膜肺炎免疫。疫区和受威胁区的牛应每年定期接种牛传染性胸膜肺炎兔化弱毒苗。接种时，按瓶签标明的原量，用 20% 氢氧化铝胶生理盐水稀释 50 倍，臀部肌内注射，牧区成年牛用药 2 毫升，6～12 月龄小牛用药 1 毫升。农区黄牛尾端皮下注射，用量减半；或者以生理盐水稀释，于距尾尖 2～3 厘米处皮下注射，大牛用药 1 毫升，6～12 月龄的牛用药 0.5 毫升。注射后出现反应者可用 914（新脒凡纳明）治疗。接种后 21～28 天产生免疫力，免疫期为 1 年。

（2）羊群的免疫程序 生产中规模化羊场具体综合免疫程序参见表 3-1 和表 3-2。

表 3-1 羔羊免疫程序

接种时间	疫　　苗	接种方式	免疫期
7 日龄	羊传染性脓疱皮炎灭活疫苗	口唇黏膜注射	1 年
15 日龄	山羊传染性胸膜肺炎灭活疫苗	皮下注射	1 年
1 月龄	小反刍兽疫弱毒苗	肌内注射	3 年
2 月龄	山羊痘灭活疫苗	尾根皮内注射	1 年
2.5 月龄	羊口蹄疫 O 型灭活疫苗	肌内注射	6 个月

（续）

接种时间	疫　苗	接种方式	免疫期
3 月龄	羊梭菌病三联四防灭活疫苗	皮下或肌内注射（第一次）	6 个月
	气肿疽灭活疫苗	皮下注射（第一次）	7 个月
3.5 月龄	羊梭菌病三联四防灭活疫苗	皮下或肌内注射（第二次）	6 个月
	2 号炭疽芽孢苗	皮下注射	山羊 6 个月，绵羊 12 个月
	气肿疽灭活疫苗	皮下注射（第二次）	7 个月
产前 6~8 周（母羊未免疫）	羊梭菌病三联四防灭活疫苗	皮下注射（第一次）	6 个月
	破伤风类毒素疫苗	肌内或皮下注射（第一次）	12 个月
产前 1~2 周（母羊）	羊梭菌病三联四防灭活疫苗	皮下注射（第二次）	6 个月
	破伤风类毒素疫苗	皮下注射（第二次）	12 个月
4 月龄	羊链球苗灭活疫苗	皮下注射	6 个月
5 月龄	布鲁氏菌病活疫苗	肌内注射或口服	3 个月
7 月龄	羊口蹄疫 O 型灭活疫苗	肌内注射	6 个月

表 3-2　成年母羊免疫程序

接种时间	疫　苗	接种方式	免疫期
配种前 2 周	羊口蹄疫 O 型灭活疫苗	肌内注射	6 个月
配种前 1 周	羊梭菌病三联四防灭活疫苗	皮下或肌内注射（第二次）	6 个月
	2 号炭疽芽孢苗	皮下注射	山羊 6 个月，绵羊 12 个月

（续）

接种时间	疫　苗	接种方式	免疫期
产后 1 个月	羊口蹄疫 O 型灭活疫苗	肌内注射	6 个月
	2 号炭疽芽孢苗	皮下注射	山羊 6 个月，绵羊 12 个月
产后 1.5 个月	羊链球苗灭活疫苗	皮下注射	6 个月
	山羊传染性胸膜肺炎灭活疫苗	皮下注射	1 年
	山羊痘灭活疫苗	尾根皮内注射	1 年

放牧羊群一般多在春秋两季进行免疫接种。

1）春季。妊娠母羊产前 1 个月接种破伤风类毒素疫苗，可预防破伤风。肌内注射羊只的后臀，15 天产生免疫力，免疫期为 1 年。

每年 2 月下旬至 3 月上旬，成年羊与羔羊接种羊梭菌病三联四防疫苗（或五联苗），预防羊快疫、羊肠毒血症、羊猝狙、羊黑疫（或羔羊痢疾）。成年羊或羔羊都按说明书接种，或者成年羊加 0.2 倍量，10 ~ 14 天产生免疫力，免疫期为 6 个月。

妊娠母羊产前 20 ~ 30 天，接种羔羊痢疾疫苗，可预防羔羊痢疾，如已注射五联苗可略去这次免疫，若没注射，羔羊 1 月龄可注射。按说明书方法接种，隔 10 ~ 14 天再免疫 1 次，10 ~ 14 天产生抗体，羔羊可获得母源抗体。

每年 2 ~ 3 月接种羊痘鸡胚化弱毒苗，可预防羊痘。不论羊只大小一律皮内注射 0.5 毫升，6 ~ 10 天产生免疫力，免疫期为 1 年。

每年 3 ~ 4 月接种羊口疮弱毒细胞冻干苗，可预防羊口疮病。大小羊只一律口腔黏膜内注射 0.2 毫升，免疫期为 1 年。

每年 3 ~ 4 月，对未免疫的羔羊、成年羊接种小反刍兽疫弱毒苗，免疫期 3 年。

每年 3 ~ 4 月接种羊链球菌氢氧化铝菌苗，可预防羊链球菌病。按说明书方法接种，免疫期为 6 个月。

每年 5 ~ 6 月（配种前 2 ~ 3 周）接种羊口蹄疫 O 型灭活疫苗，可预防羊口蹄疫。按说明书方法接种，免疫期为 6 个月。

2）秋季。免疫时间以配种时间而定，接种羊流产衣原体油佐剂卵黄灭活疫苗，可预防羊衣原体性流产。羊妊娠前或妊娠后一个月内，每只皮下注射3毫升，免疫期为1年。

每年9月下旬接种羊四联苗（或五联苗，若生产厂家的说明书上注明免疫期为1年，此次可略），可预防羊快疫、羊肠毒血症、羊猝狙、羊黑疫（或羔羊痢疾）。成年羊或羔羊都按说明书方法接种，或者成年羊加0.2倍量，10～14天产生免疫力，免疫期为6个月。

每年9月接种羊口疮弱毒细胞冻干苗，预防羊口疮病。大小羊一律口腔黏膜内注射0.2毫升，免疫期为1年。

每年9月接种羊链菌疫苗，可预防羊链球菌病。按说明书方法接种，免疫期为6个月。

五、免疫接种的常用方法

（1）肌内注射法 肌内注射法适用于接种弱毒或灭活疫苗，注射部位在臀部及两侧颈部，一般用12号针头。

（2）皮下注射法 皮下注射法适用于接种弱毒或灭活疫苗，注射部位在股内侧、肘后。操作者用拇指及食指捏住皮肤，注射时确保针头插入皮下，进针后摆动针头，若感到针头摆动自如，推压注射器推管，药液极易进入皮下，无阻力感。

（3）皮内注射法 皮内注射法一般适用于牛/羊痘弱毒疫苗等少数疫苗，注射部位在颈外侧和尾部皮肤皱襞。操作者用左手拇指与食指顺牛皮肤的皱纹，从两边平行捏起一个皮褶，右手持注射器使针头与注射平面平行刺入。注射药液后在注射部位有一豌豆大小的泡，并且小泡会随皮肤移动，则证明确实注入皮内。

（4）口服法 口服法是将疫苗均匀地混于饲料或饮水中经口服后获得免疫。免疫前应停饮或停喂半天，以保证饮喂疫苗时每头牛、每只羊都能饮入一定量的水或吃入一定量的饲料。

注意 疫苗用冷水稀释，最好不要用城市自来水，如果必须用，则先接水储存1天再用，以减少氯离子对疫苗的影响。

（5）气雾免疫法 气雾免疫法是用压缩空气通过气雾发生器将稀释的疫苗喷射出去，使疫苗形成直径为1～10微米的雾化粒子，均匀地浮游在空气之中，通过呼吸道吸入肺脏内，以达到免疫接种的目的。此法主要用于集约化羊场，其优点是省时、省力，适宜大群免疫。其缺点是疫苗用量要在 2~3 倍，有时还会诱发羊的呼吸道疾病。

气雾发生器由喷头及动力机械组成。喷头有对口式、平等式两种。压缩空气的动力可因地制宜，利用各种气泵或用电动机、柴油机带动空气压缩泵。无论用何种方法作为动力，都要保持 2 千克/厘米² 以上，才能达到使疫苗雾化的目的。

免疫时，疫苗用量主要根据羊舍的大小而定。用量确定后，用生理盐水将其稀释，装入雾化器瓶中，关闭羊舍门窗、排气扇等。操作者将喷头保持与羊头部同高，均匀喷射。喷射完毕 20~30 分钟后，打开门窗和排气扇。

注意

操作人员要注意防护，戴上大而厚的口罩，如果出现发热、关节酸痛等症状，应及时就医。

六、疫苗接种的免疫反应、保护率与免疫期

1. 疫苗接种的免疫反应

无论何种疫苗，对于动物机体来说都是异物，经接种后总会产生反应，只不过反应的性质和强度有所不同，据此将反应分为两大类，即正常反应和不良反应，不良反应又可区分为严重反应和并发症。

（1）正常反应　正常反应是指由于疫苗制品本身的特性所引起的反应，其性质与强度随疫苗制品性质而异。例如，口蹄疫油佐剂疫苗等强毒灭活制品有一定毒性，接种后可引起局部和全身的反应。牛痘鸡胚化弱毒苗等一些活制剂，接种实际是一种轻度感染，也会发生某种局部和全身的反应，如接种部位的红肿和疼痛，接种后 1~2 天会精神不振、食欲稍差，有时还有轻度的体温升高等。一般不用特殊处理，加强饲养管理即可。

（2）严重反应　严重反应同正常反应没有性质上的区别，仅仅是程度较重或发生反应的动物数超过正常比例。这种反应出现的原因主要有：疫苗质量较差、使用方法不当、接种剂量过大、接种技术有问题、接种途径错误、被接种动物有过敏性素质等。这类反应通过严格控制疫苗的质量，遵照使用说明书操作，一般可以降到最低限度，并且只在个别特敏感的牛/羊身上才出现，需要特殊处理。

（3）**并发症**　并发症是指与正常反应不同的反应，主要包括 3 种形式：一是超敏感，引起血清病、过敏休克、变态反应等，此种情况要进行及时处理，使用急性抗过敏药物静脉注射或肌内注射。例如，口蹄疫油佐剂灭活疫苗注射后 15 ~ 30 分钟，个别牛出现的以颤抖、战栗为主要症状的过敏反应，只要及时注射地塞米松等皮质激素类药物，一般都能迅速控制，预后良好。二是扩散为全身感染，这种情况只有在机体防御机能不全或遭到破坏，又接种活疫苗时才发生，要根据病情、病势的轻重缓急等具体状况决定是否使用抗感染药物加以控制。三是诱发潜伏感染。发生该种情况后要及时进行有效的治疗，以尽快控制感染。

2. 疫苗接种的保护率

牛/羊群经过某一项免疫接种之后，由于个体差异及接种操作上的疏忽等原因，并不是所有的牛/羊都能产生较强的免疫力。牛/羊群接种后能抵抗强毒侵袭的牛/羊的比率，称为保护率。若保护率在 90% 以上，说明免疫效果比较好，能避免牛/羊群严重发病。

3. 疫苗接种的免疫期

不同的疫苗接种之后，产生抗体的快慢不一样。一般经几天至十几天可达到抵抗强毒为止，称为免疫期。对于各种疫苗的免疫期，厂家均有说明。

七、免疫接种应注意的问题

牛/羊的免疫接种要注意以下 4 个方面的问题：

（1）**所用疫苗的有效性**　首先观察疫苗的标签，看其批准文号、批号、生产日期、有效期，确定是国家批准的正规厂家生产的有效产品；其次观察疫苗的包装是否密封，瓶内疫苗性状是否正常，如常用的口蹄疫疫苗是 O 型油佐剂苗，室温下保存，静止时分上下两层，上层为清液，下层为沉淀，振摇后呈均匀混浊液体；油佐剂苗在保存期内振摇后不应出现分层现象，否则不能使用。牛痘鸡胚化弱毒苗为真空冻干苗，必须低温保存，保持瓶内真空才可。在使用真空冻干苗时，应检测瓶内的真空度。常用的方法为流水检测法，用消毒注射器吸取稀释液后，将注射器针头插入疫苗瓶的瓶塞内，如果稀释液自动流入瓶内，说明瓶内真空，疫苗可以使用。

（2）**所要接种牛/羊的具体情况**　接种时要考虑牛/羊的健康状况及生产状态。因为免疫应答是在动物机体中枢神经调节下免疫细胞对进入体内的抗原进行识别并产生一系列免疫反应和表现一定生物学效应的过程，这种反应和过程需要动物具有健康的体质和发育成熟的免疫器官。也只有此时，才能对牛/羊进行免疫接种，进而产生良好的免疫应答。对患有某种疾病、处于亚健康状态或免疫器官发育未完全的牛/羊（一般犊牛的免疫接种多在 1～2 月断奶后进行），不宜免疫接种；对将要分娩的母牛/羊应暂缓注射，以免引起免疫失败或导致流产。

（3）做好接种记录　进行预防接种时，要注意将疫苗充分摇匀，并做到每头牛或每只羊用一支针头，以防某些疫病经针头传播；要做好接种记录，其内容包括接种日期、疫苗名称、生产厂家、批号、有效期、接种剂量、接种方法，并注明已接种和未接种的牛/羊，以便观察预防接种反应和预防效果，分析可能发生的问题及原因。

（4）注意观察接种后的不良反应　免疫接种后，要留意观察 15～30 分钟，出现不良反应及时通知兽医进行处理。为提高免疫接种效果，要加强饲养管理，饲粮中适当增加蛋白质。

第三章

第四章 牛、羊病毒性传染病的诊治

一、口蹄疫

口蹄疫俗称"口疮""蹄癀"，是由口蹄疫病毒感染引起的牛、羊、猪等偶蹄动物的一种急性、热性传染病，以牛易感性最强。本病的主要临诊特征为病牛/羊口腔黏膜、唇、蹄部和乳房皮肤发生水疱和溃烂。

【流行特点】　发病牛/羊和带毒动物是本病的主要传染源。发病牛/羊各组织器官尤以水疱皮和水疱液中的病毒含量最多，可通过水疱液、唾液、乳汁、精液等分泌物和汗液、尿、粪等排泄物污染车辆、器械、牧场、饲料、水源，甚至可通过空气、来往人员及动物等传播。本病以直接接触和间接接触的方式传播。例如，牛/羊食入污染的饲料、饮水经消化道感染；吸入污染的空气或尘埃经呼吸道感染；也可通过与饲喂感染牛/羊群或挤奶工人接触而感染，还可通过人工授精传播等；通过破伤的皮肤和黏膜也可感染发病。

总之，本病的传染性极强，一年四季都可发病。在牧区常表现为秋末开始发病，冬季加剧，春季减缓，夏季平息。流行迅猛，2～3天即可波及全群乃至一个地区。

【典型临床症状】　自然感染的牛/羊潜伏期为2～5天，最长的可达21天。病牛/羊口腔黏膜发炎并以潮红、灼热等为主要特征。病初体温高达40～41℃，精神萎靡，食欲下降，闭口流涎。经1～2天后，在唇、舌、齿龈和颊部黏膜上凸起蚕豆大至核桃大小的水疱（彩图4-1），口角流涎增多，嘴边流满条状白色泡沫。食欲废绝，反刍停止，泌乳量下降。经2～3天水疱破溃后形成边缘不整齐的红色浅表糜烂区（彩图4-2和彩图4-3）。体温降至常温时，糜烂面开始愈合并留有瘢痕。发病牛/羊全身状况也逐渐好转。在口腔形成水疱的同时或稍后在蹄趾间及蹄冠等皮肤上呈现红、肿、热、痛和水疱，并迅速破溃、糜烂成烂斑，呈现跛行（彩图4-4）。继发性细菌感染时使局部化脓、坏死蹄匣脱落，迫使病牛/

羊卧地。乳头及乳房被侵害时，乳房皮肤发红、肿胀，后有水疱出现（彩图4-5）。水疱破溃后形成糜烂斑。当链球菌、葡萄球菌感染时，乳房急性肿胀，乳汁变稠，类似初乳，泌乳性能降低，甚至停止。犊牛、羔羊感染后病毒侵害心肌，引发急性心肌炎。病牛/羊全身肌肉颤抖，心跳加快，节率不齐，步态不稳，突然倒地而死于心力衰竭。

【典型病理变化】 口腔、蹄趾部出现水疱和烂斑，咽喉、气管、支气管和前胃黏膜呈现圆形烂斑或溃疡，并有纤维蛋白样或棕黑色痂皮覆盖；皱胃、小肠黏膜严重出血；心包有弥漫性或点状出血，心肌松弛、色浅似煮肉样；心肌切面有灰白色和浅黄色斑点或条纹，又称为虎斑心（彩图4-6）；肺气肿，有的伴发异物性肺炎、化脓性关节炎及乳腺炎等。

【鉴别诊断】

（1）牛口蹄疫与牛瘟的鉴别 二者均有精神不振、体温升高、食欲减退、流涎、口腔溃疡等临床症状和病理变化。但二者的区别在于：牛瘟的病原为牛瘟病毒，病牛蹄部无病变，患部不出现水疱，由于皱胃、小肠黏膜有坏死性炎症而出现剧烈的腹泻，病死率很高。

（2）牛口蹄疫与牛恶性卡他热的鉴别 二者均有精神不振，体温升高，食欲减退，鼻镜、乳房发生丘疹、水疱等临床症状和病理变化。但二者的区别在于：牛恶性卡他热的病原为牛恶性卡他热病毒，多为散发，传染性不及口蹄疫那样强；病牛全身症状明显，而且有眼睑、头部肿胀，眼球发生特异的上翻及角膜混浊等症状，病死率极高。

（3）牛/羊口蹄疫与牛/羊蓝舌病的鉴别 二者均有精神不振、食欲减退、体温升高（40～42℃）、口腔糜烂、流涎、蹄疼、跛行等临床症状。但二者的区别在于：牛/羊蓝舌病的病原为蓝舌病病毒，由昆虫传播，非接触传染；发病牛/羊舌充血、发绀，呈紫蓝色，蹄冠、蹄叶发炎、无水疱，鼻流分泌物。用发病牛/羊的血注射易感畜和免疫畜，免疫畜不发病即可诊断。

（4）牛/羊口蹄疫与牛/羊水疱性口炎的鉴别 二者均有精神不振、体温升高、食欲减退、流涎、口腔溃疡形成水疱等临床症状和病理变化。但二者的区别在于：牛/羊水疱性口炎的病原为水疱性口炎病毒，病变主要在口腔，很少侵害到蹄部及乳房皮肤；而且流行范围小，发病率低，极少发生死亡；此外，水疱性口炎除感染牛、羊、猪等偶蹄动物外，还可感染马、骡等单蹄动物。

（5）牛/羊口蹄疫与牛/羊腐蹄病的鉴别 二者均有精神不振、食欲减退、口腔有水疱、蹄有病变、跛行等临床症状。但二者的区别在于：牛/羊腐蹄病的病原为结节梭形杆菌；一肢或数肢发病，蹄冠发红，蹄匣腐烂、有恶臭液；抗菌类药物治疗有效。

【防治措施】

1）加强牛/羊群的饲养管理，严格执行检疫、消毒等预防措施，发生口蹄疫时应采取紧急措施。

2）按时接种口蹄疫疫苗。幼牛/羊在 2.5 月龄和 7 月龄分别接种牛口蹄疫 O 型灭活疫苗，肌内注射，免疫期为 6 个月；成年母牛/羊在配种前 2~3 周和产后 1 个月分别接种牛口蹄疫 O 型灭活疫苗，肌内注射，免疫期为 6 个月。

3）畜群发生口蹄疫后，可适当采取以下措施：

① 加强护理和饲养管理。

② 口腔可用清水、食醋或 0.1% 高锰酸钾冲洗，糜烂面上可涂以 1%~2% 明矾或碘甘油（碘 7 克、碘化钾 5 克、酒精 100 毫升，溶解后加入甘油 100 毫升）。也可用冰硼散（冰片 15 克、硼砂 15 克、芒硝 18 克，研成细末）撒布。

③ 蹄部可用 3% 克辽林或来苏儿洗涤，擦干后涂松馏油或鱼石脂软膏或氧化锌鱼肝油软膏，再用绷带包扎，也可将煅石膏与锅底灰各半，研成粉末，加少量食盐粉涂在蹄部的患部。

④ 乳房可用肥皂水或 2%~3% 硼酸清洗，然后涂以青霉素软膏或其他刺激性小的防腐软膏。定期将奶挤出以防止患乳腺炎。

此外也可用一些中药治疗。

按照我国政府相关法律规定，凡经具有资质的专业机构鉴定为发生口蹄疫的养殖场，均应做无害化处理。因此，准确理解口蹄疫的发病特点，掌握发病特征，做好切实可靠的防控措施，确保人畜安全，避免损失，意义重大。

二、羊小反刍兽疫

羊小反刍兽疫俗称羊瘟，是由副黏病毒科麻疹病毒属小反刍兽疫病毒引起的一种急性、病毒性传染病。临床症状以病羊发热、口炎、腹泻和肺炎为特征。

【流行特点】 本病主要感染山羊、绵羊、羚羊等小反刍动物，山羊发病较为严重。感染羊只发生病毒血症，病毒广泛分布于各种组织，并随各种分泌物或排泄物排出。本病的传染源主要为患病动物和隐性感染动物，处于亚临床型的患病动物尤为危险。

本病主要通过直接或间接接触传播，也可通过飞沫经呼吸道传播，还可通过授精或胚胎移植等传播。

该病于多雨季节和干燥寒冷季节多发，羊只发病率高达100%。在严重暴发时，病死率可达100%；在轻度发生时，病死率不超过50%。幼龄羊发病较为严重，发病率和死亡率都较高。

【典型临床症状】 本病的潜伏期为4~5天，最长达21天，自然发病仅见于山羊和绵羊，山羊发病较严重，绵羊偶有严重病例。患病羊只烦躁不安，被毛无光泽，口鼻干燥，食欲减退，流脓性鼻液（彩图4-7），出现咳嗽、呼吸异常，呼出恶臭气体；急性型病例体温可升高至41℃并持续3~5天，在发热的前4天，口腔黏膜充血、颊黏膜出现进行性广泛性损害，随后出现坏死性病灶（刚开始出现小而粗糙的红色浅表坏死病灶，之后变成粉红色），感染部位包括下唇、下齿龈等；严重病例可见坏死病灶，波及颚、颊部、舌头等（彩图4-8）；患病羊只后期出现水样带血腹泻，严重者脱水、消瘦，随之体温下降。

【典型病理变化】 剖检可见淋巴结（特别是肠系膜淋巴结）水肿，口腔和鼻腔黏膜糜烂、坏死；出现不同程度的气管炎、支气管炎、肺肿、小叶坏死，肺中散在有斑块状实变（组织学观察可见肺部组织出现多核巨细胞、细胞内出现嗜酸性包涵体）；脾脏肿大或梗死；皱胃常出现规则且有轮廓的糜烂（创面呈红色、出血），而瘤胃、网胃和瓣胃的病变较少见；坏死性或出血性肠炎（彩图4-9），盲肠、结肠近端和直肠出现特征性条状充血、出血，呈斑马状条纹（彩图4-10）。

【鉴别诊断】

（1）羊小反刍兽疫与牛瘟感染的鉴别 二者均有精神不振、食欲减退、体温升高、黏膜充血、腹泻等临床症状。但二者的区别在于：目前牛瘟发生地区很少，而且羊小反刍兽疫主要感染山羊和绵羊，感染后出现症状。牛、猪呈隐性感染，感染牛不表现临床症状。

（2）羊小反刍兽疫与羊口蹄疫的鉴别 二者均有精神不振、食欲减退、体温升高、黏膜充血、腹泻等临床症状。但二者的区别在于：羊口蹄疫的病原为口蹄疫病毒，临诊以口鼻黏膜、蹄部和乳房等处皮肤发生

第四章

水疱和糜烂为特征，羊小反刍兽疫无水疱症状，更无蹄部病变。

（3）羊小反刍兽疫与羊蓝舌病的鉴别　二者均有精神不振、食欲减退、体温升高、黏膜充血等临床症状。但二者的区别在于：羊蓝舌病的病原是蓝舌病病毒，病羊以颊黏膜和胃肠道黏膜严重卡他性炎症为主，乳房和蹄冠等部位发生病变，但没有水疱。羊小反刍兽疫无蹄部病变。

（4）羊小反刍兽疫与羊传染性胸膜肺炎的鉴别　二者均有精神不振、食欲减退、体温升高、呼吸异常等临床症状。但二者的区别在于：羊传染性胸膜肺炎的病原为支原体，病羊以浆液性纤维性肺炎和胸膜炎为主要特征，无口腔、肠道黏膜病变和腹泻症状。

（5）羊小反刍兽疫与羊巴氏杆菌病的鉴别　二者均有精神不振、食欲减退、体温升高、黏膜充血、呼吸异常、腹泻等临床症状。但二者的区别在于：羊巴氏杆菌病的病原为巴氏杆菌，病羊以胸腔积水、肺炎及呼吸道黏膜和内脏器官发生出血性炎症为主，无溃疡性和坏死性口炎及舌糜烂症状；抗生素治疗有效。

（6）羊小反刍兽疫与羊传染性脓疱病的鉴别　二者均有精神不振、食欲减退、体温升高、呼吸异常等临床症状。但二者的区别在于：羊传染性脓疱病的病原为羊口疮病毒，病羊以口唇、眼和鼻孔周围的皮肤上出现丘疹和水疱，并迅速变为脓疱，最后形成痂皮或疣状病变（即桑葚状病垢），但不出现腹泻症状和高死亡率。

【防治措施】

（1）做好宣传，增强防疫意识　羊小反刍兽疫为动物一类传染病，对山羊、绵羊养殖危害严重。各级兽医技术人员，尤其基层乡镇村落防疫员、驻场兽医、养殖场主等，都应掌握基本的防控技术。日常重视本病的宣传工作，确保民众掌握全面的防控技术要点，能做到疫情的准确判断、快速诊断可疑疫情，确保快而准确地处置疫情。

（2）强制免疫接种，规范消毒流程　根据相关的防疫政策，所有种羊应强制接种。羔羊宜在 1～2 月龄接种羊小反刍兽疫弱毒苗，肌内注射1 毫升，免疫期为 3 年。发现疫情，疫点所有羊只应紧急免疫，注意记录免疫档案，做好免疫效果评价。

接种防疫期间，搞好环境卫生，注意消毒灭源。养殖场、运载工具、生产设备等一律彻底消毒。收集所有尿液、粪便，集中堆积发酵。周边环境，每周清扫 1 次，确保消毒质量。

（3）完善应急预案，防止疫情蔓延　对重大动物疫情，完善应急防

第四章

控预案，做好人员、物资、医疗等的应急储备，健全应急值守制度，努力做到责任明确，人员到位，联系畅通。一旦发现疫情，能及早处理、及时处置，确保疫情在最短时间内得到有效控制，遏制疫情的蔓延和扩散。

（4）落实责任，处理突发疫情　对羊小反刍兽疫的防控，应提高足够的认识，具体责任层层落实，各部门各司其职，忙而不乱，确保本病防控的高效性。注意疫情报告与管理，有关人员坚守岗位，做好疫情报告。经确诊的疫情，按照规范要求果断处理，及时拔除疫点，扑灭感染疫情。病死羊进行无害化处理，严格封锁、隔离疫区。

> 羊小反刍兽疫是近年来我国大部分地区流行的一种烈性传染病，绝大多数养殖户已认识到了接种疫苗的重要性。为了有效控制羊小反刍兽疫，必须在定期检测羊小反刍兽疫抗体的基础上制定合理的免疫程序，严格执行各项综合性防疫程序。

三、水疱性口炎

水疱性口炎是由水疱性口炎病毒感染所引起的一种急性、热性、水疱性传染病。其临诊特征为病牛/羊口腔黏膜发生水疱，流涎呈泡沫状，偶见侵害蹄部和乳房皮肤。

【流行特点】　本病多在一定地区成点状散发，常在 5～10 月流行，有明显的季节性。病牛/羊随水疱和唾液排出病毒，病毒通过唾液、损伤的皮肤、黏膜和消化道等感染健康牛/羊。各种家畜之间（包括偶蹄动物和单蹄动物）可相互传染。一般认为，污染的饲料、饮水和双翅目昆虫的叮咬是重要的传播媒介。

【典型临床症状及典型病理变化】　本病的潜伏期为 3～5 天，有的长达 9 天。病牛/羊高热，食欲不振，反刍减少。具有特征性的症状是在舌、唇黏膜上出现米粒大的小水疱，随后彼此融合形成蚕豆大的大水疱，内含黄色透明液体。水疱破溃后遗留边缘不整的鲜红色烂斑。发病牛/羊大量流涎，呈丝缕状垂于口角，口渴。有的在蹄部和乳房皮肤上也发生水疱。病程为 1～2 周，转归良好，极少死亡。若蹄部病变继发细菌感染，则病程较长。

【鉴别诊断】

（1）牛/羊水疱性口炎与牛/羊口蹄疫的鉴别　二者均有精神不振，

体温升高，食欲减退，流涎，口腔溃疡，在口腔、乳房有水疱等临床症状和病理变化。但二者的区别在于：牛/羊口蹄疫的病原为口蹄疫病毒，传染性强、传播速度快。病牛/羊除口腔外，乳房、蹄部病变严重。牛/羊水疱性口炎流行范围小，发病率低，而且除感染牛、羊、猪等偶蹄动物外，还可感染马、骡等单蹄动物。

（2）**牛水疱性口炎与牛瘟的鉴别** 二者均有精神不振、体温升高、食欲减退、流涎、口腔溃疡等临床症状和病理变化。但二者的区别在于：牛瘟的病原为牛瘟病毒，病牛的乳房、蹄部无病变，患部不出现水疱，由于皱胃、小肠黏膜有坏死性炎症而出现剧烈的腹泻，病死率很高。

（3）**牛/羊水疱性口炎与牛/羊病毒性腹泻-黏膜病的鉴别** 二者均有精神不振、体温升高、食欲减退、流涎、口腔溃疡等临床症状和病理变化。但二者的区别在于：牛/羊病毒性腹泻-黏膜病的病原为病毒性腹泻-黏膜病病毒，发病牛/羊口腔溃疡糜烂没有明显的水疱发生过程，糜烂病灶小且浅表，临床上有明显的腹泻，腹泻可持续1～3周。

（4）**牛/羊水疱性口炎与牛/羊普通口炎的鉴别** 二者均有精神不振、体温升高、食欲减退、流涎、口腔溃疡等临床症状和病理变化。但二者的区别在于：牛/羊普通口炎的病因是采食粗硬的饲料，饲料不洁或混有尖锐的异物，或者误食有刺激性的物质，如生石灰、氨水和高浓度刺激性强的药物等。口腔溃疡过程很少有水疱形成，并且发病范围小，没有传染性。

【预防措施】 严格封锁疫区，被污染的场地和用具用2%氢氧化钠或1%福尔马林溶液消毒。以当地发病牛/羊的组织或血制备的结晶紫甘油疫苗，或者鸡胚结晶紫甘油疫苗进行预防注射。

【治疗方法】 本病发病快，病程短，病情一般不严重，所以，只要加强护理并适当用药，效果甚佳。例如，口腔黏膜有烂斑时，可用0.1%高锰酸钾溶液冲洗口腔，而后涂抹冰硼散或50%碘甘油，配合病毒唑（利巴韦林）肌内注射。此外，应给予柔软易消化的食物，防止口腔再遭损伤，促进患部痊愈。如果出现虚弱，可补液强心。

四、牛瘟

牛瘟也称烂肠瘟，是由牛瘟病毒感染所引起的一种急性、热性、病毒性传染病，其临诊特征为体温增高，病程短速，黏膜（特别是消化道黏膜）发炎、出血、糜烂和坏死。

【流行特点】　牛对本病易感性最大，其次是羊、骆驼、鹿等，猪可能感染，主要通过病牛与健康牛直接接触传染，污染的饲料、饮水、用具等都是重要的传染媒介。传染途径主要是消化道。

【典型临床症状】　本病的潜伏期为 3 ~ 10 天。病牛病初体温高达40℃以上，精神委顿，厌食，反刍迟缓甚至停止，大便干而少；呼吸、脉搏增快，常见病牛咳嗽不久就出现黏膜的炎症变化；眼结膜和鼻黏膜发炎，分泌物初为浆液性，之后逐渐变为黏液性和黏液脓性。结膜表面有微薄的伪膜，红色的鼻黏膜上散布有深红色的出血点；口腔黏膜的变化具有特征性，初流涎增加，混有气泡甚至血丝，口腔黏膜颜色潮红，尤以口角、齿龈、颊内面和硬腭最为明显。黏膜表面有灰色或灰白色小点，大小如粟粒，初较坚硬，后渐软，致使黏膜表面如撒上一层面粉或麸皮。以后有较大的小结节发生，联合而成为整齐、灰色或灰黄色沉淀物，以手抹之易于脱落，留下红色易出血表面，糜烂区边缘不整齐。

当体温下降时，病牛发生腹泻，粪稀如水，异常腥臭，有时排泄物内含有条状黏膜或管状伪膜，长 10 ~ 30 厘米。濒死期病例腹泻加剧，常为出血性，末期排便失禁。母牛有阴道炎，妊娠牛常流产。死亡率在50%以上。

【典型病理变化】　剖检可见整个消化道黏膜都有炎症和坏死变化。口腔黏膜，特别是唇内侧、齿龈、颊和舌腹面出现糜烂区（彩图 4-11），类似变化也见于咽和食道；皱胃黏膜呈现严重充血，幽门孔和皱襞常有糜烂，间有炎性渗出物形成的伪膜，易于剥脱；小肠内容物稀薄，含有血液、纤维蛋白和坏死组织的凝块；十二指肠及部分回肠常呈线痕状鲜红条纹，充血、出血及糜烂；胆囊肿大，充满黄绿色稀薄的胆汁。

【鉴别诊断】

（1）牛瘟与牛口蹄疫的鉴别　二者均有精神不振、体温升高、食欲减退、流涎、口腔溃疡等临床症状和病理变化。但二者的区别在于：牛口蹄疫的病原为口蹄疫病毒，病牛口腔、蹄部病变严重，有大量水疱形成，眼、鼻不发炎，不排恶臭稀粪。

（2）牛瘟与牛恶性卡他热的鉴别　二者均有精神不振，体温升高，食欲减退，口鼻黏膜充血、坏死、溃烂，腹泻有恶臭，母牛阴户潮红肿胀，眼流泪等临床症状和病理变化。但二者的区别在于：牛恶性卡他热的病原为牛恶性卡他热病毒，多为散发，并与病牛接触有密切关系，有弥漫性角膜炎及纤维素性虹膜炎，面部肿大。

（3）**牛瘟与牛病毒性腹泻-黏膜病的鉴别** 二者均有精神不振，体温升高，食欲减退，流涎，口腔溃疡糜烂，拉稀且粪恶臭等临床症状和病理变化。但二者的区别在于：牛病毒性腹泻-黏膜病的病原为病毒性腹泻-黏膜病病毒，病牛的口腔、蹄部可出现水疱，眼、鼻不发炎，不排恶臭稀粪。

（4）**牛瘟与牛水疱性口炎的鉴别** 二者均有精神不振、体温升高、食欲减退、流涎、口腔溃疡糜烂等临床症状和病理变化。但二者的区别在于：牛水疱性口炎的病原为水疱性口炎病毒，病牛口腔黏膜上的水疱破裂后所留溃疡面无伪膜覆盖，鼻、眼无炎症和分泌物，不排恶臭稀粪，蹄部有水疱。流行时马、骡、驴等也可发病。

【预防措施】 注意环境卫生，采取消毒、防疫等综合措施，及时免疫接种。发现可疑病例必须迅速上报，并在确诊后严格执行封锁、检疫、隔离、消毒及毁尸等措施，临近疫区的牛应普遍注射牛瘟疫苗。

【治疗方法】 病初在症状较轻时可注射抗牛瘟血清 200～300 毫升，有较好的疗效。

五、狂犬病

狂犬病又称"疯狗症"，是由狂犬病病毒感染所引起的一种人畜共患传染病。人和家畜（马、牛、羊、猪、犬和猫等），甚至家禽都能感染本病。其主要临诊床特征为，病牛/羊极度神经兴奋而导致发狂和意识丧失，最后全身麻痹而死。

【流行特点】 病牛/羊及带毒动物是本病的主要传染源，传染的途径主要是咬伤。在自然界中，肉食目中的犬科和猫科内的很多动物都能感染，尤其是前者中的野生动物，如野犬、狐和狼等可能成为病毒的贮存宿主（带毒者）。发病后，带毒动物通过咬伤人和家畜，或舐触已破损的皮肤，使病毒随着唾液进入伤口而导致感染。

【典型临床症状】 本病的潜伏期差异很大，一般为 4～8 周，长者可达数月或 1 年以上，短者只有 8～10 天。潜伏期的长短主要取决于唾液的毒力和数量、咬伤的范围和深度、受伤部位的神经和淋巴管的数量以及与中枢神经系统之间的距离、动物的易感性等。发病牛/羊的临床表现为狂暴型和麻痹型两种。

（1）**狂暴型** 病牛/羊病初站立不安，将头高扬，卷起上唇，用脚扒地。眼光凝视、凶恶，磨牙。口腔内流出大量黏性唾液，常呈丝状牵挂在口边。食欲不振，反刍停止，瘤胃反复臌气，便秘或拉稀，泌乳突然停止。阵发性兴奋发作，突然呈恐惧状，病牛/羊强行挣脱绳索或系枷，用头冲向饲槽或墙壁，发出嘶哑的鸣叫，有时牛/羊角也被扭断。以后进入安静期，病牛/羊呆立或卧地。但每隔20～30分钟又会出现兴奋期，这样周而复始，最后衰竭、麻痹而死亡。一般病程为3～6天。

（2）麻痹型 病初无兴奋状态，精神沉郁，呆立流涎，吞咽困难，拒食。呼吸喘息，瘤胃臌气，便秘。有时无目的地走动，后肢软弱，快步行走或抬头过高时易跌倒，并发出哀鸣声。随病程的延长，病牛/羊卧地不起。以胸部着地，将头息于肩部，膈肌和其他肌肉群发生痉挛性收缩，呻吟，体痒，往往经1周左右因衰竭、体温突然下降而死亡。

【典型病理变化】 尸体剖检可见咽部黏膜充血，胃内空虚，只有少量沙土、青草或碎砖等；胃底、幽门区及十二指肠黏膜充血、出血；肝脏、肾脏、脾脏充血；胆囊肿大，充满胆汁；硬脑膜充血、出血，软脑膜呈血管树枝状充血，脑实质水肿、出血等。

【鉴别诊断】

（1）牛/羊狂犬病与牛/羊伪狂犬病的鉴别 二者均有不安、狂躁、流涎、咬撕各种物体、自我舐咬等临床症状。但二者的区别在于：牛/羊狂犬病的病原是狂犬病病毒，病牛/羊意识混乱，下颌麻痹，具有恐水症，对人畜具有攻击性。而牛/羊伪狂犬病的病原为伪狂犬病病毒，病牛/羊目光呆滞，体躯奇痒，啃咬，肢抓擦痒，鼻流泡沫状液体，时而发出怪叫声，对人畜没有攻击性。用脑组织制成悬液接种于家兔皮下，20～36小时后注射部位出现剧痒。

（2）牛/羊狂犬病与牛/羊破伤风的鉴别 二者均对声响、光线反射兴奋性增强，有神经症状及外伤感染史。但二者的区别在于：牛/羊破伤风的病原为破伤风杆菌，病牛/羊多呈强直性痉挛，四肢如木马状，无恐水症。狂犬病有犬咬伤史，破伤风则为外伤感染。

（3）牛/羊狂犬病与牛/羊脑膜炎的鉴别 二者均有兴奋不安、狂躁、精神沉郁、惊恐，对音响、触碰敏感，以及嘶叫、昏睡等临床症状。但二者的区别在于：牛/羊脑膜炎病例无传染性，体温升高，神经症状主要表现为转圈、抽搐，有时盲目奔跑，不避障碍物，有时呕吐。

（4）牛/羊狂犬病与牛/羊有机磷中毒的鉴别 二者均有流涎、共济失调、呼吸困难、惊厥等临床症状。但二者的区别在于：牛/羊狂犬病病例多有病犬咬伤史，有传染性，攻击人畜，流涎时下颌下垂。而有机磷农药中毒有与有机磷农药接触史，急性群发或突然发生，呕吐、腹痛、腹泻，并且胃肠内容物有大蒜味。

> 依据患病动物狂暴不安、张口流涎，主动攻击人、畜，以及后期运动失调等临床特征，结合散发及曾被咬伤病史可做出初步诊断，确诊应采取实验室检查方法。

【防治措施】　至今为止，本病无特殊的治疗方法。若被患狂犬病的动物咬伤后，应立即进行扩大创口，使其流血。用腐蚀性的消毒剂，如5%碘酊、3%石炭酸等溶液处理，或者用烧烙术进行消毒，并迅速用狂犬病疫苗进行紧急预防性接种，间隔3～5天，重复注射1次。严重病例，于咬伤后72小时内按每千克体重0.5毫升的量注射高免血清，然后继续进行疫苗注射。对于患狂犬病的牛/羊应采取不放血的方法捕杀、化制或销毁，不得屠宰利用。被患有狂犬病或疑似有狂犬病的犬咬伤的牛/羊，在咬伤后不超过8天且未发现狂犬病症状者，可以屠宰，其内脏应该经高温处理后利用。超过8天不准屠宰，应按发病牛/羊处理。同时，对家养的犬定期用疫苗进行预防性接种，对野犬应立即捕杀。

六、伪狂犬病

伪狂犬病是由伪狂犬病病毒感染而引起的一种急性传染病，以局部奇痒、怪叫为特征。因为本病也有磨牙、流涎等中枢神经系统障碍症状，故以前较多被误认为是狂犬病。后经研究发现，它是由于一种泛宿主性的（可感染猪、牛、羊、犬等多种动物）病毒感染而引起的一种新的传染病，因其症状与狂犬病的症状较为相似，故称为伪狂犬病。

【流行特点】　对伪狂犬病有易感染性的动物很多，猪、牛、羊、犬、猫等患病或隐性感染后都可成为本病的传染源。感染后的鼠类粪尿中含有大量病毒，也能传播本病。传播途径主要是通过飞沫、饲料、饮水和创伤感染，不同年龄和品种的牛/羊均易感。一般呈地方性流行，冬春两季多发。

【典型临床症状】　牛/羊感染伪狂犬病病毒后，一般潜伏期为3～6天，常呈急性致死性传染过程，病程为2～3天。特征性症状是严重的局部奇痒，可发生于身体的各个部位。奇痒在一般症状出现后不久后发生，病牛/羊无休止地舔吮、啃咬、摩擦痒部皮肤，致使局部脱毛、充血以至于损伤，同时兴奋性增高，出现神经症状，发生惊厥、狂躁、转圈、吼叫，但不攻击人、畜。通常体温升至40℃以上，随着病程进展，呈现进行性衰弱、流涎、呼吸困难、磨牙和共济失调，直至痉挛死亡。

【典型病理变化】 牛/羊患部变化明显，因剧烈瘙痒而摩擦的部位，皮肤增厚2～3倍，皮肤脱毛、擦伤、撕裂、水肿、出血和糜烂。有的糜烂深达皮下和肌肉组织，切开皮肤有大量黄色胶样浸润，或者混有血液；皮下组织和肌肉有大小不一的出血点；中枢神经症状明显时，脑和脑膜或脊髓膜充血，甚至有小点出血，脑脊液过多；肺脏充血水肿，或者有出血点；消化道黏膜充血和出血；肝脏瘀血肿大；肝脏、肾脏可见直径为1～2毫米的灰白色坏死灶；心内、外膜出血，心包积液。

【鉴别诊断】

（1）牛/羊伪狂犬病与牛/羊李氏杆菌病的鉴别 二者均有精神不振、食欲减退、狂躁、流涎等临床症状。但二者的区别在于：牛/羊李氏杆菌病的病原为李氏杆菌，牛/羊感染后一般无皮肤瘙痒症状。将患病牛/羊血液涂片染色镜检，我们可见单核细胞增多。将病料镜检观察，我们可发现革兰氏阳性的李氏杆菌。将病料悬液接种家兔，不出现特殊的瘙痒症状。

（2）牛/羊伪狂犬病与牛/羊狂犬病的鉴别 二者均有不安、狂躁、流涎、撕咬各种物体，以及自我舔咬等临床症状。但二者的区别在于：牛/羊狂犬病的病原是狂犬病病毒，患病牛/羊一般有被患病动物咬伤的病史，发病牛/羊兴奋时多有攻击性行为。将病料悬液于家兔皮下接种，通常不易感染。将病料于脑内接种，发病后无皮肤瘙痒症状。

（3）牛/羊伪狂犬病与牛/羊湿疹的鉴别 二者均有瘙痒、脱毛等临床症状。但二者的区别在于：牛/羊湿疹是因潮湿、缺乏矿物元素、消化不良而发病，无传染性，患部鲜红、潮湿、皲裂、结痂。

（4）牛/羊伪狂犬病与牛/羊螨病的鉴别 二者均有瘙痒、脱毛等临床症状。但二者的区别在于：牛/羊螨病的病原为螨虫，病牛/羊的皮肤发红，出现丘疹、痂皮、皲裂，于健病交界处刮取皮屑培养可见螨虫。

【防治措施】

（1）隔离饲养 由于本病病毒是泛宿主性的，可感染多种畜禽，特别是猪，被公认为是重要的带毒者和传染源，因此应严格将牛/羊与猪及其他动物分开饲养，避免相互传染。

（2）灭鼠驱鼠 鉴于鼠类在本病的传播中也是重要的传染源，因

此，牛/羊饲养场和养殖户也应做好灭鼠驱鼠工作，避免其在牛/羊群和猪群及其他动物间的媒介传播。

（3）扑杀封锁和紧急免疫接种、消毒　当牛/羊群内发现本病时，应按兽医卫生要求，立即封锁疫场，隔离或扑杀发病的牛/羊，并用伪狂犬病疫苗进行紧急接种，对厩舍及用具进行全面消毒处理。除以上工作外，还应对牛/羊群进行紧急全面免疫接种，禁止人员和车辆在牛/羊群、猪群和其他动物间相互流动，用品也应相互间禁止流动。

（4）免疫接种　在疫病多发区，对牛/羊群按免疫程序定期用疫苗进行免疫接种。现在我国已研制生产出氢氧化铝胶甲醛灭活疫苗、基因缺失苗及弱毒苗。氢氧化铝胶甲醛灭活疫苗，皮下一次接种，成年牛用10毫升，犊牛用8毫升，免疫期为1年。弱毒苗和基因缺失苗按说明书使用。

（5）加强护理，实施对症治疗　本病一旦发生，没有有效的治疗方法，特别是由于本病发病过程急、死亡快，给临床治疗带来极大的困难。一般多采用对症治疗，加强护理，有条件的地方也可同时应用猪、马或抗伪狂犬病高免血清进行治疗，效果较好。

注意

伪狂犬病为多种动物共患病，鼠类是本病的重要传播媒介。因此，牛/羊场要重视灭鼠工作，严防鼠类传播伪狂犬病。

伪狂犬病的传播途径多，可经消化系统、呼吸系统及生殖系统黏膜、皮肤的伤口感染，带毒牛/羊排毒达半年之久。因此，本病一旦传入牛/羊场，要花大力气才能净化。

七、流行性感冒

流行性感冒又称流行热，是由流行热病毒感染所引起的一种急性、热性、高度接触性传染病。临诊特征为病牛/羊突发高热，流泪，流涎，鼻漏，呼吸促迫，四肢关节障碍，精神抑郁。本病发病率高、病程短，但多为良性经过，轻症2～3天即可恢复正常，故又有"三日热""暂时热"之称。

【流行特点】　发病牛/羊是本病的主要传染源。病毒主要存在于病牛/羊高热期血液和呼吸道分泌物中。在自然条件下，本病的传播媒介为吸血昆虫，经叮咬皮肤而感染。因其流行季节，北方为8～11月，南方

第四章

可提前，此时正值吸血昆虫活动盛期，吸血昆虫消失，流行即终止，因此认为吸血昆虫可能在本病的传播上起主要作用。在多雨潮湿的季节容易造成本病的流行。本病传播迅速，短期内可使很多牛/羊感染发病，不同品种、性别、年龄的牛/羊均可感染发病，呈流行性或大流行性，多为3～5年流行1次。

【典型临床症状】 本病潜伏期为2～10天。常突然发病，很快波及全群。病牛/羊体温升高到40℃以上，持续2～3天。病牛/羊精神委顿，鼻镜干而热，反刍停止，奶牛/羊产奶量急剧下降；全身肌肉和四肢关节疼痛，步态僵硬、不稳，故又名"僵直病"。高热时，病牛/羊呼吸促迫（彩图4-12），呼吸数每分钟可达80次以上，肺部听诊肺泡音高亢，支气管音粗粝。眼结膜充血、流泪、流清涕（彩图4-13）、流涎，口腔流出白色黏液脓性鼻汁（彩图4-14）。发热时，发病牛/羊的尿量减少，妊娠牛/羊患病时可发生流产。本病病程一般为2～5天，有时可达1周，大部分为良性经过，多能自愈。

【典型病理变化】 单纯性急性病例的高热期及体温恢复正常不久剖杀的牛/羊，多无特征性病变。本病的剖检变化和病势的轻重有关，主要病变在呼吸道，显示明显的肺间质性气肿，部分病例可见肺充血及水肿，肺体积增大。严重病例全肺膨胀充满胸腔。在肺脏的心叶、尖叶、膈叶出现局限性暗红色乃至红褐色小叶肝变区；气管和支气管充满泡沫状液体；全身淋巴结呈不同程度的肿大、充血和水肿。实质器官多呈现明显的混浊、肿胀。此外，还可发现关节、腱鞘、肌膜的炎症变化。

【防治措施】

1）本病一般为良性经过，采取对症治疗及加强护理，如解热、补糖、补液等，数日后发病牛/羊即可康复。对重症病例，在加强护理的同时，可采取综合疗法，如解热、抗炎、强心、补液及兴奋呼吸中枢等。对呼吸困难者，可进行输氧。此外，也可进行适量静脉放血（1500～2500毫升），以改善小循环，避免过度肺水肿。对于引起瘫痪的奶牛，在密切重视抗继发感染的同时，在卧地初期，可应用安乃近、水杨酸钠、葡萄糖酸钙等静脉注射；卧地时间较长时，在选择上述药物的同时，在输液中可加维生素C、维生素B$_1$和安钠咖及乌洛托品等药物。

2）在本病流行季节到来之前，应用流行热亚单位疫苗或灭活疫苗预防注射，均有较好的效果。对牛/羊间隔3周进行2次免疫接种，注苗后部分牛/羊有局部接种反应和少数牛有一过性反应，奶牛注苗后3～5

天奶产量会有轻微下降。对于假定健康牛及附近受威胁地区牛群，还可用高免血清进行紧急预防。

3）本病是由吸血昆虫为媒介而引起的疾病，因此消灭吸血昆虫及防止吸血昆虫的叮咬，也是预防本病的重要措施。

> 流感多由呼吸道感染，秋、冬寒冷季节多发，单纯感染一般呈良性经过，有继发感染会造成较大损失，要注意治疗初期防止继发感染。

八、恶性卡他热

牛/羊恶性卡他热是由恶性卡他热病毒感染所引起的一种急性热性病毒性传染病，其临诊特征为病牛/羊头部黏膜（主要是上呼吸道，鼻旁窦、眼和口腔黏膜）发生急性卡他性纤维蛋白性炎症，经常伴有角膜混浊和神经症状。本病常呈散发性流行，死亡率很高，几乎达100％。

【流行特点】　本病主要发生于黄牛、水牛、绵羊、山羊，鹿也可感染。黄牛多发于4岁以下，老牛少见。长年病发，多见于冬季。

【典型临床症状及典型病理变化】　本病潜伏期为3～8周，最长可达4个月。体温升高40～42℃，病牛/羊精神沉郁，被毛粗乱，于发病的第一天末或第二天发生黏膜病变。依据临床症状表现特点可分为头眼型、肠型和皮肤型3种。

（1）头眼型　病牛/羊眼结膜发炎，畏光流泪，以后角膜混浊（彩图4-15），甚至溃疡，眼球萎缩、失明。鼻腔、喉头、气管、支气管及额窦发生卡他性及伪膜性炎症，呼吸困难，喘鸣。炎症可蔓延至鼻旁窦、额窦、上颌窦、角窦；两角基部发热，甚至角根松动、脱落；鼻镜皮肤先充血，后坏死、糜烂、结痂（彩图4-16）；口腔黏膜先充血，后出现灰白色丘疹及糜烂；鼻黏膜充血、肿胀，脑膜血管充血扩张，切面实质有小出血点，脑室液增多，大脑及小脑呈急性非化脓性脑膜脑炎；体表淋巴结肿大，病程为5～21天。

（2）肠型　病牛/羊口腔黏膜充血，出现伪膜，后脱落成糜烂及溃疡，流涎；初便秘后下痢，便中常常有血块。有时皱胃有烂斑，肾脏、心肌严重变性，肺脏充血、水肿；淋巴结水肿、出血；脾脏轻度至中度

第四章

肿大。

（3）皮肤型 病牛/羊在颈、背、乳房等部发生丘疹、水疱，并形成褐色结痂，有时转为脓肿。

【防治措施】 本病主要根据其流行病特点进行预防，目前还无特效治疗药，一般常试用广谱抗生素及其他对症疗法，同时加强护理提高病牛/羊的抵抗力，争取好转和康复。

九、牛/羊痘

牛/羊痘是由痘病毒感染引起的一种病毒性传染病，其临诊特征为奶牛/羊乳房或乳头上出现局部痘疹，并且具有典型的病程（丘疹—水疱—脓疱—结痂），很少表现全身症状，一般呈良性经过。

【流行特点】 主要传染源是痘病毒感染的牛/羊或近期接种痘苗（为预防天花）的人，可通过直接接触或间接接触（如手工挤乳时，给病牛/羊挤乳后再给健康牛/羊挤乳）传播，也可通过呼吸道黏膜传播。

【典型临床症状】 本病的潜伏期为5天左右。病牛/羊最初只出现局部红斑，于两天内变成坚实、隆起的丘疹，约第四天可见到微黄色小水疱，内含透明淋巴液，随后成熟，中央下凹，呈脐状，以后蓄脓、破溃，产生一个直径为1~2厘米的坚硬痂块，痂块附着牢固。若为痘苗病毒感染，病程较急，消失也快；痘病毒感染时病程拖延较久，而且结痂颜色较暗；气源性感染时可发生高热的全身症状。一个牛/羊群感染后，通常持续3~10周，痊愈后留有痘疤。在一般情况下，10~15天即愈，若在不良环境条件下，可引起实质性乳腺炎。在公牛/羊中，少数病例在阴囊上发生与母牛/羊乳房上相似的痘疹。

水牛痘为另一种正痘病毒。发病常限于水牛，极少传染黄牛。痘疹发生于耳的内、外面，间或发生于眼的周围。一般无全身症状。

【防治措施】 ①局部病灶可用无刺激性的消毒药（如0.1%高锰酸钾溶液）洗涤，擦干后涂抹消炎软膏。也可用碘酊或1%甲紫涂搽，以促进愈合，防止继发细菌性感染。②对牛/羊加强饲养管理，注意环境卫生。③一旦发生本病，需采取隔离消毒措施，牛/羊舍地面、用具等用1%~2%氢氧化钠或10%石灰乳进行消毒。④由于人类为预防天花而接种痘苗后也可由接触而传染给牛/羊，引起牛/羊群感染，故凡初次接种痘苗而接种创尚未愈合的人，禁止与牛/羊接触。

第四章

注意

牛/羊痘可传染给人，引起皮肤病灶，故发生牛/羊痘时，养殖场中的人员应设法保护。

十、病毒性腹泻-黏膜病

病毒性腹泻-黏膜病简称病毒性腹泻，是由病毒性腹泻-黏膜病病毒感染所引起的一种病毒性传染病。其临诊特征为病牛/羊发热、厌食、鼻漏、咳嗽、腹泻、消瘦，白细胞数减少，消化道黏膜发炎、糜烂。

【流行特点】 本病的传染源是病牛/羊及带毒动物，其鼻漏、泪水、乳汁、尿粪便及精液均含有病毒。康复牛可带毒200天，在肠淋巴结中可带毒40天。自然发病仅见于牛，各种年龄牛/羊都可感染，但幼龄牛/羊易感性较高。

本病通过直接接触和间接接触而传播。发病有一定季节性，一般冬季发病率较高，舍饲及放牧牛/羊都可发病。肉牛比奶牛更为常见。在封闭式牛/羊群中可呈暴发性。犊牛、羔羊发病率高，死亡率也高。有黏膜病存在的地区，牛/羊群中只见散发病例，大多数呈隐性感染，血清阳性率可达50%～90%。牛/羊群感染本病后，可产生坚强而持久的免疫力。

【典型临床症状】 急性病例的潜伏期为7～14天，人工感染为2～4天。发病时，大多数牛/羊群仅见少数轻型病例，多数是无症状的隐性感染。但急性病例可突然发病，体温升高到40～42℃，白细胞减少，精神沉郁，厌食，腹泻，流涎，鼻腔流出浆性的甚至黏性的液体，奶牛产奶量锐减；咳嗽，呼吸急促。口腔黏膜充血、糜烂，这种充血、糜烂也可见于鼻孔、鼻镜、阴门及阴道。腹泻是特征性症状，可持续1～3周，先期粪呈水样，而后逐渐变黏稠，恶臭。急性病例多见于犊牛、羔羊。有些病牛/羊变为慢性，此时发病牛/羊消瘦，生长发育受阻，持续或间歇性腹泻，出现跛行，类似腐蹄病。病程较长，可持续数月。

【典型病理变化】 病变主要在消化道和淋巴结。尸体消瘦。鼻孔有糜烂及浅溃疡；齿龈、上腭、舌面两侧及颊部黏膜糜烂，牛鼻镜与硬腭交界处黏膜糜烂（彩图4-17）。严重病例在咽喉黏膜有溃疡及弥漫性坏死。食道黏膜的糜烂大小形状不一。瘤胃黏膜偶见出血和糜烂，皱胃黏膜水肿和糜烂。肠壁水肿，肠集合淋巴结和黏膜有出血和坏死变化（彩图4-18）。小肠有急性卡他性炎症，以空肠、回肠最严重。盲肠、结肠、

第四章

直肠有卡他性、出血性、溃疡性及坏死性炎症。有些病例在趾间有糜烂或溃疡，甚至坏死。

【鉴别诊断】

（1）牛病毒性腹泻-黏膜病与牛瘟的鉴别 二者均有精神不振、体温升高、食欲减退、流涎、口腔溃疡糜烂，以及拉稀、粪恶臭等临床症状和病理变化。但二者的区别在于：牛瘟的病原为牛瘟病毒，病牛腹泻剧烈，小肠黏膜有坏死性炎症，病死率很高；而患牛病毒性腹泻-黏膜病的牛腹泻粪便从水样逐步变为黏稠，小肠黏膜主要是卡他性炎症，肠淋巴结肿大，病死率不高，病程比牛瘟长。

（2）牛/羊病毒性腹泻-黏膜病与牛/羊口蹄疫的鉴别 二者均有精神不振、体温升高、食欲减退、流涎、口腔溃疡等临床症状和病理变化。但二者的区别在于：牛/羊口蹄疫的病原为口蹄疫病毒，以病牛/羊口腔唇内面、齿龈、颊部黏膜及蹄冠皮肤、趾间、乳头等处出现水疱为特征，病死率低，传染性强。而牛/羊病毒性腹泻-黏膜病患病牛/羊的口腔黏膜虽有糜烂病灶，但无明显水疱过程，此外，患病牛/羊会发生严重的腹泻，腹泻可呈持续性，病程长，有一定的病死率。

（3）牛/羊病毒性腹泻-黏膜病与牛/羊水疱性口炎的鉴别 二者均有精神不振、体温升高、食欲减退、流涎、口腔溃疡糜烂等临床症状和病理变化。但二者的区别在于：牛/羊水疱性口炎的病原为水疱性口炎病毒，患病牛/羊的口腔有水疱及糜烂面；而患牛/羊病毒性腹泻-黏膜病牛/羊的口腔黏膜虽也会有糜烂病灶，但无明显水疱过程，而且水疱性口炎除可感染偶蹄动物外，还可感染单蹄动物，并且在自然情况下发病率低，发生死亡者极少，也没有腹泻的症状。

（4）牛/羊病毒性腹泻-黏膜病与牛/羊恶性卡他热的鉴别 二者均有精神不振、体温升高、食欲减退、口腔黏膜充血、坏死、溃烂，鼻黏膜、鼻镜发炎、坏死等临床症状和病理变化。但二者的区别在于：牛/羊恶性卡他热的病原为恶性卡他热病毒，患病牛/羊的眼睑、头部肿胀，眼球发生特异的上翻状态，眼角膜混浊，全身症状比较重，多为散发，病死率高。

（5）牛/羊病毒性腹泻-黏膜病与牛/羊传染性鼻气管炎的鉴别 二者均有精神不振、体温升高，呼吸困难，鼻黏膜、鼻镜发炎、坏死等临床症状和病理变化。但二者的区别在于：牛/羊传染性鼻气管炎的病原为传染性鼻气管炎病毒，患病牛/羊有脓性鼻漏，鼻黏膜高度充血及出现浅表性溃疡和坏死，其病变主要在呼吸道黏膜呈现炎性变化及浅溃疡。而患牛/羊病毒性腹泻-黏膜病的牛/羊发生严重的腹泻，剖检可见胃肠卡他性、出血性、溃疡性乃至坏死性炎症。

（6）牛/羊病毒性腹泻-黏膜病与牛/羊蓝舌病的鉴别　二者均有精神不振，体温升高，呼吸困难，鼻黏膜、鼻镜发炎、坏死等临床症状和病理变化。但二者的区别在于：牛/羊蓝舌病的病原为蓝舌病病毒，患病牛/羊舌充血、发绀，呈紫蓝色，蹄冠、蹄叶发炎。而患牛/羊病毒性腹泻-黏膜病的牛/羊常发生严重的腹泻，此为其特征症状之一，牛/羊蓝舌病是没有的。

（7）牛/羊病毒性腹泻-黏膜病与牛/羊副结核病的鉴别　二者均有精神不振、体温升高、严重腹泻、肠黏膜坏死等临床症状和病理变化。但二者的区别在于：牛/羊副结核病的病原为副结核分枝杆菌，患病牛/羊腹泻从间歇性腹泻发展到持续性腹泻，继之变为水样的喷射状腹泻。由于严重腹泻，患病牛/羊高度贫血和消瘦，并伴有下颌、胸垂、腹部水肿，抗生素治疗有效。

【防治措施】　①目前无特效治疗办法，但用消化道收敛剂及补液，可缩短恢复期。②国内外均制成了弱毒疫苗，于牛/羊断奶前后数周内预防接种。对受威胁较大的牛/羊群应每隔3～5年接种1次。有人报道，用中国猪瘟兔化弱毒疫苗给发生过病毒性腹泻-黏膜病的牛群接种，获得了较好的免疫效果。③在预防措施上应严禁从病区购进牛/羊。发病牛/羊群要做好隔离消毒工作，防止疫情发展。

患牛/羊病毒性腹泻-黏膜病的牛/羊康复后带毒时间长，是主要传染源，所以牛/羊场在本病流行结束后仍要高度重视粪便处理和消毒工作。因其治疗效果往往不佳，故应特别重视预防工作，主要从加强饲养管理和疫苗免疫入手。

十一、牛传染性鼻气管炎

牛传染性鼻气管炎是由疱疹病毒（牛传染性鼻气管炎病毒）感染所引起的呼吸道传染病。其主要临诊特征为病牛呼吸道黏膜发炎、水肿、出血、坏死，并出现浅烂斑，体温升高，流鼻液，咳嗽，呼吸困难。由于这种病毒也可引起化脓性阴道炎、结膜炎、脑膜脑炎、流产等其他病征，因此，是一种同一病原引起多病征的传染病。

【流行特点】 本病只发生于牛。病牛及带毒牛为主要传染源，传播方式为接触传染。病毒可随着鼻、眼、阴道分泌物排出，通过空气或接触被污染的分泌物而在牛群中传播。特别是在秋、冬寒冷季节，由于舍饲期，牛群过度拥挤，相互接触而迅速流行。据报道，交配也可传染，曾经从精液中分离出病毒。

【典型临床症状】 临床上分为呼吸系统型、生殖道感染型、脑膜脑炎型3种。其中呼吸系统型为最主要的常见类型。

（1）呼吸系统型 自然发病的潜伏期为4~6天。临床表现不一，有些牛感染后病情很轻微，不易观察到，有些牛却很严重。急性病例可侵害到整个呼吸道，但对消化道的侵害较轻。病初，病牛高温，可达40℃以上；精神极度沉郁，废食，鼻腔中流出大量黏液脓性分泌物（彩图4-19）；鼻黏膜高度充血，出现浅溃疡；鼻旁窦及鼻镜因组织高度发炎而形成"红鼻子"或称"坏死性鼻炎"。以后鼻黏膜逐渐发生坏死，呼气中常带有恶臭味；呼吸道常因炎性渗出物阻塞而发生呼吸困难，呈张口呼吸，呼吸次数快而浅表，常伴发疼痛性咳嗽。当炎症危及眼部时，则发生结膜炎、角膜炎（彩图4-20）。结膜下水肿，结膜上形成灰色坏死灶，呈颗粒状；角膜呈轻度云雾状，通常不形成角膜溃疡。有些病例出现拉稀，伴有血液。奶牛病初期产奶量明显下降，最后可完全停乳，但大多数经5~7天可逐渐恢复产奶量。除少数重型病例数小时即可死亡外，大多数病例病程在10天以上。牛群的发病率很不一致，通常为20%~30%。严重流行区发病率可达70%~100%。死亡率却很低，一般为1%~5%。犊牛死亡率较高。

（2）生殖道感染型 生殖道感染型又称"传染性脓疱阴户阴道炎"及"交合疹"。潜伏期为1~5天，可发生于母牛及公牛。病初，病牛轻度发热，精神沉郁，废食。频频排尿，有疼痛感，严重时，尾巴常向上竖起，摆动不安。产奶量明显下降。阴门水肿，阴门下联合处流出大量黏液，呈线条状，污染附近皮肤。阴道发炎、充血，其底面上有大量黏稠且无臭的黏液性分泌物。阴门黏膜上出现许多小的白色结节，以后形成脓疱，小脓疱越来越多，融合在一起，形成一个广泛的灰色坏死膜，当擦掉或脱落后留下一个红色的创面。随病程的延长，在阴道前庭和整个阴道壁均可发生此现象（彩图4-21）。当急性期消退时，开始愈合，常于10~14天后痊愈。

公牛感染时，潜伏期为 2~3 天。精神沉郁，拒食。生殖道充血。轻症 1~2 天后消退而恢复。重症，发热，包皮、阴茎上出现脓疱，随即包皮肿胀、水肿、疼痛，排尿困难。一般 10~14 天开始康复。但一旦有细菌继发感染后，则出现明显的全身症状。个别公牛感染后，不表现症状而呈带毒现象，使病毒从精液中排出。

有些感染母牛可发生流产，尤其是青年母牛。

（3）**脑膜脑炎型** 脑膜脑炎型只见于犊牛群中发生。病初，病牛发热至 40℃ 以上，食欲下降，精神沉郁；鼻黏膜充血发红，流大量浆液性鼻液；流泪，口腔流出大量浆液黏液性唾液；偶尔有呼吸困难。严重病牛出现神经症状，感觉、运动失常，走路时共济失调。严重时，倒地，角弓反张，磨牙，吐白沫，最后惊厥而死。一般病程很短，3~5 天死亡。本型发病率很低，但死亡率很高，有时可达 50% 以上。

【**典型病理变化**】 尸体解剖可见：呼吸系统型，呼吸道黏膜有炎症及浅溃疡，上覆盖纤维蛋白性脓性分泌物，呼吸道上皮细胞中出现核内包涵体（病程中期易发现，而临床症状明显前消失），有时出现成片状化脓性肺炎；眼结膜上形成灰色坏死膜；常伴有第四胃黏膜发炎及溃疡、卡他性肠炎。生殖道感染型，阴道出现特征性的白色颗粒和脓疱。脑膜脑炎型，在脑部出现非化脓性脑炎变化。另外，流产胎儿的肝脏、脾脏局部坏死，有时皮肤有水肿。

【**鉴别诊断**】

（1）**牛传染性鼻气管炎与牛流行性感冒的鉴别** 二者均有精神不振、体温升高、呼吸困难、咳嗽等临床症状。但二者的区别在于：牛流行性感冒的病原为流行热病毒，发病有明显的季节性，主要发生在吸血昆虫活动盛期的 6~10 月，流行面广。而牛传染性鼻气管炎以流鼻漏、呼吸困难及咳嗽为主，多发生于寒冷季节。

（2）**牛传染性鼻气管炎与牛恶性卡他热的鉴别** 二者均有精神不振、体温升高、呼吸困难、咳嗽等临床症状。但二者的区别在于：牛恶性卡他热的病原为恶性卡他热病毒，病牛可见明显的角膜混浊。而牛患呼吸系统传染性鼻气管炎，当炎症危及眼部时，则会发生结膜炎、角膜炎，角膜呈轻度云雾状。

【**防治措施**】 本病无特效药，但为了阻止继发感染，减少死亡率，可应用广谱抗生素或磺胺类药物，并进行综合性对症治疗。预防本病的关键是防止传染源侵入牛群。引进牛时，一定要先隔离检疫 3 周，对种

第四章

公牛要采精检验，确认健康后方可混群或参加配种。另外，也可用弱毒疫苗做预防接种。

十二、蓝舌病

蓝舌病是由蓝舌病病毒引起、由昆虫传播的一种非接触性病毒性传染病。其临诊特征为患病牛/羊发热，白细胞减少，口腔、鼻腔和胃肠黏膜发生溃疡性炎症。由于发病牛/羊的舌、齿龈、颊部黏膜充血肿胀，出现瘀血后变为蓝紫色，故名蓝舌病。本病一旦流行，传播迅速，发病率高，病情危急而大量死亡，并且不易消灭。

【流行特点】 绵羊易感本病，发病牛/羊和病后带毒牛/羊是本病的主要传染源。牛、山羊和鹿等反刍动物感染后多数成为无症状带毒者，因此也是重要的传染源。病毒存在于患病牛/羊的血液和各脏器中，并且以发热期含量为最高。精液可以带毒，因此交配也可水平传播，经胎盘可感染胎儿而垂直传播。主要通过吸血昆虫库蠓叮咬传播，因此本病有明显的季节性，尤其是湿热的夏季和初秋发病较多。

【典型临床症状】 本病的潜伏期为 3～10 天。发病绵羊体温升高到40℃以上，稽留 5～6 天，精神委顿，厌食流涎。双唇发生水肿，常蔓延至面颊、耳部（彩图 4-22）。舌及口腔黏膜充血、发绀，出现瘀斑呈青紫色（彩图 4-23），严重者发生溃疡、糜烂，致使吞咽困难（继发感染时则出现口臭）。鼻分泌物初为浆液性后为黏脓性，常带血，结痂于鼻孔四周，引起呼吸困难，鼻黏膜和鼻镜糜烂出血，有时头部症状见好时，乳房及蹄部上皮脱落，蹄冠、蹄叶发炎（彩图 4-24），疼痛而跛行。发病牛/羊瘦弱，部分病例由于胃肠道炎症，发生便秘或腹泻，常便中带血，最后死亡。病程为 6～14 天。发病率达 30%～40%，病死率达 20%～30%。某些病羊痊愈后出现被毛脱落的现象。

【典型病理变化】 剖检病死牛/羊可见各脏器和淋巴结充血、水肿和出血；颌下、颈部皮下出现胶样浸润；口腔黏膜糜烂并有深红色区，口唇、舌、齿龈、硬腭和颊部黏膜水肿、出血；呼吸道、消化道、泌尿系统黏膜及心肌、心内外膜可见有出血点。严重病例消化道黏膜常发生坏死和溃疡。蹄冠等部位上皮脱落，但不出现水疱，蹄叶发炎并形成溃疡。

【鉴别诊断】

（1）牛/羊蓝舌病与牛/羊口蹄疫的鉴别 二者均有精神不振、食欲减退、口腔溃疡、流涎、蹄冠、蹄叶发炎，以及跛行等临床症状。但二者的区别在于：牛/羊口蹄疫的病原为口蹄疫病毒，是一种高度接触性传染病，牛、猪易感性强，感染发病临床症状典型而明显。牛/羊蓝舌病的病原为蓝舌病病毒，主要通过库蠓叮咬传播，绵羊易感，不感染猪，人工接种不能使豚鼠感染。口蹄疫的糜烂性病理损害是由于水疱破溃而发生的；蓝舌病虽有上皮脱落和糜烂症状，但不形成水疱。

（2）牛/羊蓝舌病与牛/羊传染性脓疱病的鉴别 二者均有精神不振，食欲减退，口腔溃疡，流涎，蹄冠、蹄叶发炎，跛行等临床症状。但二者的区别在于：牛/羊传染性脓疱病的病原为口疮病毒，幼龄牛/羊发病率高，患病牛/羊的口唇、鼻端出现丘疹和水疱，破溃以后形成疣状厚痂，痂皮下为增生的肉芽组织。发病牛/羊特别是年龄较大者，一般不显严重的全身症状，无体温反应。采集局部病变组织进行电镜染色检查，可发现呈线团样编织构造的典型的羊口疮病毒。

【防治措施】 ①本病危害很大，一旦发病，立即封锁，迅速上报。将患病牛/羊隔离，细心护理，防止吸血昆虫叮咬。②本病无特效疗法，可参照口蹄疫的方法处理口、蹄部病变，防止继发感染。③在流行地区，最有效的措施是接种疫苗。目前，国外生产的疫苗有弱毒冻干疫苗，也可用灭活疫苗。由于蓝舌病病毒类型多，每种类型产生的抗体只能保护动物不受同类型病毒的感染。因此，需要使用含当地毒型的多价疫苗，才起保护作用。④严加防范，严禁从有本病的地区引进牛、羊，消灭传播媒介——库蠓。定期药浴，驱除体外寄生虫。

十三、白血病

白血病是由白血病病毒感染所引起的一种病毒性传染病。其主要临诊特征为患病牛/羊淋巴细胞异常增生或出现淋巴肉瘤。

【流行特点】 在自然条件下，本病主要发生于牛，羊也可感染。在牛群中，奶牛最易感，肉牛次之。随着年龄的增大，发病率也明显增加，尤以4～8岁的成年母牛最易发病。

发病牛/羊和带毒者是本病的传染源。其传染途径一般可分为两种：

（1）水平传播 通过污染的乳、尿、粪、唾液和接种等途径直接传播。为此，牛/羊群越大，牛/羊舍越拥挤，则发病率越高。近年来，有报道认为吸血昆虫对本病传播起主要作用。当吸血昆虫吸吮带病毒的牛/羊血液后，再吸取健康牛/羊血液时，即可引起本病传播。另外，吸血蝙蝠也可通过机械带毒方式远距离传播。

（2）垂直传播 本病发生有家族史，与遗传有关。据报道，易感牛的家族发病率可达30%～100%。不论公牛/羊还是母牛/羊，都可能传染给后代。另外，感染的母牛/羊在分娩时，可将病毒经子宫传给胎儿。

感染病毒以后，多数牛/羊表现为隐性感染，仅在血液中可查到相应抗体。少数牛/羊发生持续性淋巴细胞增生，只有2%～5%发生淋巴肉瘤。

本病临床上常表现为地方流行型和散发型两种。前者主要发生于3岁以上的牛，5～8岁发病率最高，称为成年牛淋巴肉瘤。后者可发生于不同年龄的牛。例如，发生于6月龄以内的犊牛，称为犊牛型淋巴肉瘤；发生于1～2岁的青年牛，以胸腺瘤细胞浸润为主，称为胸腺型淋巴肉瘤等。

【典型临床症状】 临床上一般分为亚临床型和临床型两种。

（1）亚临床型 其特点是临床上无肉瘤形成，主要为淋巴细胞增生，无明显的全身症状，奶牛的产奶量明显下降。除个别牛/羊可转变为临床型以外，其他个体可持续多年甚至终生不恶化。

（2）临床型 病初，患病牛/羊体温正常，消瘦，贫血。奶牛的产奶量明显下降，体表淋巴结如颌下淋巴结、颈浅淋巴结、髂下淋巴结（股前淋巴结）、乳房上淋巴结肿大，触诊无痛、无热，能滑动。当肿瘤性淋巴细胞大量增殖，向多组织器官弥漫性浸润时，常形成肿瘤硬块。易侵害的部位为皱胃、子宫、心脏、胸腔及膀胱等，同时出现相应的临床表现。例如，眼眶内被肿瘤细胞浸润时，可使眼球凸出；腹腔脏器受侵害时，可表现为消化不良，瘤胃臌气，顽固性下痢，甚至排带血的黑色粪便；胸腔淋巴肉瘤形成后，常出现呼吸困难；脊髓受侵害时，患病牛/羊则出现共济失调或后肢麻痹而卧地不起等；膀胱内外有肿瘤时，则排尿障碍。患病严重的牛，血液检查时，白细胞总数增至每立方毫米30000个。淋巴细胞的比例异常增高，可达90%以上，其中未成熟的淋巴细胞占优势。一般出现症状后数周或数月内患病牛/羊死亡。

【典型病理变化】 尸体剖检的特征为消瘦，贫血。体表淋巴结肿大3～5倍，被膜紧张，呈灰白色或浅黄色，柔软，切面外翻，呈鱼肉状；心脏、皱胃和子宫易发生浸润，实质增厚数倍，变硬；脊髓、肾脏、肌肉、神经干和其他器官也可被浸润，出现白色坚实的肿瘤块。组织学检查，肿瘤含有致密的基质和两种细胞：一种是淋巴细胞，直径为8～10

微米，具有一个中心核和丛集的染色质；另一种是成淋巴细胞，直径为12～15微米，核内至少有一个明显的核仁。在肿瘤中，这些肿瘤细胞代替正常细胞，并常见有丝分裂现象。

【防治措施】 本病尚无特殊疗法，一般以预防为主。①没有发生本病的牛群、羊群，引进种牛、种羊时，要进行白血病检疫，阴性结果才能引入。②如果牛/羊群中发现病牛/羊，要及时隔离，严重时要及时淘汰。除肿瘤已全身转移的发病牛/羊以外，肉、皮均可利用，但血液或内分泌腺体不允许用于制造治疗用药或食品。病牛乳需经消毒后方可食用。对其余牛/羊要加强监督，每年进行两次临床和血液学检查，必要时进行血清学检查。③加强牛/羊舍的卫生防疫工作，尤其在夏季做好灭蚊灭蝇工作，以减少吸血昆虫的传播机会。④临床上采用对症综合治疗，可暂缓病情，但不利于本病的综合预防。

十四、山羊病毒性关节炎-脑炎

山羊病毒性关节炎-脑炎是由山羊病毒性关节炎-脑炎病毒感染所引起的山羊的一种慢性病毒性传染病。本病的主要特征是成年山羊的关节炎呈缓慢发展，间或伴有间质性肺炎或间质性乳腺炎；而2～6月龄的羔羊则表现为上行性麻痹的脑脊髓炎症状。

【流行特点】 患病山羊，包括潜伏期隐性病羊，是本病的主要传染源。病毒经乳汁感染羔羊，被污染的饲草、饲料、饮水等可成为传播媒介。

感染途径以消化道为主。在自然条件下，只在山羊间互相传染发病，绵羊不感染。无年龄、性别、品系间的差异，但以成年山羊感染居多。水平传播至少同居放牧12个月以上，带毒公羊和健康母羊接触1～5天不引起感染。呼吸道感染和医疗器械传播本病的可能性不能排除。

感染本病的羊只，在良好的饲养管理条件下，常不出现症状或症状不明显。只有通过血清学检查才能发现。一旦改变饲养管理条件、环境或长途运输等应激因素的刺激，则会出现临床症状。

【典型临床症状】 依据临床表现分为3种类型，即脑脊髓炎型、关节炎型和间质性肺炎型。多为独立发生，少数有交叉。但在剖检时，多数病例具有其中2种或3种类型的病理变化。

（1）**脑脊髓炎型** 潜伏期为55～130天。本型主要发生于2～4月龄羔羊，有明显的季节性，80%以上的病例发生于3～8月，显然与晚冬和

第四章

早春产羔有关。病初病羊精神沉郁，后躯衰弱，跛行，进而抽搐，四肢强直或共济失调；一肢或数肢麻痹，横卧不起，四肢划动，有的病例眼球震颤，惊恐，角弓反张；头颈歪斜或做圆圈运动，有时面神经麻痹，吞咽困难或双目失明。病程半个月至1年。个别耐过病例留有后遗症，少数病例兼有肺炎或关节炎症状。

（2）关节炎型　本型发生于1岁以上的成年山羊，病程为1～3年。典型症状是腕关节肿大和跛行。膝关节和跗关节也有炎症（彩图4-25），病情逐渐加重。开始，关节周围的软组织水肿、湿热、波动、疼痛，有轻重不一的跛行，进而关节肿大如拳，活动不便，常见前膝跪地前行。有时病羊颈浅淋巴结肿大。透视检查，轻型病例关节周围软组织水肿；重症病例软组织坏死，纤维化或钙化，关节液呈黄色或粉红色。

（3）间质性肺炎型　本型较少见，无年龄限制，病程为3～6个月。病羊进行性消瘦，咳嗽，呼吸困难，胸部叩诊有浊音，听诊有湿啰音。

除上述3种病型外，孕羊常出现流产，哺乳母羊有时发生间质性乳腺炎。

【典型病理变化】　病变多见于神经系统、四肢关节、肺脏及乳房。

（1）脑脊髓炎型　小脑和脊髓白质有5毫米大小的棕红色病灶。组织病理学观察，呈现中枢神经系统的非化脓性脑炎及颈部脊髓的脱髓鞘现象。

（2）关节炎型　发病关节肿胀、波动，皮下浆液渗出。关节滑膜增厚并有出血点。滑膜常与关节软骨粘连。关节腔扩张，充满黄色或粉红色液体，内有纤维素絮状物。病理组织学检查呈慢性滑膜炎，淋巴细胞和单核细胞浸润，严重者发生纤维素性坏死。

（3）间质性肺炎型　肺脏轻度肿大，质地变硬，表面散在灰白色小点，切面呈斑块状实变区。支气管淋巴结和纵隔淋巴结肿大。病理组织学检查发现细支气管及血管周围淋巴细胞、单核细胞浸润，肺泡上皮增生，小叶间结缔组织增生，邻近细胞萎缩或纤维化。

乳腺炎病例，病理组织学检查可见血管、乳导管周围及腺叶间有大量淋巴细胞、单核细胞和巨细胞渗出，间质常发生灶状坏死。少数病例的肾脏表面有1～2毫米的灰白色小点，组织学检查见广泛性肾小球肾炎。

【鉴别诊断】

（1）山羊病毒性关节炎-脑炎与羊肉毒梭菌中毒的鉴别　二者均有

精神不振、共济失调、歪头等临床症状。但二者的区别在于：羊肉毒梭菌中毒的病原为肉毒梭菌，吃腐烂的青贮饲料或肉毒梭菌感染的饲料而发病。病羊流涎，流鼻液，呼吸困难。用胃内容物制成悬液注射于鸡眼睑皮下，半小时至 1 小时眼睑闭合，10 小时后死亡。

（2）山羊病毒性关节炎-脑炎与羊链球菌病的鉴别　二者均有精神不振、共济失调、歪头、跛行、抽搐，最后卧地不起，以及妊娠羊常流产等临床症状。但二者的区别在于：羊链球菌病的病原为链球菌，多发于绵羊，山羊次之。口流涎有泡沫，眼结膜充血，流脓眵。触诊全身肌肉疼痛。剖检可见颌下、肺门、肠系膜淋巴结充血、出血、水肿，心包及各器官表面附有丝状纤维素。用胸腹腔液涂片镜检可见链球菌。

（3）山羊病毒性关节炎-脑炎与羊梅迪-维斯纳病的鉴别　二者均有精神不振、后躯衰弱、行走困难、眼球震颤、头偏一侧等临床症状。但二者的区别在于：羊梅迪-维斯纳病的病原为梅迪-维斯纳病病毒，多发于绵羊。病羊的跗关节不能伸直，休息时跗部着地。剖检可见脑白质切面有灰黄色小斑，脑膜出现浸润，脑、脑干、脑桥、延脑、脊髓胶质有细胞浸润灶，逐渐融成浸润区。

【防治措施】　本病目前尚无疫苗和有效的治疗方法。防治本病主要以加强饲养管理和采取综合性防疫卫生措施为主。加强进口检疫，禁止从疫区（疫场）引进种羊；引进种羊前，应先做血清学检查，运回后隔离观察 1 年，其间再做 2 次血清学检查（间隔半年），均为阴性才可混群。

十五、绵羊肺腺瘤病

绵羊肺腺瘤病又称绵羊肺癌，是由绵羊肺腺瘤病病毒感染所引起的一种接触传染性慢性呼吸道疾病。本病以病羊肺泡和支气管上皮呈进行性腺瘤样增生，以及咳嗽、流鼻涕、消瘦及呼吸困难为特征。其发病率不高，但病死率很高。

【流行特点】　病羊是本病的传染源。本病潜伏期长，临床发病多为3～5 岁的绵羊，母羊发病较多。病羊通过咳嗽、喘气将病毒排出，经呼吸道使附近的易感羊感染。也有通过胎盘使羔羊发病的报道。不同品种、年龄、性别的绵羊均易感染，但以美利奴绵羊的易感性最高，山羊也能感染发病。羊群拥挤，尤其是在密闭的羊舍中利于本病的传播。冬季寒冷，可使病情加重，也容易引起羊继发细菌性肺炎而致使病程缩短，死亡增多。

【典型临床症状】 潜伏期为6~9个月。早期，当病羊生理状况良好时，临床症状不明显，随着病程的延长，在不知不觉中或剧烈运动、长期驱赶后发生呼吸频率加快或呼吸困难。以后，仍表现为呼吸快而浅表，不能平息。病羊为了吸进氧气，头伸直，鼻孔扩张，张口呼吸，并常伴有咳嗽。当病羊头下垂或居高临下时，一种稀薄的分泌物从鼻孔流出。听诊或叩诊可发现湿啰音和肺实变区，尤其在肺脏的腹面部更加明显。前期体温一般正常。末期体温升高，病羊衰竭、消瘦、贫血，但仍保持站立姿势，因为躺卧时呼吸更加困难。一般经数周或数月病羊死亡。本病感染羊群的发病率为2%~4%，病死率高达100%。

【典型病理变化】 剖检病变主要见于肺脏和心脏，有时也见于胸腔内淋巴结。整个肺脏常因气肿、上皮增生、液体含量增多而显著增大，其体积可达正常肺脏的3~4倍，剖检肺脏切面有水流出。病变初期，在肺脏的不同部位出现数量不等呈弥散性分布的如粟粒或豌豆大小的灰白色结节，微高出于肺脏表面。随着病程的发展，出现较大的实变区，见于肺脏的任何部位，主要见于尖叶、心叶和膈叶前缘。其边缘不整，质地硬脆，触之有滑腻感。切面有明显的颗粒状凸起，反光强。如有继发感染，则形成大小不一的脓肿。此外，患区胸膜增厚，常与胸壁或心包膜粘连。部分病例因肿瘤转移，致使局部淋巴结（支气管和纵隔淋巴结）增大，形成不规则肿块。左心室增生、扩张。肺泡壁细胞和支气管黏膜上皮细胞增殖形成瘤样化，肿瘤呈乳头状凸起；腺瘤样化的肺泡中隔有不同程度的细胞浸润及结缔组织增生，造成中隔显著肥厚。

【鉴别诊断】

（1）绵羊肺腺瘤病与羊支原体性肺炎的鉴别 二者均有精神不振、咳嗽、呼吸困难、流鼻液等临床症状。但二者的区别在于：羊支原体性肺炎的病原为丝状支原体，山羊敏感，体温升至41~42℃，叩诊肋部疼痛，听诊有捻发音。剖检可见胸膜粗糙，与胸膜、心包粘连，上附纤维蛋白。病料涂片镜检可见支原体。

（2）绵羊肺腺瘤病与羊梅迪-维斯纳病（呼吸型）的鉴别 二者均有绵羊易感、消瘦、衰弱、呼吸困难等流行特点和临床症状。但二者的区别在于：羊梅迪-维斯纳病的病原为梅迪病毒和维斯纳病毒，潜伏期在2年以上。病羊鼻孔开张，头高仰。剖检可见肺叶与胸膜粘连，胸膜有针尖大小白点，用50%醋酸涂后2分钟即显灰白色小点。

（3）**绵羊肺腺瘤病与羊巴氏杆菌病的鉴别**　二者均有精神不振、咳嗽、呼吸困难等流行特点和临床症状。但二者的区别在于：羊巴氏杆菌病的病原为巴氏杆菌。多种动物易感，结膜潮红多眵。胸颈皮下水肿。剖检可见皮下液体浸润，有小点出血和肝变。病料涂片镜检可见两极染色的卵圆杆菌。抗生素治疗有效。

（4）**绵羊肺腺瘤病与羊肺丝虫病的鉴别**　二者均有精神不振、咳嗽、呼吸困难、虚弱、消瘦、流鼻液等临床症状。但二者的区别在于：羊肺丝虫病的病原为网尾线虫。病羊有阵发性剧烈咳嗽。在咳出的痰团中和剖检支气管可见有成虫、幼虫和虫卵。

【防治措施】　目前尚无有效疗法，也无特异性预防的免疫制剂。因此，平时预防极为重要。预防主要靠发现病羊及时淘汰（扑杀），不到疫区引进种羊，加强检疫和消毒工作，确保羊只健康，形成自繁自育羊群。进羊时严格检疫。羊群一经发现本病，很难清除，必须全群淘汰，以除病原。

十六、羊梅迪-维斯纳病

羊梅迪-维斯纳病是由梅迪（呼吸困难）病毒和维斯纳（消耗性疾病）病毒引起的在临床和病理组织学上表现不同的慢性进行性传染病。其特征前者为呼吸困难和增生性间质性肺炎，后者为中枢神经麻痹（姿势异常，四肢部分或全部麻痹）和脑、脊髓弥散性细胞浸润、脱髓鞘。二者潜伏期和病程长达数月至数年。病羊虚弱消瘦，终归死亡。

【流行特点】　本病主要感染绵羊，多发于2岁以上的绵羊。病羊或处于潜伏期的羊为主要传染源。主要经呼吸道和消化道传播，也可通过吮奶传给羔羊。发病者常为2~4岁的绵羊。羊群发生本病，主要是由于引进感染羊所致。本病多呈散发性流行，在局部地区呈地方性流行，一年四季均可发生。

【典型临床症状】　本病的潜伏期长达2~6年。临床症状有两种类型：

（1）**梅迪病**　病羊的早期症状是缓慢发展的倦怠、消瘦、呼吸困难，食欲减退。病羊首先表现为放牧时掉群，并出现干咳，呼吸困难并日渐加重，特别是在运动时明显，呈现慢性间质性肺炎症状，并逐渐加重，最终死亡。

（2）**维斯纳病**　病羊早期表现为步样异常，尤其后肢常见，头部异常姿势，如唇、颜面肌肉震颤，病情缓慢进展并恶化，最后陷入对称性麻痹而死亡。

【典型病理变化】

（1）梅迪病 病变主要见于肺脏及周围淋巴结。病肺体积和重量均增大 2 ~ 4 倍，呈浅灰黄色或暗红色，触之有橡皮样感觉；肺脏组织致密，质地如肌肉，以膈叶的变化最为严重，心叶、尖叶次之；仔细观察，胸膜粘连，在胸膜下散在许多针尖大小、半透明、暗灰白色的小点；肺小叶间质明显增宽，呈暗灰色细网状花纹，在网眼中显出针尖大小的暗灰色小点；病肺切面干燥，如滴加 50% ~ 98% 醋酸，很快会出现针尖大小的小结节；支气管淋巴结肿大，平均重量可达 40 克（正常为 10 ~ 15克），切面均质发白。

（2）维斯纳病 眼观病变不显著。病理组织学变化主要为弥漫性脑膜脑炎，脑膜及血管周围淋巴细胞和小胶质细胞增生、浸润，并出现血管套现象。大脑、小脑、脑桥、延髓和脊髓白质内出现弥漫性脱髓鞘现象，在脑膜附近形成脱髓鞘腔。

【鉴别诊断】

（1）羊梅迪-维斯纳病与羊支原体性肺炎的鉴别 二者均有精神不振、食欲减退、呼吸急促、消瘦、衰弱，以及剖检可见胸膜有粘连等临床症状和病理变化。但二者的区别在于：羊支原体性肺炎的病原为丝状支原体，3 岁以下山羊最易感，传播快，病羊体温升至 41 ~ 42℃，咳嗽，流鼻液，叩诊肋部疼痛。剖检可见胸腔积液，暴露于空气成纤维素凝块，病料镜检可见丝状支原体。

（2）羊梅迪-维斯纳病与绵羊肺腺瘤病的鉴别 二者均有绵羊易感、病羊精神不振、食欲减退、消瘦、衰弱、呼吸困难等流行特点和临床症状。但二者的区别在于：绵羊肺腺瘤病的病原为绵羊肺腺瘤病病毒。病羊体温升高，咳嗽，剖检可见肺脏表面有许多小结节并融成大结节，后期肺切面有水肿液流出。

（3）羊梅迪-维斯纳病与羊巴氏杆菌病的鉴别 二者均有绵羊易感、病羊精神不振、食欲减退、消瘦、衰弱、呼吸急促等流行特点和临床症状。但二者的区别在于：羊巴氏杆菌病的病原为巴氏杆菌。病羊的体温升至 41 ~ 42℃，咳嗽，鼻流含血黏液，颈胸部水肿，病程短。剖检可见皮下液体浸润和有出血点。胸液镜检可见两极染色的卵圆形杆菌。抗生素治疗有效。

（4）**羊梅迪-维斯纳病与羊肺丝虫病的鉴别** 二者均有精神不振、食欲减退，呼吸急促、困难，以及消瘦、体温不高等临床症状。但二者的区别在于：羊肺丝虫病的病原为网尾线虫。病羊有阵发性剧烈咳嗽，咳出的黏液团中有成虫、幼虫和虫卵。

【**防治措施**】 ①本病无有效的治疗方法。预防本病的关键在于防止感染羊接触健康羊。加强进口检疫，引进的羊必须隔离观察，经检疫确认健康才能混群。②定期对羊群做血清学检查，从临床和血清学检查发现病羊时，最彻底的办法是将感染羊只全部捕杀。尸体要深埋处理，对污染物要彻底销毁。③圈舍、饲养用具用2%氢氧化钠或4%碳酸钠消毒，污染牧地停止放牧1个月以上。

十七、轮状病毒感染

轮状病毒感染是由轮状病毒所引起的一种犊牛、羔羊急性胃肠道传染病，以精神委顿、厌食、呕吐、腹泻、脱水为主要临诊特征。

【**流行特点**】 本病主要发生于犊牛和羔羊，发病日龄主要在15～90日龄。春秋两季发病较多。病毒存在于肠道，随粪便排出体外，经消化道感染。轮状病毒有交互感染的作用，可以从人或一种动物传给另一种动物，只要病毒在人或一种动物中持续存在，就有可能造成本病在自然界中的长期传播。从胎牛收集的血清样品中，有46%检出轮状病毒抗体，因此本病也有可能通过胎盘传染给胎儿。

【**典型临床症状**】 本病的潜伏期为18～96小时，多发生于15～90日龄的犊牛和10～20日龄的羔羊。发病牛/羊精神沉郁，吃奶减少，体温正常或略偏高。腹泻粪便呈白色或灰白色，有的呈黄褐色，粪较黏稠或呈水样，有时有肠黏膜及含有未消化凝乳块，排粪次数不一。一般情况死亡率不超过10%，但若有继发感染，特别是在恶劣气候，患病犊牛或羔羊感染肺炎，则死亡率将会大大提高。

【**典型病理变化**】 各种动物的病变基本相同，主要侵害小肠，特别是空肠和回肠部，呈现肠壁变薄、内容物呈液状及小肠绒毛萎缩。

【**鉴别诊断**】

（1）**牛/羊轮状病毒感染与牛/羊病毒性腹泻-黏膜病的鉴别** 二者均有精神沉郁、食欲减退、腹泻等临床症状。但二者的区别在于：牛/羊病毒性腹泻-黏膜病的病原为病毒性腹泻-黏膜病病毒，患病牛/羊多数有体温反应，有明显的呼吸道症状；口腔黏膜充血、糜烂；除小肠有急性卡他性炎症外，大肠也有卡他性、出血性、溃疡性以至不同程度的坏死性炎症。

（2）牛/羊轮状病毒感染与牛/羊大肠杆菌病的鉴别　二者均有精神沉郁、食欲减退、腹泻等临床症状。但二者的区别在于：牛/羊大肠杆菌病的病原为大肠杆菌，主要危害 7 ~ 10 日龄的犊牛和羔羊，潜伏期短，只有几个小时，常突然发病，发病牛/羊发热，出现突然腹泻后很快死亡，病死率很高，主要死于败血症或肠毒血症。

（3）牛/羊轮状病毒感染与牛/羊弯曲杆菌性腹泻的鉴别　二者均有精神沉郁、食欲减退、腹泻等临床症状。但二者的区别在于：牛/羊弯曲杆菌的病原为弯曲杆菌，可引起各种年龄的牛/羊发病，在牛/羊群中传播较快，是一种急性腹泻病，多发生在冬季，排水样的全血便，全身症状轻微，病死率很低。剖检见肠管呈不同程度出血性及坏死性肠炎病变。

【防治措施】　本病尚无特异的治疗办法。补液、应用肠道收敛剂等对症治疗，有一定的作用。抗生素可预防继发感染。已试制的牛轮状病毒弱毒疫苗用于免疫母牛，通过初乳抗体保护幼牛，有一定的效果。对犊牛腹泻还可以应用轮状病毒活毒疫苗进行口服，可减少自然发病率。

　　牛/羊轮状病毒对外界环境的抵抗力极强，一般消毒剂很难将其杀灭，选用氢氧化钠或过氧乙酸消毒效果较好。

　　牛/羊轮状病毒病是一种免疫抑制病，因此感染轮状病毒的牛/羊易继发或并发感染，其造成的危害和损失与牛/羊群的饲养管理密切相关，因此要提升饲养管理水平，降低发病损失。

　　除了市面上常用的接种疫苗，自家组织灭活苗免疫更具现实意义。自备疫苗，取病牛/羊的淋巴、肺脏等。制备自家灭活疫苗，能更有针对性地预控本病。

十八、疯牛病

疯牛病为牛海绵状脑病的俗称，是牛的一种慢性致死性传染病。其临诊特征为潜伏期很长；病牛行为反常，运动失调，感觉过敏；脑灰质神经组织空泡化。本病的病原为一种类似于绵牛痒病因子的感染性蛋白质（朊病毒），它不能刺激牛体产生炎症反应和免疫反应，常用消毒药及紫外线消毒无效，136℃高温处理30分钟才能将其杀灭。

第四章

【流行特点】　本病多发生于 3～11 岁的牛，尤以 3～5 岁的牛最多。不同品种和性别的牛均可感染。本病的发生与饲养管理因素无关，主要通过被污染的蛋白质饲料经口传染，多有添加牛源蛋白质饲料的生活史。也存在垂直传播的可能性。一般为散发，也可呈地方性流行。

【典型临床症状及典型病理变化】　本病的潜伏期为 4～6 年，病程一般为 6 个月左右。症状各异，主要为神经症状，而且逐渐加重。有的行为失常，表现为烦躁不安、瘙痒。有的姿势和运动失调，表现为四肢过度伸展，后肢不稳，震颤，易跌倒，乃至麻痹。有的感觉反常，对声音和触摸过敏，甚至强力反抗。有的上述表现兼而有之。在出现神经症状的同时，病牛泌乳减少，体重减轻或体质下降。病牛最终可因衰竭死亡，但常被淘汰。主要病变为脑干灰质区域内的神经细胞空泡化，在显微镜下呈海绵样结构。

【防治措施】　无治疗方法。预防本病的重要措施是加强口岸检疫，杜绝引入传染源或传播媒介。为此，禁止从流行本病的国家和地区进口活牛及其精液和胚胎，禁止进口牛肉及其肉粉、骨粉。发现病牛，一律扑杀烧毁，严禁食用，对不能焚烧的污染物用次氯酸钠或氢氧化钠彻底消毒，其他牛禁止使用反刍动物蛋白质饲料。处理病牛时，要切实做好个人防护。

　　要加强口岸检疫，防止引入病牛。一旦发生本病，要及时诊断，严格隔离消毒，防止疫情蔓延扩散，以免造成重大的经济损失。

第四章

第五章　牛、羊细菌性传染病的诊治

一、炭疽病

炭疽病是由炭疽杆菌所引起的人畜共患的一种急性、热性、败血性传染病，以急性脾脏肿大，皮下及浆膜下组织呈出血性胶样浸润为特征。

【流行特点】　本病多发生于夏季放牧时期，发病牛/羊是主要的传染源。发病牛/羊及其尸体的各器官、组织及血液，特别是天然孔流出的血液含有大量的炭疽杆菌。由于炭疽杆菌芽孢在土壤中能长期生存，并在一定条件下发育繁殖，因此，当对病牛/羊处理不当或病牛/羊的排泄物、分泌物未经彻底消毒而污染了土壤、水源、牧地等，则可造成持久性的疫源地。

所以，在洪水泛滥时，河流附近、低湿地区易暴发炭疽病。

炭疽杆菌虽可感染人，但人的易感性较低，主要发生于与动物及畜产品接触机会多的人。

【典型临床症状】　根据症状和病程可分为3种类型：

（1）最急性型　本型的症状不明显，牛/羊在使役、放牧、休息时或在牛/羊舍里、放牧场上突然倒下，出现昏迷、呼吸极度困难，可视黏膜呈蓝紫色，全身战栗，心悸亢进。濒死期，天然孔出血，在数分钟至数小时内死亡。

（2）急性型　本型最为常见。潜伏期为1~5天，一般症状轻微，患病牛/羊的体温高达41~42℃，精神不振，肌肉颤抖，磨牙，食欲减少，最后废绝，反刍、泌乳停止，呼吸困难，可视黏膜发绀，初期便秘，后期腹泻，妊娠牛/羊常发生流产，病程为1~2天。

（3）亚急性型　本型常在颈、胸、腰、外阴部及直肠内发生炭疽痈，舌肿大呈暗红色，有的发生咽喉炎，呼吸困难，肌肉颤抖。由于肠道发生炭疽痈，患病牛/羊下痢且带血，肛门周围浮肿，排粪困难，粪内带血，病程为2~5天。

【典型病理变化】 最急性型病例除脾脏、淋巴结有轻度肿胀外，其他见不到肉眼可见病变。急性型病例呈败血症病变，特别是脾脏显著肿胀，脾髓呈黑红色，软化如泥状或糊状；淋巴结也肿大；胃肠道呈出血性坏死性炎症；死于败血型的牛/羊，尸僵不全，尸体极易腐败，瘤胃臌气，天然孔出血，血液凝固不良。多种器官出现炭疽痈，在咽部，肠系膜淋巴结可见出血、肿胀、坏死。

【鉴别诊断】

（1）**牛/羊炭疽病与牛/羊巴氏杆菌病的鉴别** 二者均有精神不振，食欲不振、废绝，反刍停止、腹泻等临床症状。但二者的区别在于：牛/羊巴氏杆菌病的病原为巴氏杆菌，患病牛/羊表现为胸膜肺炎。剖检可见胸腔积液，肺脏切面呈大理石样病变，胸部淋巴结肿大，切面有出血点。但见不到炭疽那样临死前天然孔出血、血液凝固不良、死后尸僵不全及脾脏急性肿大。实验室检查巴氏杆菌为革兰氏阴性、两端浓染的细小球杆菌。炭疽杆菌则为革兰氏阳性、两端平直、呈竹节状带有荚膜的大杆菌。

（2）**牛/羊炭疽病与牛/羊气肿疽的鉴别** 二者均在洪水泛滥地区易发生，多发于低洼地区，病牛/羊均有体表肿胀、步态不稳等临床症状。但二者的区别在于：牛/羊气肿疽的病原为气肿疽梭菌。病牛/羊的肿胀部初发热，按压有捻发音。剖检可见肿胀部肌肉呈暗红色或黑色，可挤出酸臭、有气泡液体。涂片镜检可见气肿疽梭菌。

（3）**牛炭疽病与牛恶性水肿的鉴别** 二者均有精神不振、发热、可视黏膜充血、腹泻等临床症状。但二者的区别在于：牛恶性水肿的病原为腐败梭菌，病牛多发生于外伤、分娩和去势之后，特征是伤口周围呈气性、炎性肿胀。实验室检查，可取肝脏做触片染色镜检，牛恶性水肿可见革兰氏阳性的大杆菌（腐败梭菌）；炭疽杆菌虽为革兰氏阳性大杆菌，但菌体两端呈竹节状，与腐败梭菌完全不同。

（4）**羊炭疽病与羊快疫的鉴别** 二者的病原菌均为大杆菌，能产生芽孢，并且病羊均不显症状即突然死亡。但二者的区别在于：羊快疫的病原为腐败梭菌，病羊死后尸体鼓胀，剖检可见皱胃幽门有出血斑块和坏死，肝触片镜检可见腐败梭菌。

（5）**羊炭疽病与羊肠毒血症的鉴别** 二者均有肌肉颤抖、磨牙等临床症状，病原菌均为大杆菌，能产生芽孢，并均不显症状即突然死亡。但二者的区别在于：羊肠毒血症的病原为 D 型产气荚膜梭菌。病羊下痢，粪有黏液、血液、恶臭，卧时四肢划动。剖检可见肾脏充血、变软，小肠和肾脏可发现 D 型产气荚膜梭菌，小肠内可检出 β 毒素。

（6）羊炭疽病与羊猝狙的鉴别　二者均表现痉挛，病不久即死亡。但二者的区别在于：羊猝狙的病原为 C 型产气荚膜梭菌。病羊表现为昏迷、痉挛、疝痛。剖检可见十二指肠、空肠黏膜充血、糜烂、脱落，有的区段有溃疡，小肠内充满血液和组织碎片。骨骼肌在初死时正常，经 8 小时肌间积聚血样有气泡液体。腹腔液及脾脏可分离出 C 型产气荚膜梭菌。

（7）羊炭疽病与羊黑疫的鉴别　二者均常不显症状即突然死亡，死前不食、昏迷至死，以及心包积液等临床症状和病理变化。但二者的区别在于：羊黑疫的病原为诺维氏梭菌。病羊昏睡，俯卧至死。剖检可见皮下静脉瘀血，皮肤呈暗黑色，胸腹腔液与空气接触易于凝固，脾脏充血、肿胀，并且有直径为 2～3 厘米的凝固性坏死灶，周围有鲜红充血带。肝坏死灶中可分离出诺维氏梭菌。

【防治措施】

1）做好一般性防疫。春秋两季各进行 1 次炭疽病预防注射。对于牛，无毒炭疽芽孢苗，1 岁以上的牛可皮下注射 1 毫升，1 岁以内的牛注射 0.5 毫升；炭疽 2 号芽孢苗，可皮下注射 1 毫升，注射后 14 天产生免疫力，免疫期为 1 年。对于羊，应用炭疽芽孢苗（对山羊不宜使用）及炭疽 2 号芽孢苗进行预防接种，接种 14 天后产生免疫力，免疫期为 1 年。

2）查明疫情，采取应急措施。发生炭疽病后，应立即查明疫情，报告上级，规定疫区，进行封锁并检疫，隔离治疗，并采取预防接种、消毒等紧急防治措施。

3）严密封锁，隔离治疗。抗炭疽血清 100～300 毫升，1 次静脉注射。必要时 12 小时后再静脉注射 1 次。青霉素 100 万～300 万单位，链霉素 2～4 克，每天 2 次，肌内注射，直至痊愈。抗生素与免疫血清同时并用，效果更好。另外，可静脉注射 10% 磺胺噻唑钠 100～200 毫升，或者磺胺二甲基嘧啶，每千克体重 0.2 克，内服。

注意　由于炭疽杆菌芽孢在土壤中能长期生存，如对病牛/羊处理不当或对病畜排泄物、分泌物未经彻底消毒而污染了土壤、水源、牧地等，则可造成持久性的疫源地。因此，对可疑病例不要轻易剖检。

第五章

二、气肿疽

气肿疽是由气肿疽梭菌所引起的一种急性、败血性传染病，临诊特征为患病牛/羊高热，肌肉丰厚部位（尤其是股部）发生气性肿胀并发黑，压之有捻发音。

【流行特点】　家畜中以黄牛对气肿疽的易感性最大，特别是 3 个月至 4 岁的青年牛最易感染发病，其次是绵羊，水牛和猪较少发生。

本病为地方性传染病，在山区、平原或低湿草地均可发生。虽可发生于任何时期，但以夏季放牧牛/羊发病最多，舍饲牛/羊发病少见。病牛/羊或死后尸体是主要的传染来源，病原体形成芽孢后，污染土壤、饲料和饮水，经消化道感染，也可通过皮肤创伤和吸血昆虫（蜱、蝇等）叮咬传播。

【典型临床症状】　牛/羊突然发病，体温升高（40 ~ 41℃），食欲、反刍停止，放牧牛常呈跛行，不久，肿胀发生于身体肌肉丰满部位，如腿上部、臀、腰、肩、胸、颈等处。肿胀区初热而痛，后变冷，中央无感觉，该部皮肤干而色黑，甚至坏死。压肿胀部有捻发音。初期若切开肿胀部有黑红色液体流出，内含气泡，有特殊臭味。肿胀部附近淋巴结肿大。病牛/羊呼吸逐渐困难，脉搏快而细（90 ~ 100 次/分），病程为 1 周左右。

肿胀常发生于一处，也可数处同时发生，然后连成一大块。例如，病原菌侵入口腔或喉部则发生急性咽喉炎，舌肿大，伸出口外，舌尖有捻发音。

【典型病理变化】　尸体迅速腐败，瘤胃臌胀，天然孔（鼻孔、肛门或口腔）常有血样液体流出；病部肌肉肿胀，有捻发音，切面呈黑棕色或黑红色，部分湿润，压之流出黑色渗出液，内含气泡；其他部分的肌肉干燥，如海绵状，有很多气泡，并有一种特殊的酸臭味；病部皮下组织呈黄色、胶冻样和血染，含有气泡，类似的变化也见于心脏，少见于舌部；局部淋巴结肿胀、充血、出血；心包、胸腔和腹腔间或有积液。

【鉴别诊断】

（1）**牛/羊气肿疽与牛/羊炭疽病的鉴别**　二者均在洪水泛滥地区易发生，多发于低洼地区，并均有体表肿胀、步态不稳等临床症状。但二者的区别在于：牛/羊炭疽病的病原为炭疽杆菌（竹节状）。患病牛/羊全身痉挛，天然孔流血，死后尸体鼓胀，尸僵不全，炭疽沉淀反应呈阳性。

（2）**牛气肿疽与牛恶性水肿的鉴别**　二者均有精神不振、发热、体表肿胀、淋巴结肿大等临床症状。但二者的区别在于：牛恶性水肿的病原为腐败梭菌等，病牛多发生于外伤、分娩和去势之后，特征是伤口周围呈气性、炎性肿胀。

【预防措施】

1）凡曾有本病发生的地区，一定要坚持预防注射。在每年春秋季，大小牛一律皮下注射气肿疽菌苗5毫升，免疫期可达6个月。

2）对已确诊的病牛/羊，必须隔离治疗。牛/羊舍、用具、饲槽等用5%～10%氢氧化钠溶液或含有效氯5%的漂白粉溶液或0.2%升汞溶液严格消毒。尸体严禁剥皮，连同被污染的饲料及粪尿等一起烧毁或深埋。疑似被污染的饮水或饲料应停止使用。对有疑似传染性的病牛/羊，先用抗生素或抗气肿疽血清治疗，半个月后再注射气肿疽菌苗。

【治疗方法】

1）早期应用大剂量的抗生素（青霉素、四环素）或磺胺类药物治疗有效。青霉素每天肌内注射3～4次，每次100万～200万单位，如果结合使用抗气肿疽血清，效果更好。同时还必须给予强心、补液及其他对症疗法。

2）局部的气性肿胀不宜切开，以防病原菌扩散。早期病例也可用1%～2%高锰酸钾溶液或3%过氧化氢溶液或3%石炭酸溶液在肿胀部周围分点行皮下或肌内注射，或者用0.25%～0.5%普鲁卡因溶液10～20毫升溶解青霉素80万～120万单位，于肿胀部周围分点注射可收到较好效果。

三、牛恶性水肿

牛恶性水肿是由梭菌属病菌（腐败梭菌、水肿梭菌、产气荚膜梭菌、溶组织梭菌等）引起的一种急性创伤性传染病，以局部气性水肿和全身性毒血症为特征。

【流行特点】　病原菌经常存在于土壤的表层，尤其是被动物粪便污染的土壤内。本病一般少见，通常为零星散发。病原菌需特殊条件（缺氧下污染的创伤）才能传染。牛主要因外伤（如分娩、去势、刺伤、咬伤、骨折、不洁针头的注射等）而发生感染。

【典型临床症状】　牛恶性水肿发生于创伤之后，潜伏期为2～5天，局部发生水肿，先硬痛，后变软而无痛觉，压之有捻发音，割开有红棕色液体流出，混有气泡，腐臭味。严重者全身发热，呼吸困难，脉搏细而快，可视黏膜充血发绀，有时腹泻。由分娩外伤感染者，阴户水肿，阴道充血，流出有臭味的褐色液体。性器官邻近的部分也发生捻发性肿胀，可向会阴、股部及乳房扩散。病牛起立困难，垂头拱背，极力呻吟。

【典型病理变化】　病部出现弥漫性水肿（彩图5-1），皮下有污黄色液体浸润，含有腐败气味的气泡；肌肉呈灰白色或暗褐色，有时含有气泡；淋巴结肿大，偶有气泡；肝脏、肾脏细胞混浊肿胀，有灰黄色病灶。

【鉴别诊断】

（1）牛恶性水肿与牛炭疽病的鉴别　二者均有精神不振、发热、可视黏膜充血、腹泻等临床症状。但二者的区别在于：牛炭疽病的病原为炭疽杆菌（竹节状），病牛全身痉挛，天然孔流血，死后尸体鼓胀，尸僵不全，炭疽沉淀反应呈阳性。

（2）牛恶性水肿与牛气肿疽的鉴别　二者均有精神不振，发热，以及体表肿胀、淋巴结肿大等临床症状。但二者的区别在于：牛气肿疽的病原为气肿疽梭菌，病牛肿胀发生于身体肌肉丰满部位，如腿上部、臀、腰、肩、胸、颈等处，压之肿胀部有捻发音。若切开肿胀部有黑红色液体流出，内含气泡，有特殊臭味。剖检可见病部皮下组织呈黄色、胶冻样和血染，含有气泡，类似的变化也见于心脏，少见于舌部，心包、胸腔和腹腔间或有积液。

【预防措施】　平时注意外伤的处理，在助产、去势、注射和其他外科手术时，要注意伤口的消毒，手和用具也要彻底消毒。发生本病时，隔离病牛，污染的牛舍和场地用10%漂白粉溶液或3%氢氧化钠溶液消毒，烧毁粪便和垫草。

【治疗方法】　早期对患部进行冷敷，后期可切开患部除去腐败组织和渗出液，用高锰酸钾或过氧化氢溶液充分冲洗，并撒布磺胺粉，同时用浸以过氧化氢溶液的纱布填塞切口，也可将过氧化氢溶液注入肿胀部与健康部交界处的皮下，同时肌内注射青霉素、四环素族抗生素。

四、羊快疫

羊快疫是由腐败梭菌感染所引起的一种急性、致死性传染病。其特征是病羊发病突然，病程极短，很快死亡，胃和肠发生出血性炎症，并在消化道内产生大量气体。

【流行特点】　绵羊对本病最易感，山羊和鹿也可感染。主要经消化道感染。腐败梭菌通常以芽孢体形式散布于自然界，特别是潮湿、低洼或沼泽地带。羊只采食污染的饲草或饮水，芽孢随之进入消化道，但并不一定引起发病。当存在诱发因素时，特别是秋冬或早春季节气候骤变、阴雨连绵之际，羊寒冷饥饿或采食了冰冻带霜的草料时，机体抵抗力下降，腐败梭菌即大量繁殖，产生外毒素，使消化道黏膜发炎、坏死并引起羊的中毒性休克，使病羊迅速死亡。本病以散发性流行为主，发病率低而病死率高。

【典型临床症状】 病羊往往来不及表现临床症状即突然死亡，常见在放牧时死于牧场或早晨发现死于圈舍内。病程稍缓者，表现为不愿行走，运动失调，腹痛、腹泻、磨牙、抽搐，最后衰弱昏迷，口流带血泡沫，多于数分钟或几小时内死亡，病程极为短促。

【典型病理变化】 病死羊尸体迅速腐败鼓胀。剖检见可视黏膜充血呈暗紫色，体腔、心包多有积液。特征性表现为皱胃出血性炎症，胃底部及幽门部黏膜可见大小不等的出血斑点及坏死区，黏膜下发生水肿（彩图5-2）；肠道内充满气体，常有充血、出血、坏死或溃疡；心内、外膜可见点状出血（彩图5-3）；胆囊多肿胀；肾脏肿胀、瘀血（彩图5-4）。

【鉴别诊断】

（1）羊快疫与羊肠毒血症的鉴别 二者常使病羊不显症状即突然死亡，并有不愿走动、昏迷及心包积液等临床症状和病理变化。但二者的区别在于：羊肠毒血症的病原为 D 型产气荚膜梭菌，以吸收毒素的多少而表现两种症状：死前四肢强力划动，肌肉震颤，眼睛转动；或初步态不稳，随即昏迷，角膜反射消失。剖检可见皱胃有未消化饲料，仅心包有灰黄色积液，有絮状物，胸腺常出血，肾脏、脑软化。

（2）羊快疫与羊猝狙的鉴别 二者均多发于冬春两季，发病年龄为1~2岁，病羊有疝痛，发病数小时后死亡，有的不显症状突然死亡，并有心包、胸腹腔大量积液等病理变化。但二者的区别在于：羊猝狙的病原为 C 型产气荚膜梭菌。患病羔羊停止吸乳，体温正常或偏低。剖检可见十二指肠、空肠黏膜严重发炎、糜烂、脱落，有的有溃疡。骨骼肌于羊刚死时正常，8 小时内即有血样液体，胸腺、心浆膜瘀血。体腔液体可分离出病原菌，小肠内有 β 毒素。

（3）羊快疫与羊黑疫的鉴别 二者均多发于冬春两季，常不现症状即突然死亡，体温高（41.5℃），昏迷至死。但二者的区别在于：羊黑疫的病原为 B 型诺维氏梭菌。病羊呼吸困难，伏卧。剖检可见皮肤呈暗黑色，胸腹腔液为血色，肝脏有凝固性坏死灶，四周有鲜红色充血带（特征）。肝坏死灶中可分离出 B 型诺维氏梭菌。

（4）羊快疫与羊炭疽病的鉴别 二者均有运动失调、病后迅速死亡等临床症状。但二者的区别在于：羊炭疽病的病原为炭疽杆菌。病羊突发眩晕，磨牙，全身痉挛，天然孔流血，死后鼓胀，尸僵不全，炭疽沉淀反应呈阳性。

【预防措施】

1）加强平时的防疫。在本病常发地区，每年春季用羊肠毒血症、羊快疫、羊猝狙三联菌苗进行免疫注射。

2）加强饲养管理。避免羊只采食冰冻饲草，早晨放牧不要太早，防止受寒感冒。

3）隔离消毒。对病死羊只进行焚烧或深埋；严格消毒污染的场地和用具，迁移圈舍，更换牧场。

【治疗方法】

（1）强心补液 可用 10% 葡萄糖生理盐水 500～1000 毫升与 10% 安钠咖 5～10 毫升静脉注射。

（2）消除肠道炎症 按每千克体重 5 万单位肌内注射硫酸卡那霉素或用痢菌剂拌料。

五、羊黑疫

羊黑疫又被称为传染性坏死性肝炎，是由 B 型诺维氏梭菌感染所引起的一种急性高度致死性毒血症，特征为羊体内肝脏坏死，病死羊皮下血管充血，从而导致表皮发黑，故而称为黑疫。

【流行特点】 本病主要发生于低洼潮湿地区，以春夏两季多发。以 2～4 岁、营养好的绵羊多发，山羊也可发生。诺维氏梭菌广泛存在于土壤之中，羊采食被芽孢污染的饲料后，芽孢通过胃肠壁经门脉进入肝脏，当羊感染肝片吸虫时，易诱发致病。本病的发生与肝片吸虫的感染程度密切相关。

【典型临床症状】 发病后的羊表现精神委顿、废食、离群、步态不稳，后期四肢无力卧地，有的表现腹痛，病羊呼吸困难，体温升高达41.5℃左右，呈昏睡俯卧，死前不挣扎便死亡，有的晚上无任何症状，第二天早晨死于圈中，有的卧地毫无痛苦地突然死去。发病羊只与年龄无关，发病羊多为营养良好肥胖羊只。

【典型病理变化】 剖检可见病羊尸体皮下静脉显著充血，皮肤呈暗黑色，急宰剖检时，流出少量暗红色血液，放血不全，剥皮时可见血液储留在血管内。胸腔有少量积液，心内膜有出血斑，心耳出血、坏死，心包积液，积液暴露在空气中易凝固，体液常呈黄色。腹腔积液略带血色，脾脏轻度肿胀，表面有出血点，肝脏充血肿胀，从表面上可看到灰黄色树枝状坏死灶（彩图5-5），界限分明，并可摸到有多个凝固性坏死灶，切面呈半圆形，肝脏内有肝片吸虫存在，胆囊肿胀，胆汁稀薄，胆囊也可见到肝片吸虫。胃有出血性炎症，大网膜出血，小肠有出血性炎症，肠系膜淋巴结肿胀。

【鉴别诊断】

（1）羊黑疫与羊快疫的鉴别 二者均有常使病羊不显症状即突然死亡，并有体温高（41.5℃）、昏迷至死、心包积液等临床症状和病理变化。但二者的区别在于：羊快疫的病原为腐败梭菌，病羊表现磨牙，喉、舌肿胀，口流血色泡沫，疝痛，结膜充血。剖检可见皮下组织呈胶样浸润，胃底部及幽门部有紫红色出血斑块。肝触片镜检可见腐败梭菌。

（2）羊黑疫与羊肠毒血症的鉴别 二者均有常使病羊不显症状即突然死亡，死前不食、昏迷至死，心包积液等临床症状和病理变化。但二者的区别在于：羊肠毒血症的病原为 D 型产气荚膜梭菌。病羊下痢，粪含黏液、血液并有恶臭，四肢划动。剖检可见肾脏变软，小肠、肾脏可发现大量 D 型产气荚膜梭菌，小肠内有 β 毒素。

（3）羊黑疫与羊猝狙的鉴别 二者均有常使病羊不显症状即突然死亡，死前不食、昏迷至死，心包积液等临床症状和病理变化。但二者的区别在于：羊猝狙的病原为 C 型产气荚膜梭菌。病羊腹痛、痉挛。剖检可见十二指肠和空肠黏膜严重充血、糜烂、脱落，有的区段有溃疡，肠内充满血液和组织碎片。骨骼肌于羊刚死时表现正常，死后 8 小时肌间积聚血样液体并有气性裂孔（气泡）。小肠内有 β 毒素。

（4）羊黑疫与羊炭疽病的鉴别 二者均多发于低洼处，病羊常不显症状即突然死亡。但二者的区别在于：羊炭疽病的病原为炭疽杆菌（竹节状，有荚膜，无鞭毛），病羊表现磨牙，全身痉挛，天然孔出血，死后尸体鼓胀，尸僵不全。炭疽沉淀反应呈阳性。

【预防措施】 本病病程短促、发病急、死亡快，常常来不及治疗，因此只能以预防为主。①流行本病的地区应做好控制肝片吸虫感染的工作。②在发病季节，将羊群及时转移到高燥地区或直接将羊圈建在干燥处。③常发病地区每年定期注射羊快疫、羊肠毒血症、羊猝狙、羔羊痢疾、羊黑疫五联苗（厌气菌五联疫苗），每只羊皮下或肌内注射 5 毫升，注射疫苗 2 周后产生免疫力，保护期长达半年；也可用抗诺维氏梭菌血清进行早期预防，每只羊皮下或肌内注射 10～15 毫升，必要时可重复 1 次。④药物预防。用溴酚磷，按每千克体重 16 毫克，一次内服；或者用丙硫苯咪唑，按每千克体重 15～20 毫克，一次内服。

【治疗方法】　对已经患病的羊只，病程较长者，在发病早期，对病羊和羊群静脉或肌内注射抗诺维氏梭菌血清（含 7500 单位/毫升）50～80 毫升，注射 1～2 次；对病程稍缓的病例可肌内注射青霉素 80 万～160 万单位，每天 2 次，连用 3 天。

病死羊一律烧毁或深埋，污染场地和羊舍用 20% 漂白粉溶液彻底消毒。

六、羊猝狙

羊猝狙是由 C 型产气荚膜梭菌感染所引起的一种细菌性传染病，1～2 岁的绵羊多发，以急性死亡、腹膜炎和溃疡性肠炎为特征。

【流行特点】　本病发生于成年羊，以 1～2 岁绵羊发病较多，特别是当饲料丰富时易感染，常见于低洼、沼泽地区，多发生于冬季，常呈地方性流行。

本病经消化道感染，主要侵害绵羊，有时也可感染山羊。被 C 型产气荚膜梭菌污染的牧草、饲料和饮水都是传染源。病菌随着羊采食和饮水经口进入消化道，在肠道中生长繁殖并产生毒素，致使羊形成毒血症而死亡。不同年龄、品种、性别均可感染。但 6 个月至 2 岁的羊比其他年龄的羊发病率高。

【典型临床症状】　感染发病的羊病程很短，一般为 3～6 小时，往往不见早期症状而死亡，有时可见突然无神、剧烈痉挛、侧身卧地、咬牙、眼球凸出、惊厥而死。本病以腹膜炎、溃疡性肠炎和急性死亡为特征。

【典型病理变化】　剖检可见十二指肠和空肠黏膜严重充血、糜烂、脱落，个别区段可见大小不等的溃疡灶。体腔、心包多有积液，暴露于空气中易形成纤维素絮块。浆膜上有小点出血。死后 5 小时，骨骼肌肌间积聚有血样液体，肌肉出血。

【鉴别诊断】

（1）**羊猝狙与羊快疫的鉴别**　二者均多发于冬春两季，发病年龄为

1~2 岁（6~18 月龄），均表现疝痛，发病数小时死亡，并常不显症状即突然死亡，并均有心包、胸腹腔积液等病理变化。但二者的区别在于：羊快疫的病原为腐败杆菌。病羊体温高（41℃），躺卧不愿行走，强迫行走时运动失调。剖检可见皱胃有出血性炎症，幽门部有出血瘀块，表面坏死。体腔液见空气即凝固，肝触片镜检可见腐败梭菌。

（2）羊猝狙与羊肠毒血症的鉴别　二者均表现羊发病数小时死亡，有时不显症状即突然死亡，并均有小肠炎症（回肠）、心包积液等病理变化。但二者的区别在于：羊肠毒血症的病原为 D 型产气荚膜梭菌。病羊下痢并混有黏液、血液，并且有恶臭，以及磨牙、流涎。剖检可见肾脏充血，幼羊呈乳糜状，大羊逐渐变软，尤以死后 6 小时更明显。腹腔液中可发现 D 型产气荚膜梭菌。肠内容物有 β 型毒素。

（3）羊猝狙与羊黑疫的鉴别　二者均表现不显症状即突然死亡，均有体温高（41.5℃）、昏睡，心包、胸腹腔积液等临床症状和病理变化。但二者的区别在于：羊黑疫的病原为 B 型诺维氏梭菌。病羊表现昏睡至死。剖检可见皮肤呈暗黑色（黑疫），心包、胸腔液呈黄色，腹腔液呈血色，肝脏表面有坏死灶（直径为 2~3 厘米），周围有鲜红色充血带（黑疫特征）。肝坏死灶中可分离出诺维氏梭菌。

（4）羊猝狙与羊炭疽病的鉴别　二者均表现病羊痉挛，病不久即死亡。但二者的区别在于：羊炭疽病的病原为炭疽杆菌。本病多发于洪水泛滥之际。病羊全身痉挛，天然孔流血。死后尸体鼓胀，尸僵不全，炭疽沉淀反应呈阳性。

【预防措施】

1）加强平时的防疫。在本病常发地区，每年春季用羊肠毒血症、羊快疫、羊猝狙三联菌苗进行免疫注射。

2）加强饲养管理。避免羊只采食冰冻饲草，早晨放牧不要太早，防止受寒感冒。

3）隔离消毒。对病死羊只进行焚烧或深埋；严格消毒污染的场地和用具，迁移圈舍，更换牧场。

【治疗方法】

1）强心补液。可用 10% 葡萄糖生理盐水 500~1000 毫升与 10% 安钠咖 5~10 毫升静脉注射。

2）消除肠道炎症。按每千克体重 5 万单位肌内注射硫酸卡那霉素或用痢菌剂拌料。

七、巴氏杆菌病（出血性败血症）

巴氏杆菌病也称出血性败血症，是由多杀性巴氏杆菌引起的一种急性、热性传染病。其临诊特征为患病牛/羊发热，患肺炎和急性胃肠炎，以及内脏器官广泛出血。

【流行特点】　本病的传染源是患病牛/羊和带菌动物。病原体通过病牛/羊的分泌物、排泄物排出，污染外界环境，在自然条件下主要通过污染的饲料和饮水经消化道传染，其次为呼吸道传染，偶尔可经皮肤黏膜的损伤或吸血昆虫的叮咬而传播。各年龄的牛/羊均可感染发病，但水牛易感性更高。巴氏杆菌常存在于健康牛/羊的上部呼吸道，饲养管理不当、营养不良、拥挤、长途运输、过度疲劳、潮湿及寒冷、闷热等均可诱发本病。

本病多发在春秋两季，一般为散发性，也可呈地方性流行。

【典型临床症状】　按病程长短可分为最急性型、急性型和慢性型3种。

（1）最急性型　本型多见于犊牛和羔羊。病牛/羊突然发病，出现寒战、虚弱、呼吸困难等症状，于数分钟至数小时内死亡。

（2）急性型　病牛/羊精神沉郁，体温升高到 41～42℃；咳嗽，鼻孔常有出血，有时混杂于黏性分泌物中。初期便秘，后期腹泻，有时粪便全部变为血水。患病牛/羊常在严重腹泻后虚脱而死，病程为 2～5 天。

（3）慢性型　本型病程可达 3 周。病牛/羊消瘦，不思饮食，流黏液、脓性鼻液，咳嗽，呼吸困难，有时颈部和胸下部发生水肿，有角膜炎（彩图 5-6），腹泻；死前极度衰弱，体温下降。

【典型病理变化】　皮下有液体浸润和点状出血；胸腔内有黄色渗出物。病羊肺脏瘀血，并有点状出血（彩图 5-7）。病牛肺脏水肿，表面有灰白色病灶（彩图 5-8）。胃肠道有出血性炎症；其他脏器呈水肿和瘀血，或者有点状出血，肝脏有坏死灶。病程较长者尸体消瘦，皮下胶样浸润，常见纤维素性胸膜肺炎和心包炎。

【鉴别诊断】

（1）牛/羊巴氏杆菌病与牛/羊炭疽病的鉴别　二者均有精神不振，食欲不振、废绝，反刍停止、腹泻等临床症状。但二者的区别在于：牛/羊炭疽病的病原为炭疽杆菌（竹节状），发病牛/羊临死前常有天然孔出血，血液呈暗紫色，凝固不良，呈煤焦油样，死后尸僵不全，尸体迅速腐败。脾脏可比正常肿大 2 ~ 3 倍。实验室检查，将血液或脾脏做涂片革兰氏或瑞氏染色，牛/羊炭疽可见菌体为革兰氏阳性、两端平直、呈竹节状、粗大带有荚膜的炭疽杆菌，而巴氏杆菌的菌体为革兰氏染色阴性、两端浓染的细小球杆菌。

（2）牛/羊巴氏杆菌病与牛/羊气肿疽的鉴别　二者均有精神不振、发热、体表肿胀、淋巴结肿大等临床症状。但二者的区别在于：牛/羊气肿疽的病原为气肿疽梭菌，牛易感，多发生于 4 岁以下的牛，肿胀主要出现在肌肉丰满的部位，呈炎性、气性肿胀，手压柔软，有明显的捻发音。切开肿胀部位，切面呈黑色，从切口流出黑红色带泡沫的酸臭液体。肿胀部位的肌肉内有暗红色的坏死病灶。由于气体的形成，肌纤维的肌膜之间形成裂隙，横切面呈海绵状。

（3）牛巴氏杆菌病与牛恶性水肿的鉴别　二者均有精神不振、发热、体表肿胀、淋巴结肿大等临床症状。但二者的区别在于：牛恶性水肿的病原为腐败梭菌等，病牛多发生于外伤、分娩和去势之后，伤口周围呈气性、炎性肿胀，病部切面苍白，肌肉呈暗红色，肿胀部触诊有轻度捻发音。

（4）羊巴氏杆菌病与羊梅迪-维斯纳病（呼吸型）的鉴别　二者均有体温高，呼吸急促、困难等临床症状。但二者的区别在于：羊梅迪-维斯纳病的病原为梅迪-维斯纳病病毒。病羊体温升高幅度不大，病程数月或数年。剖检可见胸膜下有许多针尖大出血点，如看不清楚，用 50% ~ 98% 醋酸涂擦，经 2 分钟即显现暗灰色小点，肺泡巨细胞里有包涵体。

（5）羊巴氏杆菌病与绵羊肺腺瘤病的鉴别　二者均有体温升高、咳嗽、呼吸困难、流鼻液等临床症状。但二者的区别在于：绵羊肺腺瘤病的病原为肺腺瘤病病毒，潜伏期为 6 ~ 9 个月，病羊低头，鼻流大量液体。剖检可见肺脏表面有直径为 2 ~ 4 毫米的结节，肺切面有水流出，琼脂扩散可检验。

【预防措施】　①本病发生与各种应激因素有关，因此平时要加强饲养管理，增强机体抵抗力。在发病区域，应重视对发病牛/羊的隔离，并进行环境的消毒。②经常发生本病的地区，定期注射牛/羊出血性败血症氢氧化铝菌苗；疫区内牛/羊的屠宰必须定点，有该病的牛/羊肉及内脏必须就地焚烧或深埋。牛/羊皮经 1% 盐酸或 25% 食盐溶液浸泡 48 小时后方可加工利用。③对发病牛/羊或疑似病牛/羊应立即隔离治疗，牛/羊舍用 5% 漂白粉或 10% 石灰乳消毒，粪便进行发酵处理。

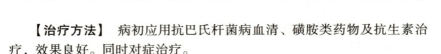

【治疗方法】　病初应用抗巴氏杆菌病血清、磺胺类药物及抗生素治疗，效果良好。同时对症治疗。

1）抗出血性败血病血清，皮下注射 100～200 毫升，每天 1 次，连用 2～3 天。

2）抗生素，如青霉素、链霉素均有效，青霉素 200 万～400 万单位，链霉素 100 万～300 万单位，联合应用，每天 2 次。若再配合磺胺类药物，如用 5% 磺胺甲基嘧啶或磺胺二甲基嘧啶，按每千克体重 40～60 毫升剂量静脉注射，则疗效更佳，并可缩短疗程。

3）急性病例，也可用抗生素（如四环素）加入葡萄糖盐水内静脉注射。为提高治疗效果，尚应配合对症治疗，如给予祛痰剂、抗组胺药等。

注意　健康牛/羊普遍带有多杀巴氏杆菌，在不良条件刺激下易引起内源性感染发病，要注意在气候变化、运输、免疫等应激较大时预防本病。

八、布氏杆菌病

布氏杆菌病又称传染性流产，是由布氏杆菌引起的一种人畜共患的接触性传染病，其临诊特征是引起动物流产和不孕。

【流行特点】　发病牛/羊为本病的主要传染源。病菌存在于流产胎儿、胎衣、羊水、流产母牛/羊阴道分泌物及公牛/羊的精液内。传染途径主要是生殖道接触传染，如通过交配、皮肤或黏膜的直接接触而传染，也可通过消化道传染，主要是由于食入了被细菌污染的饲草、饲料及饮水。

本病常呈地方性流行。新疫区往往可使大批妊娠母牛/羊流产，老疫区则妊娠母牛/羊流产逐渐减少，但关节炎、子宫内膜炎、胎衣不下、屡配不孕、睾丸炎等增多。犊牛、羔羊有抵抗力，初产牛则易感，母牛/羊的感染高于公牛/羊。

【典型临床症状】　母牛/羊除流产外，其他症状常不明显。流产多发生在妊娠后第 3～6 个月，产出死胎或弱胎。流产后可能出现胎衣不下。流产后阴道内继续排出褐色恶臭液体，母牛/羊流产后很少发生再次流产。公牛/羊常发生睾丸炎或附睾炎。病牛/羊发生关节炎时，多发生在膝关节及腕关节，滑液囊炎也较常见。

【典型病理变化】 除流产外，可见绒毛叶上有大量出血点和浅灰色不洁渗出物，并覆有坏死组织；胎膜粗糙、水肿、严重充血或有出血点，并覆盖一层脓性纤维蛋白物质；胎盘有些地方呈现浅黄色或覆盖有灰色脓性物；子宫内膜呈卡他性炎症或化脓性内膜炎；流产胎儿的肝脏、脾脏和淋巴结呈现程度不同的肿胀，甚至有时可见散布着炎性坏死小病灶；患病母牛/羊常有输卵管炎、卵巢炎或乳腺炎；公牛/羊的精囊常有出血和坏死病灶，睾丸和附睾坏死，呈灰黄色。

【鉴别诊断】

(1) 牛/羊布氏杆菌病与牛/羊衣原体性流产的鉴别 二者均有流产、产死胎等临床症状。但二者的区别在于：牛/羊衣原体性流产的病原为鹦鹉热衣原体。病牛/羊预产前 2～3 周流产，流产过的母牛/羊不再流产。流产后一段时间阴户才流红色黏液。胎盘子叶呈黑红色或粉红、暗土色。胎盘或子宫排出物涂片染色、镜检可见浅红色原生小体和浅蓝色初级小体。

(2) 牛/羊布氏杆菌病与牛/羊弯曲杆菌性流产的鉴别 二者均有流产、胎儿水肿、体腔有血色液体等临床症状和病理变化。但二者的区别在于：牛/羊弯曲杆菌性流产的病原为弯曲杆菌。病牛通常在预产前 4～6 周流产。首例流产 1 个月后，牛/羊群流产病例迅速增加。病牛/羊的阴户显著肿胀，胎儿肝脏有溃疡，无纤维蛋白附着。皱胃内容物涂片镜检可见弯曲杆菌。

(3) 牛/羊布氏杆菌病与牛/羊弓形虫病的鉴别 二者均有牛/羊于妊娠中后期流产，产死胎，胎儿浆膜腔有红色液体等临床症状和病理变化。但二者的区别在于：牛/羊弓形虫病的病原为弓形虫。患病牛/羊有转圈等神经症状，肌肉僵硬，行走困难，呼吸急促，卧地不动，最后昏迷。死胎皮下血样水肿，胎盘子叶肿胀，绒毛叶呈暗红色，其中有白斑或坏死灶，将胎盘或胎儿组织接种小白鼠或培养可见弓形虫。

(4) 牛/羊布氏杆菌病与牛/羊沙门氏菌性流产的鉴别 二者均有妊娠后期流产，流产前阴户肿胀、流黏液，有死胎、弱胎，胎儿浆膜腔有液体等临床症状和病理变化。但二者的区别在于：牛/羊沙门氏菌性流产的病原为沙门氏菌。患病牛/羊的体温升高（40～41℃），胎盘水肿、出血，胎儿的肝脏肿胀、有灰色病灶。

【防治措施】 ①为了摸清养殖场是否有布氏杆菌病存在，每年可定期做血清凝集试验及补体结合试验，及时检出患病牛/羊，以便净化牛/羊群，防止疫情扩大。检出的病畜以淘汰为好。②对流产后继发子宫内膜炎的病牛/羊或胎衣不下而经剥离的病牛/羊，可用0.1%高锰酸钾溶液、0.02%呋喃西林溶液等冲洗子宫和阴道。严重病例可用抗生素及磺胺类药物治疗。③定期给牛/羊接种布氏杆菌病疫苗，可以防止本病的发生。

> 布氏杆菌病是一种严重的人畜共患传染病，主要通过生殖道接触感染。在牛/羊人工授精、人工接产、剖检过程中，要注意个人防护。

九、破伤风

破伤风又称强直症、锁口风和脐带风，是破伤风梭菌引起的一种人畜共患传染病，牛易感。动物机体创伤后，破伤风梭菌在缺氧的伤口内繁殖，产生大量的外毒素，刺激神经而发病。本病常见于去势、钉伤、刺伤和脐部感染之后，其临诊特征为患病牛/羊肌肉强直性痉挛，对外界刺激的反射兴奋性增高。

【流行特点】　破伤风梭菌广泛存在于土壤和草食动物的粪便中。当牛/羊发生创口狭小的外伤时，病菌被带入而致病。因此，破伤风呈散发性流行。

【典型临床症状】　本病潜伏期为1～2周。牛/羊发病时，肌肉僵直，张口困难，运动拘谨，病重时关节不能弯曲；瞬膜凸出；反刍、嗳气停止，瘤胃臌胀；意识正常；受到声响、强光等刺激时，症状加剧。本病的病死率较低。

【典型病理变化】　剖检常无肉眼可见的特殊病理变化。

【鉴别诊断】

（1）牛/羊破伤风与牛/羊瘤胃臌胀的鉴别　二者均有呼吸急促、嗳气、反刍次数减少或完全停止等临床症状。但二者的区别在于：牛/羊瘤胃臌胀为普通病，患病牛/羊不表现牙关紧闭、四肢运动障碍和肌肉强直等症状。

（2）牛/羊破伤风与牛/羊急性风湿症的鉴别　二者均有部分躯体骨肉硬，如四肢拘僵、头颈伸直等临床症状。但二者的区别在于：牛/羊急性风湿症为普通病，患病牛/羊的体温升高1℃以上，病变部位出现结节性肿胀，并伴有痛感，但不会出现瞬膜外露和牙关紧闭等症状。

（3）牛/羊破伤风与牛/羊狂犬病的鉴别 二者均有呼吸急促、牙关紧闭、流涎、瘤胃臌气等临床症状。但二者的区别在于：牛/羊狂犬病的病原为狂犬病病毒。患病牛/羊不会出现瞬膜凸出和木马状，而表现前肢搔地，四肢麻痹，意识混乱或陷入昏迷状态。

【预防措施】 最有效的办法是每年给牛/羊接种1次破伤风类毒素，一律皮下注射2毫升。断脐、去势或发生外伤时，立即用碘酊严格消毒，有条件者，可同时肌内注射破伤风抗毒素1万～3万单位。

【治疗方法】 使病牛/羊于阴暗处，避免声、光刺激。扩大创口，清除脓汁和坏死组织，用3%双氧水（过氧化氢溶液）、1%～2%高锰酸钾溶液或5%碘酊消毒，肌内注射青霉素200万～400万单位。同时随补液静脉注射破伤风抗毒素50万～90万单位（或肌内注射）、40%乌洛托品50毫升。为缓解痉挛，静脉缓慢注射25%硫酸镁50～100毫升。此外，还要进行对症处置，如输液补糖，解除酸中毒及防治并发症等。

十、结核病

结核病是由结核分枝杆菌引起的一种人畜共患的慢性传染病。其临诊特征为在患病牛/羊体组织中形成结核结节性肉芽肿和干酪样、钙化的坏死病变。

【流行特点】 患结核病的牛/羊是本病的传染源，特别是开放性的结核病牛/羊。不同类型的结核杆菌对人及畜禽有交叉感染性。结核杆菌随着鼻汁、唾液、痰液、粪尿、乳汁和生殖器官分泌物排出体外，可污染饲料、饮水、空气和周围环境。通过呼吸道和消化道而感染，犊牛、羔羊以消化道感染为主。本病的发生和流行与环境及饲养管理条件有很大关系，凡外周及小环境不良，如牛/羊舍阴暗潮湿、光线不足、通风不良、牛/羊群拥挤、病牛/羊与健牛/羊同栏饲养、饲料配比不当及饲料中缺乏维生素和矿物质等均可促进本病的发生。

【典型临床症状】 本病潜伏期长短不一，一般为10～45天，长者可达数月，通常呈慢性经过。临床上可分为以下4种类型：

（1）肺结核 病初有短促干咳，逐渐变为湿咳，特别在早晨运动及饮水后趋于明显。随后咳嗽加重、频繁，呼吸数增加，并有浅黄色黏液或脓性鼻液流出（彩图5-9）。肺部听诊有啰音或摩擦音。病牛/羊食欲下降并日渐消瘦，贫血，产奶减少，体表淋巴结肿大，体温一般正常或稍升高。

（2）淋巴结核　各型结核病的淋巴结都可发生病变，特别是颈浅淋巴结、髋下淋巴结（股前淋巴结）、腹股沟淋巴结、颌下淋巴结、咽及颈部等淋巴结肿大（彩图5-10），有时可能破溃形成溃疡。

（3）乳房结核　乳房淋巴结肿大，常在后方乳腺区发生结核。乳房表面呈现大小不等、凹凸不平的硬结，乳房硬肿，乳量减少，乳汁稀薄，混有脓块，严重者有全身症状。

（4）肠结核　本型多见于犊牛和羔羊，表现下痢与便秘交替，继而发展为顽固性下痢，迅速消瘦。当波及肝脏、肠系膜淋巴结等腹腔器官时，直肠检查可以辨认。

【典型病理变化】　剖检特征是患部形成结核结节，以肺脏及其所属淋巴结结核占首位，其次为胸膜、乳房、肝脏、子宫、脾脏、肠结核等。病变脏器有白色或黄色结节（彩图5-11），切面呈干酪化坏死，有的见有钙化；有的坏死组织溶解和软化，排出后形成空洞；胸膜和腹膜可发生密集的结核结节，一般为粟粒大至豌豆大的半透明或不透明灰白色坚硬的结节，形似珠状；胃肠道黏膜可能有大小不等的结核结节或溃疡；肠系膜淋巴结干酪化；乳房结核，在病灶内含干酪样物质。

【鉴别诊断】

（1）牛/羊结核病与牛/羊白血病的鉴别　二者均有体表淋巴结肿大及贫血等临床症状。但二者的区别在于：牛/羊白血病的病原为白血病病毒，病牛/羊无结核结节而有淋巴细胞增多症变化，结核菌素试验呈阴性反应。

（2）牛/羊结核病与牛/羊副结核病的鉴别　二者均有食欲不振，间歇性或持续性腹泻及顽固性腹泻，以及消瘦等临床症状。但二者的区别在于：牛/羊副结核病的病原为副结核分枝杆菌，主要病变是消化道肠系膜淋巴结、回肠黏膜显著肿大，肠系膜淋巴结无干酪样病变。而牛/羊结核病中，患病牛/羊的胃肠道黏膜可能有透明或不透明灰白色坚硬的结节，肠系膜淋巴结干酪化。

（3）牛/羊结核病与牛/羊病毒性腹泻-黏膜病的鉴别　二者均有食欲不振、间歇性或持续性腹泻、消瘦等临床症状。但二者的区别在于：牛/羊病毒性腹泻-黏膜病的病原为病毒性腹泻-黏膜病病毒，患病牛/羊的口腔黏膜上反复发生坏死和溃疡，而牛/羊结核病则无此症状。

第五章

（4）牛结核病与牛传染性胸膜肺炎的鉴别　二者均有短咳、消瘦及产奶量下降等临床症状。但二者的区别在于：牛传染性胸膜肺炎的病原为丝状支原体。剖检病死牛，其肝脏无结核结节，而呈现大理石样病变。结核菌素试验呈阴性反应。

【预防措施】　①查出病牛/羊并予淘汰。②加强牛/羊的营养，饲料中应有充足的蛋白质与维生素，青绿饲料不可缺少。③避免密集饲养，牛/羊舍应干爽、卫生，牛/羊应有充足的户外活动。④本病缺乏良好的疫苗，用卡介苗和鼠型结核菌种来预防牛/羊结核病，虽都能产生一定的免疫力，但不够理想。

【治疗方法】　感染较轻的患病牛/羊，可用链霉素、异烟肼及对氨基水杨酸治疗，但一般难以根治，而且疗程较长，医疗费用大。因此，治疗不是最可取的方法，尤其对开放性的结核病病牛/羊，淘汰处理为上策。

十一、副结核病

副结核病是由副结核分枝杆菌引起的一种慢性消化道传染病。其临诊特征为病牛/羊周期性或持续性腹泻，极度消瘦，肠黏膜增厚并形成脑回样皱褶状。

【流行特点】　病牛/羊及带菌牛/羊是主要的传染源。病原体通过排泄物污染牛/羊舍、饲料、饮水及牧地，健康牛/羊经消化道而感染。本病的发生无季节性，但常见在春秋两季发生，主要呈散发性，有时呈地方流行性。妊娠、分娩、寄生虫病、饲养管理不当、长途运输等是本病发生的诱因。

【典型临床症状】　本病潜伏期长，可以达数月乃至数年，幼龄牛/羊易感性大，但往往牛在 2~5 岁时开始出现症状。症状表现由软便到下痢，从间歇性下痢发展到持续性下痢，继之变为水样的喷射状下痢，粪便混有白色气泡和黏液，恶臭。患病牛/羊逐渐消瘦，泌乳减少，表现虚弱，常卧地上，体温正常。若给以适当治疗，下痢可暂停，但停药不久又复发。病牛/羊高度贫血和消瘦，并伴有水肿（下颌、胸垂、腹部），最后因衰竭而死亡。

【典型病理变化】　以肠系膜淋巴结肿大、肠黏膜肥厚为特征。病变常见于空肠、回肠及结肠前段，病变部肠段收缩变形，肠黏膜高度肥厚，比正常增厚 3~10 倍，形成较硬而弯曲的纵横皱褶，类似脑回样变化，皱褶的某些部位有充血和出血，但无结节、坏死和溃疡，肠黏膜表面覆盖有大量的灰黄色或黄白色黏液。肠系膜淋巴结肿大，切面液体较多，有时见有黄白色湿润病灶，但不发生坏死。

【鉴别诊断】

（1）牛/羊副结核病与牛/羊弯曲杆菌病的鉴别　二者均有食欲不振、腹泻、消瘦等临床症状。但二者的区别在于：牛/羊弯曲杆菌病的病原为弯曲杆菌，患病牛/羊的粪便呈棕黑色，常伴有血液和血凝块，腹泻持续期比牛/羊副结核病短，病理变化也没有牛/羊副结核病那样呈现肠系膜淋巴结肿大和肠黏膜明显肥厚；母牛/羊常发生流产，公牛/羊出现睾丸及附睾肿胀、坏死。

（2）牛/羊副结核病与牛/羊沙门氏菌病的鉴别　二者均有食欲不振、腹泻、消瘦等临床症状。但二者的区别在于：牛/羊沙门氏菌病的病原为沙门氏菌，可引起各种年龄的牛/羊发病，但腹泻持续期相对要短一些。另外，发病初期多数病牛/羊均有些体温变化。病理变化除肠黏膜有出血性炎症外，还可见肝脏、脾脏、肾脏等实质器官有坏死灶，与副结核病以肠系膜淋巴结肿大、肠黏膜肥厚为特征不同。

（3）牛/羊副结核病与牛/羊病毒性腹泻-黏膜病的鉴别　二者均有食欲不振、腹泻、消瘦等临床症状。但二者的区别在于：牛/羊病毒性腹泻-黏膜病的病原为病毒性腹泻-黏膜病病毒，患病牛/羊的口腔黏膜上反复发生坏死和溃疡，而牛/羊副结核病则无此症状。

（4）牛/羊副结核病与牛/羊结核病（肠结核）的鉴别　二者均有食欲不振、下痢、消瘦等临床症状。但二者的区别在于：牛/羊结核病的病原为结核分枝杆菌。剖检病死牛发现其小肠壁不增厚，也无脑回样病变。主要病变呈现肠黏膜溃疡和肠系膜淋巴结干酪化。用结核菌素进行变态反应检查呈阳性。

（5）牛/羊副结核病与牛/羊球虫病、隐孢子虫病的鉴别　三者均有食欲不振、腹泻、消瘦等临床症状。但三者的区别在于：牛/羊球虫病、隐孢子虫病主要发生于犊牛和羔羊，而副结核病则不然。但要明确诊断，需要借助于实验室诊断，即从粪便和直肠刮取物中发现寄生虫卵即为寄生虫病。

【防治措施】　本病无有效的治疗方法。有人报道曾用过许多抗结核药物或抗生素，但均奏效甚微。用一般止泻药只能治标，不能根治本病。病牛/羊以淘汰为宜，以防疾病传播。一切用具、场地要严格消毒。

第五章

十二、牛传染性胸膜肺炎（牛肺疫）

牛传染性胸膜肺炎又称牛肺疫，是由丝状支原体引起的一种接触性传染病，其特征表现为病牛肺小叶间淋巴管的浆液性肺炎和纤维蛋白性胸膜肺炎。

【流行特点】 在自然情况下，本病仅见于牛。病原主要由病牛或貌似健康而实际带菌的牛传播，主要是直接接触病牛，经呼吸道传染。因此，牛舍的卫生条件、饲养方式及牛群密度，对本病的传播起主要作用。本病多发生于寒冷季节，水牛因舍饲期短且群体较小，所以发病较少。

【典型临床症状】 本病潜伏期一般为 2 ~ 4 周。病牛病初症状不明显，多半以体温升高和稀疏的短咳开始，继而食欲减退，反刍迟缓。随病程发展，症状逐渐明显。按其经过不同，分急性和慢性两种类型。

（1）急性型 本型多发生于流行初期，病牛的体温升至 40 ~ 42℃，呼吸加快而困难，呈腹式呼吸。往往每次呼气时发出呻吟声。头颈伸直，前肢开张。按压肋间有痛感，咳嗽增多且痛苦。有时还有浆液性或脓性鼻液流出。胸部叩诊呈浊音或水平浊音。听诊，肺泡音消失或减弱，出现啰音和支气管呼吸音，甚至胸膜摩擦音。后期心音衰弱，胸前和颈部皮下水肿，可视黏膜发绀。病牛全身状况进一步恶化，迅速消瘦，有时腹泻或便秘，最后常死于窒息或心力衰竭。

（2）慢性型 本型多为急性病例转变而来，但也有一开始就取慢性经过的。病牛常发生短咳，使役能力降低，营养不良，极度消瘦，常见胸腹下和颈部皮下水肿，但肺部叩诊及听诊变化不明显。

【典型病理变化】 主要病变在肺脏和胸膜。急性型病例发生浆液纤维蛋白性胸膜炎，胸腔积液，胸膜脏层有或多或少纤维蛋白附着（彩图5-12），切割时可见胸膜下结缔组织浆液浸润。病程稍长的，其间还有坏死灶和肉芽增生。若为慢性的，则出现胸膜与肺脏粘连。

肺脏的病变在病初仅限于小叶范围，呈局灶性充血和炎性水肿。在中期呈典型的浆液纤维蛋白性胸膜肺炎；病肺肿大、增重、变硬，切面可见间质变宽，淋巴管高度扩张，实质往往可同时见到不同时期的肝变（红色、紫红色、灰红色、灰白色或灰黄色等），如大理石样，也可见到坏死区。在后期，肺部病灶坏死，并有不完全包囊形成，有时发生液化崩解，形成脓腔，局部结缔组织增生形成瘢痕。

【鉴别诊断】

（1）牛传染性胸膜肺炎与牛结核病的鉴别　二者均有短咳、腹泻、消瘦及产奶量下降等临床症状。但二者的区别在于：牛结核病的病原为结核分枝杆菌，病牛体表淋巴结均可发生病变，特别是颈浅淋巴结、髂下淋巴结（股前淋巴结）、腹股沟淋巴结、颌下淋巴结、咽及颈部等淋巴结肿大，有时可能破溃形成溃疡。下痢与便秘交替，继而发展为顽固性下痢。剖检可见胸膜和腹膜发生密集的结核结节，一般为粟粒大至豌豆大的半透明或不透明灰白色坚硬的结节，形似珠状。胃肠道黏膜可能有大小不等的结核结节或溃疡。肠系膜淋巴结干酪化。结核菌素试验呈阳性反应。

（2）牛传染性胸膜肺炎与牛恶性水肿的鉴别　二者均有精神不振、发热、局部体表肿胀等临床症状。但二者的区别在于：牛恶性水肿的病原为腐败梭菌等，病牛多发生于外伤、分娩和去势之后，特征是伤口周围呈气性、炎性肿胀，但无咳嗽、流浆液性或脓性鼻液及肺部病灶坏死，并有不完全包囊形成，有时发生液化崩解，形成脓腔，以及局部结缔组织增生形成瘢痕。

【预防措施】　①应尽量不从牛传染性胸膜肺炎流行地区引进牛，万不得已时则应严格检疫，注射牛传染性胸膜肺炎兔化（或绵羊化）弱毒菌苗3周后运输，运回后再隔离观察一段时间方可混群。②如在常发病地区，则应定期注射菌苗，注射后如果有反应，应进行治疗。③在牛传染性胸膜肺炎暴发地区，除迅速封锁疫区、隔离或扑杀病牛外，其他牛应注射菌苗，用具与牛舍等要彻底消毒，待最后一头病牛处理后3个月内再无病牛出现才可解除封锁。但康复的牛仍可能长期带菌，成为传染源，因此疫区的牛仍不可向非疫区出售。

【治疗方法】　病牛可用土霉素或链霉素治疗，按每千克体重5～10毫克肌内注射，每天1次，连用1周。或者新胂凡纳明（914），按每100千克体重用药1克，以灭菌水做10%稀释，一次静脉注射。5～7天后看情况再次用药，但一般不超过3次。此外，可结合病情，配合应用强心、祛痰、利尿、健胃等药物进行辅助治疗。

十三、大肠杆菌病

大肠杆菌病是由致病性大肠杆菌引起的新生犊牛、羔羊的急性传染病。其临诊特征为患病牛/羊剧烈下痢及全身败血症，并迅速陷入衰竭、脱水和酸中毒。

【流行特点】 本病多见于7~10日龄的犊牛和羔羊。在冬、春舍饲期，牛/羊舍潮湿、寒冷、通气不良、气候突变、拥挤、场地污秽等，发病较多；营养不足，饲料中缺乏足够的维生素、蛋白质，乳房不洁，出生后犊牛、羔羊未食初乳或哺乳不及时或哺乳过多、过少等也可促使本病的发生或病情加重。下痢是本病较缓和的一种形式。肠毒血症有较高的死亡率，但不多见。败血症的病情最急，病死率也最高，多发生于不吮初乳或未及时获得初乳中母源抗体的犊牛、羔羊。本病的主要感染途径是消化道，也可能经子宫内感染和脐带感染。

【典型临床症状】 本病潜伏期很短，多数仅数小时。常以下痢、败血症及肠毒血症形式出现。下痢病犊病初体温升至40℃左右，精神委顿，食欲减少或废绝，虚弱，拱背，卧地，数小时后即下痢，粪呈黄色或灰白色并呈泡沫粥样或水样，粪中有未消化的凝乳块及凝血块。病犊常死于脱水和酸中毒。病程延长则出现肺炎、关节炎等症状。若及时治疗，一般可以治愈，但生长不良。肠毒血症型多发生在未吮过初乳的7日龄以内的犊牛和羔羊。病牛/羊多以突然发病而死亡，病程稍长者则可见典型的中毒性神经症状（沉郁、昏迷），死前常出现剧烈的腹泻症状。败血症型主要发生于未吮过初乳的7日龄以内的犊牛和羔羊。本型病程短促，多数病例体温上升和精神委顿，腹泻或有或无，有的病例未见腹泻而在症状出现后数小时至1天内死亡。病程延长者，则因关节炎、胸膜炎而死亡。

【典型病理变化】 死于败血症及肠毒血症的犊牛和羔羊，常无特异的病变。由于下痢而死亡的病犊，尸体消瘦，黏膜苍白，呈急性胃肠炎变化。胃内有凝乳块，胃黏膜充血、水肿，皱褶部分出血，表面附有黏液；肠内容物常混有血液和气泡，肠黏膜充血、水肿和出血；肠系膜淋巴结肿大，切面液体较多或充血；肝脏、肾脏苍白，有些病例被膜下有出血点；心内膜也有出血点。

【鉴别诊断】

（1）牛/羊大肠杆菌病与牛/羊沙门氏菌病的鉴别 二者均有体温升高（40~41℃），下痢，粪带黏液、血液，精神委顿，虚弱，拱背，卧地，以及肠黏膜充血等临床症状和病理变化。但二者的区别在于：牛/羊沙门氏菌病的病原为沙门氏菌，断乳或断乳不久的犊牛和羔羊最易感，育成牛和育成羊常在夏季早秋发病，粪恶臭。剖检可见肠黏膜水肿，附有黏液，并含有小血块。心内膜有小出血点。用单克隆抗体可快速诊断。

（2）**牛/羊大肠杆菌病与牛/羊弯曲杆菌病的鉴别**　二者均有精神委顿、体温升高、下痢、肠黏膜充血等临床症状和病理变化。但二者的区别在于：牛/羊弯曲杆菌病的病原为弯曲杆菌，可感染不同年龄的牛/羊，表现急性腹泻症，排出黄绿色或灰褐色甚至有大量黏液和血液的粪便，虽然传染性强，但全身症状轻微，病死率很低。

（3）**牛/羊大肠杆菌病与犊牛、羔羊梭菌性肠炎的鉴别**　二者均有精神委顿、体温升高、下痢、肠黏膜充血等临床症状和病理变化。但二者的区别在于：犊牛、羔羊梭菌性肠炎的病原是 B 型产气荚膜梭菌，以急性出血性和坏死性肠炎为特征，剖检可见小肠黏膜出血及坏死，与大肠杆菌病肠黏膜血、出血、水肿不同。肠内容物可检出 B 型产气荚膜梭菌。

（4）**牛/羊大肠杆菌病（肠炎型）与牛/羊球虫病的鉴别**　二者均有体温升高（40～41℃）、下痢含血、精神委顿等临床症状。但二者的区别在于：牛/羊球虫病的病原为球虫。患病牛/羊迅速消瘦，贫血。粪检有球虫卵囊。

（5）**牛/羊大肠杆菌病（肠炎型）与犊牛、羔羊消化不良的鉴别**
二者均有腹泻、粪有气泡、虚弱、肠炎等临床症状。但二者的区别在于：犊牛、羔羊消化不良无传染性，体温不升高，粪中有白色小凝块（无机盐类）、凝乳块，有酸臭味。牛/羊 2～3 月龄后发病数逐渐减少。

【预防措施】　①加强饲养管理，保持牛/羊舍干燥、清洁，分娩前后母牛/羊的乳房保持洁净。②初生犊牛、羔羊应及时喂以初乳，避免犊牛、羔羊过饱或过饥。③败血性大肠杆菌血清型很多，可用自家菌苗于产前接种。O9K30、K99 制成死菌苗对预防犊牛下痢有一定效果。

【治疗方法】

（1）**抗菌消炎**　对犊牛、羔羊下痢可应用抗生素药物治疗，如庆大霉素、新霉素、链霉素、磺胺咪、诺氟沙星等。大肠杆菌容易产生抗药菌株，若遇有抗药性菌株应更换敏感药物。

1）土霉素、链霉素或新霉素，内服的初次剂量为每千克体重用30～50毫克，12 小时后剂量可减半，连服 3～5 天。或者以每千克体重10～30 毫克的剂量肌内注射，每天 2 次。

2）磺胺咪，口服，每次 20～30 克，每天 2～3 次。

3）诺氟沙星，口服，每千克体重 10 毫克，每天 2 次。

4）口服高锰酸钾溶液即可收到较好的效果，每次4~8克，配成0.5%高锰酸钾水溶液灌服，每天2~3次。

（2）补液 有脱水症状的，静脉注射5%葡萄糖生理盐水500~1000毫升，或者在其中加入碳酸氢钠或乳酸钠等注射液，以预防酸中毒。

（3）调整胃肠机能 根据具体病情应用相应的健胃止泻剂。例如，碱式硝酸铋（5~10克）、白陶土（50~100克）、活性炭（10~20克）等，保护肠道黏膜，减少毒素的吸收，以促使病牛/羊早日康复。或者可进行灌肠，促使病牛/羊肠内有毒物质和腐败物质排出。

提示 及时隔离腹泻病牛/羊，清理粪便，对排粪点进行严格消毒，是防止疫情蔓延的基本措施。由于临床上大肠杆菌菌株耐药性不同，选用抗生素前最好做药敏试验，根据药敏结果选择有针对性药物。

十四、牛/羊沙门氏菌病（犊牛/羔羊副伤寒）

牛/羊沙门氏菌病又称犊牛/羔羊副伤寒，是由沙门氏菌（鼠伤寒沙门氏菌和都柏林沙门氏菌）所引起的一种犊牛、羔羊的急性传染病，常见于10~40日龄的犊牛和羔羊，其临诊特征为患病犊牛、羔羊表现败血症和胃肠炎，慢性病例还可表现为肺炎和关节炎。

【流行特点】 本病主要侵害10~40日龄的犊牛和羔羊。犊牛和羔羊通常是由于采食了患病牛/羊和带菌牛/羊粪尿污染的饲料、饮水等而感染发病，带菌母牛/羊有时还可通过乳汁排出病菌。未喂初乳、乳汁不良、断奶过早、寒冷潮湿、寄生虫侵袭等因素可促使本病的发生。本病往往呈流行性发生，成年牛/羊呈散发性流行。

【典型临床症状及典型病理变化】

（1）腹泻型 犊牛、羔羊发病后，体温可高达40~41℃，食欲废绝，不久排出灰黄色液状粪便，混有黏液、血液，具有恶臭味。多数患病犊牛、羔羊因脱水而死亡，未死者可能发生关节肿或支气管肺炎。

（2）流产型 成年牛/羊的症状多不明显或取隐性经过，少数表现严重下痢，粪便带血，剧烈腹痛，并可很快死亡。妊娠牛/羊流产。流产前阴户肿胀、流黏液，产死胎和弱仔。即使病牛/羊的症状消失，仍可随粪便排菌，污染外界，造成新的传染。

急性死亡的病例，主要病变为胃肠黏膜、浆膜有出血斑，肠系膜淋巴结出血、水肿，肝脏、脾脏、肾脏可能有坏死灶。

【鉴别诊断】

（1）牛/羊沙门氏菌病（腹泻型）与牛/羊大肠杆菌病（肠炎型）的鉴别　二者均有体温高（40.5～41℃），精神委顿，下痢，粪有黏液和血液，虚弱，以及肠黏膜充血等临床症状和病理变化。但二者的区别在于：牛/羊大肠杆菌病的病原为大肠杆菌，主要侵害7～10日龄的犊牛和羔羊，潜伏期短，多数只有几小时，以下痢、败血症及肠毒血症形式出现，粪便中有未消化的凝乳块及凝血块，病牛/羊常很快死亡。病程稍长者，常出现剧烈腹泻及中毒性神经症状。这些均与沙门氏菌病不同。用单克隆抗体诊断制剂利于诊断。

（2）牛/羊沙门氏菌病（腹泻型）与牛/羊副结核病的鉴别　二者均有腹泻、衰弱卧地、肠黏膜增厚（水肿）、肠系膜淋巴结肿大等临床症状和病理变化。但二者的区别在于：牛/羊副结核病的病原为副结核分枝杆菌，潜伏期长达数月或数年。患病牛/羊保持食欲，消瘦、脱毛，剖检可见肠系膜淋巴结肿大、变软，有黄白色病灶。病料涂片抗酸性染色、镜检，可见红色细小杆菌。

（3）牛/羊沙门氏菌病（腹泻型）与牛/羊弯曲杆菌性腹泻的鉴别　二者均有体温升高、食欲减退、腹泻、精神委顿、虚弱等临床症状。但二者的区别在于：牛/羊弯曲杆菌性腹泻的病原为弯曲杆菌。患病牛/羊以肠管呈现不同程度的坏死性及出血性肠炎为主，而且不见肝脏、脾脏、肾脏的坏死灶。

（4）牛/羊沙门氏菌病（腹泻型）与牛/羊球虫病的鉴别　二者均有体温升高（40～41℃），食欲减退，腹泻，粪中含血并有恶臭，精神委顿，以及卧地不起等临床症状。但二者的区别在于：牛/羊球虫病的病原为球虫。粪检有球虫卵囊。剖检可见十二指肠、回肠黏膜有粟粒至豌豆大的结节成簇分布。

（5）牛/羊沙门氏菌病（腹泻型）与犊牛、羔羊梭菌性肠炎的鉴别　二者均有精神委顿，体温高，下痢，肠黏膜充血等临床症状和病理变化。但二者的区别在于：犊牛、羔羊梭菌性肠炎的病原是B型产气荚膜梭菌，以急性出血性和坏死性肠炎为特征，剖检可见小肠黏膜出血及坏死。另外，梭菌性肠炎主要发生在犊牛和羔羊，病死率高。沙门氏菌病在临床上以败血症和腹泻为特征，除胃、肠黏膜有出血点外，肠系膜淋巴结出血、水肿，肝、脾、肾可见坏死灶，以此可大体区别，必要时可进行实验室诊断，B型产气荚膜梭菌为两端钝圆的革兰氏阳性大杆菌，有荚膜；沙门氏菌则是革兰氏阴性小杆菌，无荚膜，有鞭毛。

（6）牛/羊沙门氏菌病（流产型）与牛/羊布氏杆菌病的鉴别　二者均有妊娠后期流产，流产前阴户肿胀、流黏液，产死胎和弱仔，胎儿浆膜腔有液体等临床症状和病理变化。但二者的区别在于：牛/羊布氏杆菌病的病原为布氏杆菌。患畜胎衣黄色胶样浸润，覆有纤维蛋白絮片和脓液，绒毛叶有黄绿色纤维蛋白絮片或脂肪样浸出物，胎儿皮下胶样浸润。用布氏杆菌水解素作尾根皮内注入，呈阳性反应。

（7）牛/羊沙门氏菌病（流产型）与牛/羊地方流行性流产的鉴别　二者均有流产，胎儿浆膜腔内有液体等临床症状和病理变化。但二者的区别在于：牛/羊地方流行性流产的病原为鹦鹉支原体。患畜妊娠后感染不流产，有时产一病一健双犊。用子宫排出物涂片镜检，可见红色原生小体、蓝色初级小体。

（8）牛/羊沙门氏菌病（流产型）与牛/羊弯曲杆菌性流产的鉴别　二者均有预产前6周流产，流产前2～3天阴户肿胀并流带血黏液；流产胎儿水肿，肝有坏死点，浆膜腔内有渗出液等临床症状和病理变化。但二者的区别在于：牛/羊弯杆菌性流产的病原为弯曲杆菌。畜群开始流产不多，1个月后迅速增加，流产胎儿肝坏死点直径1～3厘米，容易破裂、出血。皱胃内容涂片镜检可见弯曲杆菌。

【预防措施】　①加强对幼牛/羊和母牛/羊的饲养管理，保持环境卫生，减少诱病因素。②用副伤寒氢氧化铝菌苗进行预防接种（用法参见说明书）。③发生本病后除隔离治疗病牛/羊外，对其他牛/羊应取其直肠拭子或阴道拭子，进行沙门氏菌检查，及时检出带菌牛/羊，并予以淘汰。④死亡牛/羊的尸体应深埋或烧毁，同时对圈舍、用具进行彻底消毒。

【治疗方法】　口服复方新诺明，每千克体重70毫克，首次量加倍，每天2次。沙门氏菌易产生抗药性，如果用一种药物无效，可换用另一种，如诺氟沙星等（用法参见大肠杆菌病）。下痢较重时，应对症治疗，及时输液，以防脱水（参见胃肠炎）。

十五、李氏杆菌病

李氏杆菌病是由李氏杆菌引起的一种人畜共患传染病。牛/羊患这种病后常表现运动失调、肌肉震颤等脑神经症状。本病发病率不高，但病死率很高。

【流行特点】 各种畜禽都可感染发病。发病牛/羊和带菌动物排出病菌，污染周围环境。此外，该菌还可在青贮饲料中增殖，当牛/羊采食了这种含有大量病菌的青贮饲料，即可感染发病。本病也可通过呼吸道、眼结膜和破损的皮肤感染。本病主要发生于寒冷季节。

【典型临床症状及典型病理变化】 成年牛/羊主要表现为神经症状。头颈因一侧性麻痹而偏向一侧（彩图 5-13 和彩图 5-14），并沿该方向做圆圈运动，遇到障碍以头抵撞。有时吞咽肌麻痹而大量流涎。最后卧地不起，强行翻身，又迅速翻转过来。妊娠母牛/羊常流产，但不伴发脑症状。幼犊常伴发败血症，血液中单核细胞明显增多。病牛/羊绝大多数迅速死亡。剖检病变不明显，只见脑膜轻度充血和炎症，幼犊有肝灶状坏死和胃肠出血。

【鉴别诊断】

（1）**牛/羊李氏杆菌病与牛/羊弓形虫病的鉴别** 二者均有体温高（41.5℃），转圈，肌肉僵硬，流鼻液，犊牛、羔羊急性死亡，以及妊娠牛/羊流产等临床症状。但二者的区别在于：牛/羊弓形虫病的病原为弓形虫，剖检可见脑坏死灶有弓形虫。

（2）**牛/羊李氏杆菌病与牛/羊妊娠毒血症的鉴别** 二者均有减食或废食，视力减退，意识障碍，卧地四肢划动，肝脏有小坏死点等临床症状和病理变化。但二者的区别在于：牛/羊妊娠毒血症无传染性。患病牛/羊妊娠后期发病，多表现营养不良，血检总蛋白和血糖少，血酮增多，尿丙酮阳性。

（3）**牛/羊李氏杆菌病与牛/羊脑软化症的鉴别** 二者均有转圈、角弓反张、吞咽困难、视力消失、卧地四肢划动、脑软化等临床症状和病理变化。但二者的区别在于：牛/羊脑软化症无传染性。患病牛/羊的体温不高，剖检脑多为一侧软化，镜检无 V 字形细菌。

【预防措施】 平时注意杀虫灭鼠，不喂变质的青贮饲料。发现病牛/羊（或其他发病畜禽）应立即隔离、消毒。

【治疗方法】 早期大剂量地应用青霉素、土霉素或磺胺嘧啶钠，可能有效，但病牛/羊出现神经症状时则难以奏效。

十六、坏死杆菌病

坏死杆菌病是由坏死杆菌引起的多种家畜共患的一种慢性或亚急性

传染病，其临诊特征为病畜受害的皮肤、皮下组织和消化道黏膜发生坏死，排出特臭的气体。由于畜体发生部位不同而有腐蹄病、犊白喉等名称。

【流行特点】 坏死杆菌为革兰氏阴性菌，能产生外毒素引起组织水肿，其内毒素则使组织坏死。它广泛存在于土壤等自然界中，也常存在于健康牛的扁桃体和消化道黏膜上，通过粪便和唾液排出而污染环境。皮肤、黏膜和消化道一旦发生损伤，就有可能感染发病。牛/羊群密集拥挤，饲养地泥泞潮湿，并且杂有碎石和煤渣等，或者长期在低洼潮湿地放牧，采食带刺植物等，可促使本病发生。本病常见于奶牛，犊牛更易发生，主要通过损伤的皮肤、黏膜感染，有时可经血液散布全身而形成坏死灶。

【典型临床症状及典型病理变化】

（1）腐蹄病 本型成年多发。病初跛行，找不到创口，但蹄部发热肿胀，极为疼痛。不久系部以下肿胀，皮肤破裂有渗出液，趾间或蹄后部皮肤出现坏死区（彩图5-15），坏死灶内充满灰黄色恶臭的脓汁，有时可蔓延到滑液囊、腱、韧带和关节。严重者蹄匣变形或脱落，全身症状恶化，继发脓毒败血症而死亡。

（2）犊白喉（坏死性口炎） 犊牛常在长齿期间易发生坏死性口炎，俗称白喉。本型的潜伏期为3～7天。病初厌食，体温升高，流涎，有鼻漏。有时咳嗽和呼吸困难。颊、齿龈、软腭、舌缘及咽后壁黏膜发生坏死，坏死灶表面附有污褐色粗糙的伪膜，伪膜脱落后露出溃疡面。若病变在喉头，尚有颌下水肿及严重的呼吸困难。如果蔓延至肺部则引起致死性支气管肺炎。未治疗者，通常于4～5天死亡，也有延至2～3周者。如果转移至肠，可引起坏死性肠炎而出现下痢。此外，还可引起坏死性脐炎、腹膜炎、瘤胃炎、肝脓肿、包皮炎等，若治疗不及，病牛可继发脓毒败血症而死亡。

【鉴别诊断】

（1）牛坏死杆菌病（腐蹄病）**与牛蹄部干性坏疽的鉴别** 二者均有蹄部皮肤坏死、干燥、皱缩、硬固等临床症状。但二者的区别在于：牛蹄部干性坏疽无传染性，多因火烧、强酸等原因造成。病牛体温不高。

（2）牛/羊坏死杆菌病（腐蹄病）**与牛/羊系部皮炎的鉴别** 二者均有系部以下肿胀，皮肤破裂并有渗出液等临床症状。但二者的区别在于：牛/羊系部皮炎无传染性。初期有热痛和瘙痒，但不形成溃疡，不流污臭分泌物，体温不升高。

（3）牛/羊坏死杆菌病（犊白喉）与牛/羊普通咽炎的鉴别　二者均有咽喉肿胀，呼吸和吞咽困难等临床症状。但二者的区别在于：牛/羊普通咽炎无传染性。患病牛/羊颌下不水肿，口腔无溃疡、无伪膜。

【预防措施】　①保持场地的清洁、干燥，防止外伤。②在养殖场场区、栏舍出口设置10厘米深的消毒坑，内放10%硫酸铜或10%福尔马林溶液，以便牛/羊出入时消毒蹄部。③发生外伤后要及时处理。④适当补充钙粉，防止犊牛、羔羊异食乱啃。

【治疗方法】

1）改善环境卫生。对腐蹄病，先彻底清除患部坏死组织，然后用1%高锰酸钾溶液或3%来苏儿冲洗，涂上5%～10%碘酊，或者撒布冰硼散，用1%甲醛酒精绷带多层包扎后，涂熔化的柏油或裹以石膏，防止绷带脱落或污物渗入。

2）对于犊白喉，小心除去伪膜，用1%高锰酸钾水冲洗口腔，然后涂擦碘甘油，每天1～2次，直到痊愈。为防止病菌转移，可肌内注射抗菌药物，如青霉素100万～200万单位/次，每天2次。

3）有体温升高等并发症时，应注射抗生素或采取其他必要的对症疗法，如强心补液等。

注意　在本病的治疗中，要采用局部和全身配合治疗的方法。在局部治疗中，要对外伤伤口进行外科方法处理；在全身治疗中，可采用注射青霉素、四环素、土霉素、磺胺类药物等方法，同时配合强心、解毒等进行对症治疗。

十七、弯曲杆菌病

弯曲杆菌病又称弧菌病，是由弯曲杆菌所引起的人和动物的不同疾病的总称。与人、畜有关的主要有两种病型：由胎儿弯曲杆菌引起牛、羊暂时性不育和流产；由空肠弯曲杆菌引起人、马、牛、羊等的急性肠炎。

1. 弯曲杆菌性流产

弯曲杆菌性流产是由胎儿弯曲杆菌性病亚种和胎儿弯曲杆菌胎儿亚种引起的疾病。前者寄生在牛/羊的生殖器官中，可引起牛/羊不育、流

第五章

产；后者寄生在牛/羊的肠内，可引起牛/羊流产。

【流行特点】　发病母牛/羊和带菌公牛/羊及康复后的母畜是传染源。病菌存在于母牛/羊的生殖道、流产胎盘和胎儿组织中，以及公牛/羊的阴茎上皮和包皮的穹窿部。公牛/羊可带菌数月，甚至数年。带菌时间往往与年龄有关，3岁以上的公羊和5岁以上的公牛一般带菌时间长。

母牛/羊感染1周即可从阴道子宫颈黏液中分离到病菌，感染后3周至3个月菌数最多，3~6个月后多数可自愈。本病几乎全部由于交配和人工授精而传播。成年母牛/羊和公牛/羊易感性高。

【典型临床症状】　公牛/羊一般无明显症状，精液也正常，但可带菌。

母牛/羊呈现卡他性子宫内膜炎和输卵管炎。表现阴道黏膜发红，黏液分泌增多。发病母牛/羊的发情周期不规律，配种受胎率高低差异大。流产多发生于妊娠的第5~7个月（80%以上），流产率为5%~10%。早期流产，胎衣常随之排出；后期流产，往往胎衣滞留、水肿。

【典型病理变化】　剖检可见胎膜粗糙、水肿、严重充血或有出血点，并覆盖一层脓性纤维蛋白物质；胎盘有些地方呈现浅黄色或覆盖有灰色脓性物；子宫内膜呈卡他性炎症或化脓性内膜炎；流产胎儿的肝脏、脾脏和淋巴结呈现程度不同的肿胀，甚至有时可见散布着炎性坏死小病灶。发病母牛/羊常有输卵管炎、卵巢炎或乳腺炎。发病公牛/羊的精囊常有出血和坏死病灶，睾丸和附睾坏死，呈灰黄色。

【防治措施】　牛群暴发本病时，暂停配种3个月，并用抗生素治疗，特别要注意局部的治疗，如对公牛/羊，在硬脊膜轻度麻醉后，拉出阴茎，连同包皮用多种抗生素制成的软膏（青霉素、链霉素、土霉素等）涂搽阴茎和包皮黏膜。向母牛/羊子宫内投放链霉素和四环素族抗生素，连续5天。染病的公牛/羊最好淘汰。有报道应用佐剂菌苗免疫预防本病，可增强对胎儿弯曲杆菌感染的抵抗力而提高繁殖率。

2. 弯曲杆菌性腹泻

弯曲杆菌性腹泻与空肠弯曲杆菌有关，该菌寄生在肠内，可引起人、畜肠炎。

【流行特点】　本病主要发生于秋冬舍饲牛/羊，不良的气候和饲养管理可促进本病的发生，大小牛/羊均可感染，但成年牛/羊病情较重，乳用牛带菌率达29.4%。本病呈地方性流行，流行期为3天至3周。发病过的牛/羊群可产生一定的抵抗力，因此在一次流行后3~4年很少再发生本病。病牛/羊和带菌动物从粪中排菌并污染饲料和饮水，经消化道传播。人和动物及用具也可以机械地传播本病。

【典型临床症状】 本病潜伏期为2～3天。患病牛/羊表现突然发病，食欲不振，排出水样稀粪。一个牛群常在一夜里约有20%牛发生腹泻，粪呈棕黑色，有腥臭味，粪中有血液和血凝块。2～3天可波及80%的牛。除少数严重病例外，多数病牛体温、食欲无明显变化。奶牛的产奶量下降50%～95%。大多数病牛于3～5天恢复，很少死亡。腹泻停止后1～2天，产奶量逐渐回升。少数严重病牛/羊（占发病牛/羊的5%～10%），可出现衰弱、脱水、不能站立等症状，但若能及时治疗，也很少发生死亡。

【典型病理变化】 本病呈现不同程度坏死性及出血性肠炎的病变。

【鉴别诊断】

（1）牛/羊弯曲杆菌病（弯曲杆菌性流产）**与牛/羊衣原体性流产的鉴别** 二者均有流产，流产后再妊娠不再流产，胎儿水肿，体腔有血色液体等临床症状和病理变化。但二者的区别在于：牛/羊衣原体性流产的病原为鹦鹉热衣原体。患病牛/羊常并发死胎或胎衣滞留，子宫分泌物涂片染色、镜检可见浅红色原生小体和浅蓝色初级小体。

（2）牛/羊弯曲杆菌病（弯曲杆菌性流产）**与牛/羊布氏杆菌病的鉴别** 二者均有易在妊娠后第3～4个月流产，流产前2～3天阴户流带血黏液等临床症状。但二者的区别在于：牛/羊布氏杆菌病的病原为布氏杆菌，患病牛/羊常并发子宫内膜炎等。公牛/羊有睾丸炎。胎衣有黄色胶样浸润，并附着纤维素蛋白絮片和脓液。胎儿皮下有出血性胶样浸润，皱胃有浅黄色或白色黏液、絮状物。用布氏杆菌水解素0.2毫升进行尾根皮内注射，48小时表现红肿热痛为阳性。

（3）牛/羊弯曲杆菌病（弯曲杆菌性腹泻）**与牛/羊大肠肝菌病的鉴别** 二者均有体温升高，精神委顿，下痢，虚弱，拱背卧地，肠黏膜充血等临床症状和病理变化。但二者的区别在于：牛/羊大肠杆菌病的病原是大肠杆菌，主要侵害7～10日龄的犊牛和羔羊，潜伏期很短，多数只有几小时，以腹泻、败血症及肠毒血症形式出现，腹泻粪便中有未消化的凝乳块及凝血块。败血症型主要发生于未吮过初乳的7日龄以内的犊牛和羔羊，病程短促，有的病例未见腹泻而在数小时至1天内死亡。肠毒血症型多发生在未吮过初乳的7日龄以内的犊牛和羔羊，常突然发病而死亡。病程稍长者常出现突然的腹泻症状及中毒性神经症状（沉郁、昏迷)。

(4) 牛/羊弯曲杆菌病（弯曲杆菌性腹泻）**与牛/羊副结核病的鉴别**　二者均有体温升高，精神委顿，下痢，虚弱等临床症状。但二者的区别在于：牛/羊副结核病的病原是副结核分枝杆菌，患病牛/羊腹泻从间歇性发展到持续性，由于持续性腹泻，病畜高度贫血和消瘦，并伴有下颌、胸垂、腹部水肿。传染性没有弯曲杆菌性腹泻强。此外，病理剖检，副结核病以肠系膜淋巴结肿大、肠黏膜增厚为特征。对副结核病还可用副结核菌素进行皮试，应为阳性，此点也可加以区别。

(5) 牛/羊弯曲杆菌病（弯曲杆菌性腹泻）**与牛/羊沙门氏菌病的鉴别**　二者均有体温升高，精神委顿，下痢，虚弱等临床症状。但二者的区别在于：牛/羊沙门氏菌病的病原是沙门氏菌，虽然可引起各种年龄牛/羊发病，但主要侵害10～40日龄的犊牛和羔羊，其病理变化主要是肝脏、脾脏、肾脏等实质器官有坏死灶；而弯曲杆菌性腹泻以肠道呈现出血性及坏死性肠炎为主。此外，沙门氏菌病的流行面没有弯曲杆菌性腹泻大。

(6) 牛/羊弯曲杆菌病（弯曲杆菌性腹泻）**与牛/羊病毒性腹泻-黏膜病的鉴别**　二者均有体温升高，精神委顿，下痢，虚弱等临床症状。但二者的区别在于：牛/羊病毒性腹泻-黏膜病的病原是病毒性腹泻-黏膜病病毒，病牛口腔黏膜有坏死性病变，腹泻可呈现持续性，以此即可与弯曲杆菌性腹泻相区别。

【预防措施】　控制传染源及切断传播途径，加强粪便管理及无害化处理，不让粪便污染饲料及水源，加强屠宰场所的卫生管理，尽量防止胴体染菌。

【治疗方法】　主要进行对症治疗和抗生素治疗。常用药有复方新诺明、黄连素（小檗碱）、庆大霉素、四环素、诺氟沙星等。疗程一般为3～5天。一般用药后3天内可见效果。也可补液，应用葡萄糖生理盐水静脉注射。对个别用药效果不明显者，应考虑病原菌产生了耐药性，应根据药敏试验结果，改用敏感性药物。

十八、羊肠毒血症

羊肠毒血症是由D型产气荚膜梭菌感染所引起的一种急性接触性传染病。本病的主要临诊特征是病羊发病急、病程短，死后肾组织软化，因而得名"软肾病""类快疫"。

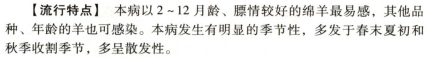

【流行特点】　本病以 2 ~ 12 月龄、膘情较好的绵羊最易感，其他品种、年龄的羊也可感染。本病发生有明显的季节性，多发于春末夏初和秋季收割季节，多呈散发性。

本病的病原菌在自然界分布广泛，病羊与带菌羊都可以作为传染源，病原菌以芽孢的形式在环境中长期存在，羊群采食被污染的饲料、饮水而感染。健康羊的消化道内也有本菌，正常情况下，大多数的病原菌被皱胃内的酸液所杀死，仅有少量存活并产生毒素，但可随消化道的蠕动而被消除，不引发疾病。但当饲料突然改变，特别是从干草改吃大量谷类或青嫩多汁和富有蛋白质的草料之后，导致胃内菌群失调，D 型产气荚膜梭菌大量繁殖，产生毒素，毒素在肠道内积聚，进入血液后，引发毒血症。

【典型临床症状】　本病的症状可见两种类型：一类以抽搐为特征，羊在倒地前，四肢强烈划动，肌肉颤抖，眼球转动，磨牙，于 2 ~ 4 小时死亡；另一类以昏迷和静静死亡为特征，较前者病程稍缓，可见病羊步态不稳，以后卧地，感觉过敏，流涎，上下颌"咯咯"作响，继而昏迷，角膜反射消失，有的可见腹泻，于 3 ~ 4 小时静静地死去。

【典型病理变化】　病变常见于消化道、呼吸道、心血管系统。皱胃含有未消化的饲料，肠道某些区段急性发炎（彩图 5-16）；肺脏出血、水肿；心包扩大、积液，常见有 50 ~ 60 毫升的灰黄色液体和纤维素絮块；肾脏软化，像脑髓一样（彩图 5-17）。

【鉴别诊断】

（1）**羊肠毒血症与羊快疫的鉴别**　二者常不显症状即使羊死亡，并均有病羊不愿动、昏迷、心包积液等临床症状和病理变化。但二者的区别在于：羊快疫的病原为腐败梭菌。吃霜冻饲料为诱因。病羊腹胀，有疝痛，体温升高，强迫运动时步态失调。剖检可见皱胃有出血性炎症，幽门部黏膜可见大小不等的出血斑点及坏死区，胸腹腔有大量积液，接触空气即凝固。肝触片镜检可见腐败杆菌。

（2）**羊肠毒血症与羊猝狙的鉴别**　二者均在发病数小时死亡，有的不现症状即死，并均有衰弱、痉挛，心包积液等临床症状和病理变化。但二者的区别在于：羊猝狙的病原为 C 型产气荚膜梭菌。病羊疝痛。剖检可见小肠黏膜有糜烂、溃疡。骨骼肌刚死无异常，8 小时后有血样液和气性裂。体腔液可分离病菌，小肠内容无 β 毒素。

（3）**羊肠毒血症与羊黑疫的鉴别**　二者均常不显症状即突然死亡，

并均有食欲废绝、昏迷至死、心包有积液、心内膜出血等临床症状和病理变化。但二者的区别在于：羊黑疫的病原为诺维氏梭菌。多发于 2～4 岁肥绵羊，体温升高（41.5℃），俯卧至死。剖检可见皮肤呈暗黑色，皮下静脉显著充血，肝脏有凝固性坏死灶，四周有鲜红带，肝脏坏死灶中可分离出诺维氏梭菌。

（4）羊肠毒血症与羊炭疽的鉴别　二者均有肌肉抽搐，磨牙，病不久死亡等临床症状。但二者的区别在于：羊炭疽的病原为炭疽杆菌（竹节状）。病羊全身痉挛，天然孔流血，死后尸体极易腐败，尸僵不全，炭疽沉淀反应呈阳性。

【预防措施】　①在经常发病的地区，应定期进行疫苗接种，可使用羊快疫、羊猝狙、羊肠毒血症三联苗、五联苗或厌氧菌七联干粉苗，接种后 2 周即可产生免疫力，可持续 6 个月。羔羊可通过初乳而获得抵抗力，因而可在 5 周龄时再进行接种。②在本病常发季节，在饲料中加入金霉素可预防肠毒血症。③当羊群发病时，可立即搬圈，更换牧场，改变饲养方式，加强运动，增强肠道的蠕动，能有效地控制疾病蔓延。

【治疗方法】　本病发病急，一般来不及治疗，病程稍长的病例用抗生素或磺胺类药物结合强心、镇静对症治疗。

1）青霉素 80 万～160 万单位、链霉素 50 万～100 万单位肌内注射，8～12 小时注射 1 次。

2）病程在 6 小时以上的，用磺胺咪 8～12 克（第一天服 1 次，第二天分 2 次服）、硅碳银 10～20 克内服，每天 2 次。

3）如已妊娠 2 个月以上，用黄体酮 20～30 毫克皮下注射，每天 1 次，连用 2～3 次，防止流产。

4）用樟脑磺酸钠 2～4 毫升、维生素 C 2～4 毫升、复合维生素 B 2～4 毫升皮下注射，12 小时注射 1 次。

十九、钩端螺旋体病

钩端螺旋体病是由钩端螺旋体感染而引起的一种自然疫源性人畜共患传染病。临床上以发热、贫血、黄疸、血红蛋白尿、出血性素质、皮肤及黏膜坏死等为特征。

【流行特点】　鼠、猪是最重要的病菌贮藏宿主。发病牛/羊和带菌动物是主要传染源，它们通过尿液等方式向外排出大量病菌，严重污染水源、土壤、饲料、圈舍和用具。易感牛/羊经眼结膜、消化道、生殖

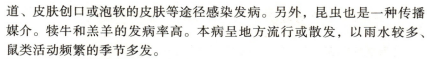

道、皮肤创口或泡软的皮肤等途径感染发病。另外，昆虫也是一种传播媒介。犊牛和羔羊的发病率高。本病呈地方流行或散发，以雨水较多、鼠类活动频繁的季节多发。

【典型临床症状】　本病的潜伏期为 2 ~ 20 天。可分为以下 3 种类型：

（1）急性型　犊牛、羔羊容易发病，体温突然升高到 40 ~ 41.5℃，呈稽留热，食欲废绝，精神萎靡。心跳加快，呼吸困难。可视黏膜黄染，有出血斑点。排出红色的血红蛋白尿。1 ~ 2 月龄的犊牛很快死亡。

（2）亚急性型　体温突然升高到 39 ~ 40.5℃，食欲不振，反刍减少或停止，产奶量迅速减少，机体消瘦。乳房松软，乳汁呈红色或褐黄色，常有凝乳块。排出红色血红蛋白尿，可视黏膜黄染。妊娠牛/羊发生流产。皮肤坏死。

（3）慢性型　体温呈间歇热，病牛/羊食欲减少，呼吸浅表，消瘦，呈现黄疸和贫血症状，黏膜坏死。反复发作，病程达 3 ~ 5 个月或更长。

【典型病理变化】　剖检可见口腔黏膜溃疡；皮肤上有坏死灶，皮下组织黄染、水肿；肝脏肿大，呈黄褐色或红褐色；肺气肿或水肿；肾脏肿大，表面有灰白色病变或出血斑点，呈现间质性肾炎变化；肠系膜淋巴结肿大；膀胱内有红色积尿；体腔内有出血性液体，胎盘水肿，胎儿皮下水肿。

【预防措施】　①定期监测，及时清除带菌动物，杀蚊灭鼠，杜绝传染源。②用漂白粉或 2% 氢氧化钠溶液消毒被污染的水源、饲料、畜舍、用具等，以防感染和散播。③定期预防接种含有当地流行菌型的钩端螺旋体多价灭活菌苗，肌内注射 2 次，间隔 1 周，用量为 10 ~ 15 毫升。免疫期约 1 年。加强饲养管理，提高畜群的抗病力。

【治疗方法】

1）青霉素、链霉素、先锋霉素、四环素、土霉素对本病都有一定疗效，每天肌内注射 2 次，连续 5 天为 1 个疗程。配合补充体液，甚至输给全血，疗效更好。对可疑感染的牛/羊，可在饲料中混入土霉素（每千克饲料加 0.75 ~ 1.5 克），连喂 7 天。

2）可皮下注射免疫血清（100 ~ 200 毫升）进行治疗。

二十、放线菌病

放线菌病又称大颌病，是由放线菌引起的牛、羊和其他家畜及人的一种非接触性的慢性传染病，牛最易感染。其临诊特征为在患病牛/羊的舌、颌骨、头部及颈部皮肤发生化脓的结缔组织增生性硬肿——放线菌肿。

【典型临床症状】 常在舌、唇、下颌骨、乳房出现损害。病牛/羊下颌骨肿大，肿胀发展缓慢，最初的症状是下唇和面部的其他部位增厚，经过几个月才在增厚的皮下组织中形成直径达 5 厘米左右、单个或多个的坚硬结节，有时皮肤化脓破溃，形成瘘管，从瘘管中排出脓液。病羊不能采食，消瘦，衰弱。舌和咽部感染时，组织肿胀变硬，流涎，咀嚼困难。乳房患病时，呈弥漫性肿大或有局灶性硬结。

【典型病理变化】 在受害器官的个别部分，有扁豆粒至豌豆粒大小的结节样生成物，这些小结节聚集而形成大结节，最后变为脓肿。脓肿中含有乳黄色脓液，其中有大量放线菌。这种肿胀是化脓性微生物增殖的结果。当细菌侵入骨骼（颌骨、鼻甲骨、腭骨等）后，骨骼逐渐增大，形似蜂窝。这是由于骨质稀疏和再生性增生的结果。切面常呈白色，光滑，其中镶有细小脓肿。也可发现有瘘管通过皮肤或引流至口腔。在口腔黏膜上有时可见溃烂，或呈蘑菇状生成物，圆形，质地柔软，呈褐黄色，病期长久的病例，肿块可能会钙化。

【预防措施】

1）避免在低洼、潮湿地区放牧。

2）舍饲的牛/羊，最好将干草、谷糠等浸软，避免刺伤口腔黏膜。

3）严格执行饲养管理及兽医卫生制度，特别是防止皮肤、黏膜发生损伤。有伤口时应及时处理。

【治疗方法】 硬结可用外科手术切除，若有瘘管形成，要连同瘘管彻底切除。切除后的新创腔，要用碘酊纱布填塞，1～2 天更换 1 次；伤口周围注射 10% 碘仿醚或 2% 鲁戈氏溶液。内服碘化钾，每天 2～5 克，可连用 2～4 周；在用药过程中如出现碘中毒现象（脱毛、消瘦和食欲缺乏等），应暂停用药 5～6 天或减少剂量。抗生素治疗也有效，可同时用青霉素和链霉素注射于患病部周围，青霉素每千克体重 1 万～1.5 万单位，链霉素每千克体重 10 毫克，连用 5 天为 1 个疗程。

第六章 牛、羊寄生虫病的诊治

一、牛蛔虫病

牛蛔虫病又称牛弓首蛔虫病，是由牛弓首蛔虫寄生于犊牛小肠而引起的一种寄生虫病。牛弓首蛔虫仅寄生于 6 月龄前的犊牛，引起犊牛腹泻和死亡。

【虫体特征及生活史】 牛弓首蛔虫为黄白色，体表光滑，表皮半透明，形似蚯蚓，为前后两端略尖的大型圆柱状线虫。雄虫长 15～25 厘米，雌虫长 22～30 厘米。

雌虫在牛小肠内产卵，随粪便排到外界环境中，在适宜的温度及湿度下 7 天左右发育为感染性虫卵。当母牛吃草或饮水时将这种虫卵吞下，在小肠内孵出幼虫，幼虫穿过肠黏膜进入母牛体内，潜伏于组织中，当该母牛妊娠时，幼虫即开始活动，经胎盘进入胎儿体内，随血液循环经肝脏、肺脏、气管、咽转入胎儿消化道，或者幼虫在母牛体内移行至乳腺，随乳汁被犊牛吞食，在小肠内寄生，至犊牛生后约 4 个月，虫体成熟（图 6-1）。

【典型临床症状及典型病理变化】 犊牛感染后精神不振，步态蹒跚，食欲减退或废绝，胃肠臌胀，腹泻，消瘦。早期还会出现咳嗽及便秘。严重时可导致死亡。

剖检在小肠内发现黄白色的牛弓首蛔虫虫体，或者在血管、肺脏里找到移行期幼虫。

根据临床症状和粪便检查出虫卵（可采用直接涂片法或饱和盐水浮集法检出虫卵）即可确诊。

【预防措施】

1）加强粪便管理。及时清除粪尿，保持厩舍卫生。粪便应堆积发酵，彻底杀灭虫卵。

2）定期进行药物驱虫。在犊牛 1 月龄和 5 月龄时各进行 1 次驱虫。

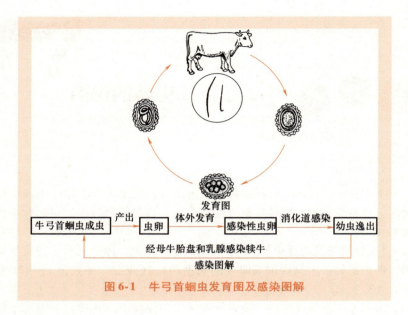

图 6-1　牛弓首蛔虫发育图及感染图解

【治疗方法】

(1) 抗蠕敏（阿苯达唑）　按每千克体重 5 毫克，混入饲料或配成混悬液一次口服。

(2) 左旋咪唑　按每千克体重 8 毫克，混入饲料或饮水中一次口服。

(3) 驱蛔灵（枸橼酸哌嗪）　按每千克体重给药 200~250 毫克，一次口服。

(4) 敌百虫　按每千克体重 40~50 毫克，一次口服。

一般要想杀死蛔虫卵，必须用 60℃ 以上的 2%~5% 热碱水、20%~30% 热草木灰才有效。

二、胃肠线虫病

引起牛/羊胃肠线虫病的线虫种类很多，主要有捻转胃虫、钩虫、结节虫、阔口圆虫和鞭虫，可单独感染，也可混合感染。患病牛/羊表现有消瘦、贫血、水肿、下痢等症状。

【虫体特征及生活史】

(1) 捻转胃虫　该虫寄生于皱胃，偶见于小肠。新鲜虫体为浅红

色，长 15～30 毫米，毛发状。雌虫在牛/羊的皱胃产卵，卵随粪便排到外界，在适宜温度和湿度下 7 天左右发育为感染性幼虫，牛/羊吞入这样的幼虫即受感染，经 20～30 天发育为成虫。

（2）**钩虫**　该虫寄生于小肠内。虫体长 10～30 毫米，灰褐色，头部常向背面弯曲呈钩状。雌虫在小肠内产卵，卵随粪便排到外界，在适宜温度和湿度下 8 天左右发育成感染性幼虫。幼虫感染宿主有两个途径：一是经口感染后幼虫进入宿主肠道，以口固定于小肠壁上发育为成虫；二是经皮肤进入血液循环到肺脏，再经支气管、气管进入消化道发育为成虫。

（3）**结节虫**　该虫寄生于大肠。幼虫寄生于肠黏膜形成结节，故名结节虫。成虫为乳白色，头端弯曲，长 10～20 毫米。虫卵在外界孵化为感染性幼虫后，经口进入宿主消化道，钻入大肠黏膜形成结节。在大肠内 8 天左右发育为成虫。

（4）**阔口圆虫**　该虫寄生于结肠及盲肠。长 15～30 毫米，虫体前端略向腹面弯曲，呈浅黄色。雌虫在宿主肠道产卵并随粪便排到外界，在适宜条件下发育为感染性幼虫，牛/羊吞食该幼虫而感染，经 50 天左右在肠道中发育为成虫。

（5）**鞭虫**　该虫寄生于盲肠。长 35～80 毫米，头端细如毛发，深深钻入肠黏膜中，尾端粗大，形似鞭子。虫卵随粪便排到外界，在适宜条件下 10～14 天发育为感染性虫卵，牛/羊吞入虫卵而感染。

【典型临床症状】　牛/羊感染后，由于体质强弱和感染程度不同而呈现不同的症状。在重度感染时，患病牛/羊可出现消瘦，食欲减退，贫血，黏膜苍白，肠炎，腹泻，身体下垂部水肿，被毛粗乱，生长发育受阻，严重感染时可导致患病牛/羊死亡。

根据临床症状，结合粪便化验发现大量虫卵可以确诊。

【预防措施】　①加强粪便管理，将粪便集中在适当的地点进行生物热处理，以消灭虫卵和幼虫。②注意放牧和饮水卫生，夏季避免吃露水草，避免在低凹的牧地上放牧，不要在清晨、傍晚或雨后放牧，以减少感染机会。③禁饮低洼地区的积水和死水，应饮干净的流水和井水。④根据当地流行病学资料做出计划，适时进行预防性驱虫。⑤实行分区轮牧，适时转移牧场，最好是不同种牲畜进行轮牧。⑥加强饲养管理，合理补充精料，增加机体的抗病力。⑦坚持每年春秋两季进行定期驱虫。有条件的可以进行寄生虫虫卵监测，粪便中发现有大量虫卵时及时驱虫。

【治疗方法】

（1）**阿苯达唑**　按每千克体重 5～10 毫克，混合于饲料一次喂服，对以上各种线虫均有效。

（2）**噻苯达唑**　按每千克体重 30～75 毫克，配成 5%～10% 的悬液口服。除鞭虫外，对其他胃肠道线虫效果很好。

（3）**左旋咪唑**　按每千克体重 5～6 毫克，一次口服；或者按每千克体重 3～4 毫克，配成饮水，也可收到满意的驱虫效果。

三、肺丝虫病

肺丝虫病又称网尾线虫病，是由胎生网尾线虫引起的一种寄生虫病。临床上以咳嗽、气喘和肺炎为主要症状。

【虫体特征及生活史】　胎生网尾线虫寄生在支气管中，呈弦线状，长 4～7 厘米。成虫产出含有蜷曲幼虫的虫卵，虫卵随痰液到口腔再被牛/羊吞下，最后随粪便排出体外。在粪便排出时，其虫卵中的幼虫常常已经破壳逸出。幼虫在外界环境中生活数日，经二次蜕皮变成感染性幼虫，牛/羊采食时将幼虫食入，经肠壁穿入肠系膜淋巴结，再经淋巴管到血液进入肺部，钻入肺泡及支气管发育为成虫。

【典型临床症状】　一般虫体在支气管内刺激支气管黏膜，形成炎症，致使分泌物增多，有时和虫体一起阻塞支气管，从而引起肺气肿。感染严重时，患病牛/羊会出现咳嗽，鼻涕呈浅黄色，呼吸困难，贫血，消瘦。肺气肿严重时，患病牛/羊会窒息死亡。

根据临床症状，取鼻液或粪便，如果发现幼虫，即可确诊。

【预防措施】　①保持牛/羊场和牛/羊舍清洁卫生，并且注意饮水卫生。②定期驱虫，在高发区一年驱虫 2 次。

【治疗方法】

（1）**左旋咪唑**　按每千克体重 8 毫克，一次口服。

（2）**丙硫苯咪唑**　按每千克体重 8 毫克，拌料一次饲喂。

（3）**伊维菌素**　按每千克体重 200 毫克，皮下注射。

四、眼虫病

眼虫病也称吸吮线虫病，由吸吮线虫引起，虫体主要寄生在牛/羊的眼部，包括结膜囊、第三眼睑和泪管。患病牛/羊主要呈现结膜炎、角膜炎。

【虫体特征及生活史】　吸吮线虫虫体较小，长 10～20 毫米，新鲜虫体呈乳白色、线状，体表有锯齿状横纹。蝇类为吸吮线虫的中间宿主。雌虫在牛/羊的瞬膜内产卵，当蝇类吸吮牛/羊眼分泌物时，幼虫被吸入，随后在蝇体内发育为感染性幼虫，当蝇类吸吮其他牛/羊眼分泌物时，又将感染性幼虫传播给健康牛/羊，幼虫经 15～20 天发育为成虫。成虫可在牛/羊眼内生存 2 年左右。

【流行特点】　各种年龄的牛/羊均可感染，以犊牛和放牧牛多见。本病有明显的季节性，5～6 月开始发病，8～9 月达到高峰。

【典型临床症状】　病初结膜潮红、畏光流泪、眼睑肿胀，随后症状加重，从眼内流出黏液脓性分泌物，角膜混浊，出现圆形或椭圆形的溃疡，严重时可致一眼或双眼失明。

一般在眼部能观察到游动的虫体。

【防治措施】

1）消灭中间宿主。在流行季节，大力灭蝇；也可在眼部加挂防蝇帘。

2）成虫期前驱虫。在 6 月和 7 月上旬，以 1% 敌百虫或 2% 噻苯达唑溶液滴眼，进行全群性驱虫。

3）及时治疗发病牛/羊。

① 磷酸左旋咪唑，按每千克体重 8 毫克，口服，连服 2 天，有杀虫效果。

② 1% 敌百虫，滴眼，有杀虫效果。

③ 用 2%～3% 硼酸或 1/1500 碘溶液或 2/1000 海群生（枸橼酸乙胺嗪）或 0.5% 来苏儿，强力冲洗结膜囊，以杀死或冲出虫体。

④ 2% 可卡因滴眼，虫体受刺激后由眼角爬出，然后用镊子将虫体取出。

五、绦虫病

绦虫病由多种绦虫引起，常呈地方性流行。它不仅可使犊牛、羔羊发育不良，而且可引起犊牛、羔羊死亡。

【虫体特征及生活史】　引起牛/羊绦虫病的病原寄生虫有莫尼茨绦虫、曲子宫绦虫及无卵黄腺绦虫。其中以莫尼茨绦虫产生的危害最为严重，并且常见。虫体的共同特征为黄白色长带状，由头节、颈节和许多体节组成，最长可达 5 米。成熟体节（含大量虫卵）及虫卵随粪便排到外界，被中间宿主地螨吞食，在其体内 1 个月左右发育为具有感染力的似囊尾蚴，牛/羊吞食这种地螨，似囊尾蚴即在宿主肠中翻出头节，吸附在肠黏膜上发育成成虫而致病（图6-2）。

【典型临床症状】 由于绦虫虫体大，容易造成肠管变窄，并且吸收体内大量营养，从而造成患病牛/羊精神沉郁，消化不良，有时便秘，有时腹泻，一般粪便中含有绦虫的节片，牛/羊会出现消瘦、贫血、慢性臌气等症状，从而导致病牛/羊衰竭。有时很多成虫聚集在肠内，引起肠套叠、阻塞等。

本病主要危害犊牛和羔羊。犊牛、羔羊病初表现为精神不振、消瘦、离群，粪便变软，后发展为腹泻，粪

带虫牛
（终末宿主）

似囊尾蚴

成熟体节
（孕节）

吃入虫卵的地螨
（中间宿主）

图6-2 牛绦虫生活史

中含黏液和孕节。进而症状加剧，衰弱，贫血。有时有明显的神经症状，如无目的地运动，步态蹒跚，有时震颤。患神经型的莫尼茨绦虫病的牛/羊往往以死亡告终。

根据症状可检查粪便，如果有绦虫节片就可确诊。

【预防措施】 ①在放牧后4～5周时进行绦虫成熟前驱虫。第一次驱虫后2～3周，最好再进行第二次驱虫。驱虫的对象主要是犊牛和羔羊，但成年牛/羊一般为带虫者，是重要的感染源。因此，对它们的驱虫仍不应忽视。②污染的牧地，特别是潮湿的森林牧地，空闲2年后才可以净化。土地经过几年的耕作后，地螨数量可大大减少，有利于莫尼茨绦虫的预防。有条件的可以采取轮牧的方式。③应避免在雨后的清晨和傍晚放牧，以减少感染机会。

【治疗方法】

（1）硫氯酚（别丁） 按每千克体重50毫克，一次口服。

（2）阿苯达唑 按每千克体重10～20毫克，制成1%水悬液灌服。

（3）吡喹酮 按每千克体重10～15毫克，一次口服，疗效很好。

六、多头蚴病

多头蚴病又称脑包虫病，是由一种寄生于犬、狼等肉食动物的多头绦虫的幼虫（称为多头蚴）在牛/羊的脑组织中寄生引起的寄生虫病。该虫的幼虫体呈囊状，开始有豌豆大，以后逐渐生长到鸡蛋大，呈水泡状，所以又叫脑包虫。牛发病后常发生不由自主的转圈运动，所以民间称本病为"转场风"。

【虫体特征及生活史】　多头蚴为多头绦虫的中绦期，为乳白色半透明囊泡，圆形或卵圆形，大小取决于寄生部位、发育的程度及动物种类。直径约为5厘米或更大。囊壁由两层膜组成，外膜为角质层，内膜为生发层，上面有100~250个原头蚴，头节具有4个圆形吸盘，囊内充满透明液体。

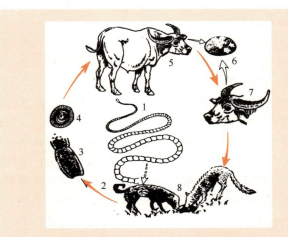

图6-3　多头蚴生活史图及图解

1—成虫　2—孕节随终末宿主的粪便排出体外　3—孕节　4—虫卵　5—中间宿主　6—脑包虫　7—脑包虫寄生的部位　8—健康的犬、狼、狐狸吞食了病脑，在小肠中发育为成虫

该虫的成虫寄生于犬、狼等终末宿主的小肠内，脱落的孕节随粪便排出体外，虫卵逸出污染饲料或饮水。牛、羊等中间宿主因吞食虫卵而感染，六钩蚴钻入肠壁血管，随血流到达脑和脊髓中，幼虫生长缓慢，2~3个月发育为具感染性的脑多头蚴。被血流带到其他部位的六钩蚴，不能继续发育而迅速死亡。犬、狼等食肉动物吞食含脑多头蚴的脑、脊

髓而感染。原头蚴吸附于肠壁上而发育为成虫，在犬体内正常发育期为41～73天（图6-3）。

【典型临床症状】　本病的症状随虫体寄生部位不同具有不同的临诊特征，病牛/羊除消瘦、精神沉郁、减食外，主要呈现以灶性症状为主的神经系统症状。常常卧地不起，对外界事物反应迟钝，一侧眼出现视力衰退或失明，有的将头偏向一侧，并做旋转运动，步态不稳，站立时四肢外展或内收。有时将头高抬或低垂，垂头者常盲目前进，直到将头抵于某物体时则呆立不动。在脑包虫寄生部位，头骨往往变软。

【预防措施】　①犬对本病的流行起很大作用，故应扑杀野犬，对家犬每年进行2次驱虫。驱虫可用槟榔，根据犬的大小给以5～10克；或者吡喹酮，按每千克体重2.5～5.0毫克，口服。②对患有脑包虫的动物，死后头部应严防被犬等吞食，以免造成犬等动物感染。手术治疗时从脑内取出的囊体必须销毁。

【治疗方法】　可采用外科手术自脑内将囊体取出。首先判定脑内虫体的位置，一般认为多在圆圈运动时的圆心侧和病眼的对侧。如果触诊能感到颅骨有软化区，则多数虫体即位于其下方。

部位确定后，患部剃毛消毒，做"U"字形切口，揭开皮肤以相反方向"U"字形切开骨膜后，对颅骨进行圆锯，取下骨片，以较粗的针头垂直插入至有液体自针孔流出，再接上注射器，吸取囊液并吸着囊包膜，将针头抽出时囊体部分也将被吸出，即用镊子夹紧，边捻转边缓慢地将囊体拖出，而后按外科处理，缝合伤口。经手术后病状即缓解，也可用药物治疗，试用丙硫苯咪唑按每千克体重10毫克，口服。

七、囊尾蚴病

囊尾蚴病也称囊虫病，由人体无钩绦虫的中绦期幼虫引起，囊尾蚴（即囊虫）主要寄生于牛/羊的舌肌、咬肌、肋间肌等处，严重时几乎在所有肌肉内均有寄生。

【虫体特征及生活史】　牛/羊的囊尾蚴一般为白色、半透明、黄豆粒大小的小泡囊，头节上有4个吸盘，并且没有顶突和小沟。

无钩绦虫寄生在人的小肠中，孕节脱落后，随粪便排出体外，牛/羊采食了被污染的水和饲料后，虫卵进入牛/羊的身体，破膜释放出六钩蚴，然后六钩蚴进入肠系膜，随血液进入肌肉，经11周左右发育成囊尾蚴（图6-4）。

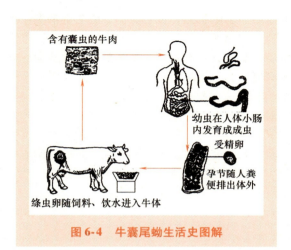

含有囊虫的牛肉

幼虫在人体小肠内发育成成虫

受精卵

孕节随人粪便排出体外

绦虫卵随饲料、饮水进入牛体

图 6-4　牛囊尾蚴生活史图解

【典型临床症状】　牛/羊轻微感染时，不表现症状，只有严重感染时，一般才表现体温升高，肌体虚弱，伴发腹泻，食欲减退或废绝，反刍减少或停止，症状严重时会出现呼吸困难、心跳加快，治疗不及时会引起死亡。

牛/羊的囊尾蚴主要寄生在深部肌肉中。宰杀病牛/羊后可发现囊尾蚴。

【防治措施】　①加强肉食品检验，发现有囊尾蚴的牛/羊肉应及时处理，防止本病传播。②加强个人卫生，杜绝虫卵污染水源和饲料。③治疗。对发病牛/羊可用吡喹酮治疗，按每千克体重30毫克，一次口服。

八、棘球蚴病

牛/羊棘球蚴病是由多种棘球绦虫的幼虫寄生在牛/羊的肝脏、肺脏和其他器官内而引起的一种寄生虫病，是危害严重的人畜共患病。

【虫体特征及生活史】　棘球蚴一般呈球形，直径为5~10厘米，内含大量液体，囊壁分两层，外层为乳白色的角质膜，内层为生发膜，也叫胚层，胚层向内延伸形成育囊。

牛/羊采食了犬排出的孕节或虫卵后，卵内的六钩蚴在消化道逸出进入肠壁，随血液或淋巴进入全身器官后，发育成棘球蚴。

【典型临床症状】　棘球蚴寄生数量不多时，症状不明显，只在剖检时见有虫体寄生。但在寄生数量多而同时虫体长大的情况下，可见长期顽固性的消化扰乱、营养失调、反刍无力、臌气、消瘦、黄疸，大量虫体寄生于肺部时，可出现呼吸困难、咳嗽等肺炎症状，叩诊可发现局限性半浊音区，听诊肺泡音弱或消失。肝脏受侵害时肿大，触诊时有疼痛感，叩诊肝浊音区扩大。

【典型病理变化】 剖检可见肝脏、肺脏等实质器官内有棘球蚴。本病生前诊断比较困难，在剖检发现虫体方可确诊。

【防治措施】 ①保持牛/羊舍和饲料、水源的卫生，防止犬粪污染。②对犬定期驱虫，每季度1次，常用氯硝柳胺和氢溴槟榔碱。氯硝柳胺，每千克体重用15毫克；氢溴槟榔碱，每千克体重用2毫克，口服，均有效。③病牛/羊的脏器应焚烧和煮熟后应用。

九、血吸虫病

牛/羊血吸虫病有2种：一种是由日本血吸虫引起的日本血吸虫病；另一种是由鸟毕血吸虫引起的鸟毕血吸虫病，两种均为人畜共患病。

【虫体特征及生活史】

（1）日本血吸虫 该虫为线形虫体，雌雄异体，正常寄生时雌雄虫呈合抱状态，长10~26毫米（图6-5）。雌虫在肠系膜静脉及门静脉处产卵，卵随血流进入肝脏和肠壁，形成虫卵肉芽肿，芽肿向肠腔破溃，虫卵进入肠腔随粪便排出，落入水中，在适宜条件下孵出毛蚴。毛蚴侵入中间宿主——钉螺，在其体内发育为具有感染力的尾蚴。尾蚴从螺体逸出进入水面游动，遇到易感宿主经皮肤或消化道感染，再经血流移行到门静脉和肠系膜静脉中寄生，发育为成虫。

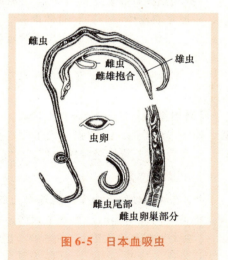

图6-5 日本血吸虫

（雌虫、雄虫、雌虫雌雄抱合、虫卵、雌虫尾部、雌虫卵巢部分）

（2）鸟毕血吸虫 该虫雌雄异体，线状，长约5毫米。寄生于门静脉血管的雌虫产卵，卵经肠壁进入肠腔后随粪便排出，在水中孵出毛蚴，钻入中间宿主椎实螺体内，约经3周发育为具有感染力的尾蚴，尾蚴遇易感宿主便侵入皮肤，移行到肠系膜静脉，2~3个月发育为成虫（图6-6）。

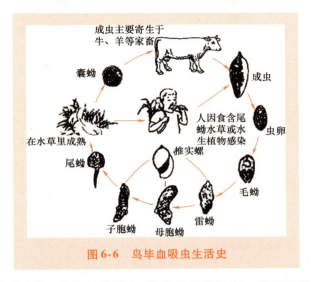

图6-6　鸟毕血吸虫生活史

【**流行特点**】　本病以幼龄牛/羊发病率为最高，症状最重。血吸虫病呈地区性流行。日本血吸虫病主要见于长江流域及南方各省、自治区，鸟毕血吸虫病主要见于东北地区和内蒙古地区。血吸虫病于夏秋两季发生较多。

【**典型临床症状**】　急性型病例体温升高达40℃以上，呈不规则的间歇热，有的呈稽留热，精神迟钝，离群呆立，减食消瘦，后期腹泻甚至大便失禁，排出物多呈糊状，夹杂有血液和黏液团块。患病牛/羊严重贫血，虚弱无力，起卧困难。最后或因病情进一步恶化而死亡，或转为慢性型。慢性型较多见，症状多不明显，但逐渐消瘦，役用牛使役能力下降，奶牛产奶量下降，母牛不发情、不受孕，妊娠牛流产。犊牛和羔羊患病后往往发育不良，成为侏儒牛、侏儒羊。

【**典型病理变化**】　对死后或濒死的牛/羊进行剖检，可在肠系膜静脉和门静脉内发现虫体。

【**防治措施**】

1）采取灭螺措施。以土埋法或药物等方法进行灭螺。

2）加强粪便管理。发病牛/羊和带虫牛/羊的粪便，必须在无害化处理后再利用。同时，要管理好水源，防止污染。

3）对发病牛/羊进行驱虫治疗。

① 血防846（六氯对二甲苯），肌内注射时用油溶液，每天每千克体重用药40毫克，5天为1个疗程。如果出现副作用，可对症处理。口服时用片剂，每天每千克体重100~200毫克，连用10天为1个疗程。

② 硝硫氰胺，该药效果好，副作用小。每千克体重用1.5~2毫克，静脉注射。

③ 吡喹酮，该药为目前较为理想的杀血吸虫药，被广泛应用于人、畜血吸虫病的治疗。每千克体重用30毫克，一次口服。

> 血吸虫病是一种人畜共患的寄生虫病，其防治工作尤为重要。

十、肝片吸虫病

肝片吸虫病也称肝蛭病，由肝片形吸虫引起，是一种人畜共患的寄生虫病，以急性或慢性肝炎、胆管炎为特征。

【虫体特征及生活史】 肝片形吸虫寄生于肝胆管中，新鲜虫体呈棕红色，柳叶状，虫体大小一般为（20~30）毫米×（8~13）毫米。成虫在胆管中产卵，卵随胆汁进入肠管，再随粪便排出体外。在水中孵出毛蚴，毛蚴钻进中间宿主椎实螺体内发育成许多尾蚴，尾蚴离开螺体，吸附在水草上，然后脱去尾部，形成囊蚴，牛/羊在吃草或饮水时吞食了囊蚴而感染。在消化液的作用下，幼虫破囊而出，经十二指肠胆管开口进入肝胆管，或者经血流到达肝胆管，也可经腹腔直接进入肝胆管。经童虫阶段发育为成虫，成虫在肝胆管中能存活5年之久（图6-7）。

【流行特点】 本病的发生由于受中间宿主椎实螺的限制而有地区性，易在低洼地、湖浸草滩、沼泽地带流行，干旱年份流行轻，多雨年份流行重。夏季为主要感染季节。

【典型临床症状】 轻微感染时，成年牛/羊的症状不明显，而犊牛和羔羊症状严重。发病牛/羊食欲减退，反刍减少，逐渐消瘦，经常发生瘤胃臌气、贫血、水肿，有时出现下痢和腹泻。后期出现精神沉郁，奶牛产奶量下降，妊娠的牛/羊可出现流产，由于出现急、慢性肝炎，可出现可视黏膜黄染，最后衰竭死亡。

图6-7 牛肝片吸虫生活史图解

【典型病理变化】 剖检病死牛/羊，可在肝胆管中发现肝片形吸虫虫体。

诊断时，可通过粪便检查虫卵和皮内变态反应来确诊。

【防治措施】

1）加强粪便管理。把平时或驱虫后的粪便收集在一起，掺入杂草堆积发酵。

2）消灭中间宿主。配合农田水利建设，填平低洼水泡子，使椎实螺无滋生地；水面可放养鸭子，捕食椎实螺；也可用氨水、氯硝柳胺等药物灭螺。

3）安全放牧。避免在低洼潮湿的牧地放牧和饮水，以减少感染机会。

4）进行定期驱虫。在疫区，对牛每年春秋两季各驱虫1次。

① 六氯乙烷，按每千克体重0.2～0.4毫克，一次口服。此药可引起瘤胃臌胀，因此在驱虫前1天和驱虫后3天内，不要喂富含蛋白质和易发酵的饲料。

② 硫氯酚（别丁），按每千克体重用药40～50毫克，做成舔剂经口投服。

③ 四氯化碳，按每100千克体重用2.5～5毫升，分点肌内注射，效果良好。

④ 硝氯酚，该药为治疗肝片吸虫病的特效药之一，每千克体重用药

3～4毫克，拌入饲料中喂服。针剂按每千克体重用药0.5～1毫克，深部肌内注射。

⑤ 碘醚柳胺，该药对肝片吸虫的成虫及在发育中的童虫都有很强的驱杀作用，用量为每千克体重10毫克，口服。

⑥ 阿苯达唑，对牛/羊肝片吸虫病有良好的作用，对童虫效果差。用量为每千克体重15～25毫克，口服。

　　肝片吸虫病是一种人畜共患的寄生虫病，其防治工作突显重要。

十一、前后盘吸虫病

前后盘吸虫病是由前后盘科的各属吸虫寄生于牛、羊等反刍动物的瘤胃和胆囊壁上而引起的一种吸虫病。当大量童虫在移行时或成虫寄生在瘤胃、小肠、胆管和胆囊时，可引起严重的疾患，甚至发生大批死亡。

【虫体特征及生活史】 前后盘吸虫的种类很多，其形态大小也不一样，小的只有几毫米，大的长达20毫米左右，颜色不同，有浅红色、深红色和灰白色。但其有共同特征：一般虫体呈圆锥状和圆柱状，表面光滑无刺，有前后两个吸盘，腹吸盘位于虫体后端，明显大于口吸盘。

虫卵随粪便排出体外，在合适的环境中发育成毛蚴，在水中遇到中间宿主——淡水螺，在淡水螺体内，经胞蚴、雷蚴发育成尾蚴，离开淡水螺后形成囊蚴。牛/羊采食囊蚴后感染，囊蚴先在小肠、胆管、胆囊、皱胃黏膜上寄生3～8周，最后进入瘤胃发育成成虫。

【典型临床症状】 少量的成虫对牛/羊的危害比较轻微，但当大量虫体寄生时，即产生明显的临床症状。患病牛/羊表现为体质消瘦、下颌水肿、贫血等临床症状。童虫对动物的危害更加严重，童虫在移行期间可引起小肠和皱胃黏膜水肿、出血，发生出血性胃肠炎，或者使肠黏膜发生坏死和纤维素性炎症。胆管、胆囊膨胀，内含童虫。患病牛/羊在临床上表现为顽固性下痢，粪便呈粥样或水样，常有腥臭味；体温有时升高，食欲减退，精神委顿，消瘦，贫血，颌下水肿，黏膜苍白，最后患病牛/羊极度衰弱，表现为恶病质状态，卧地不起，因衰竭而死亡。

【典型病理变化】 剖检时可见在瘤胃、胆囊、小肠等处有大量虫体。

本病可根据症状和粪便中检出大量虫卵（采用水洗沉淀法或尼龙筛兜集卵法）而做出诊断。

【防治措施】

1）做好粪便发酵处理，消灭中间宿主，并且禁止牛/羊饮用感染幼虫的水。

2）定期驱虫，每年春秋两次驱虫。

① 硫氯酚（别丁），按每千克体重用40毫克，一次口服。

② 硝氯酚，按每千克体重用5毫克，一次口服。

③ 硫溴酚，按每千克体重用30毫克，一次口服。

十二、胰阔盘吸虫病

阔盘吸虫病也称胰蛭病，由阔盘属吸虫（主要有胰阔盘吸虫）寄生在牛/羊的胰脏、胰管内引起发病。

【虫体特征及生活史】　寄生于牛/羊胰管的阔盘吸虫主要有3种，即胰阔盘吸虫、腔阔盘吸虫和枝睾阔盘吸虫。虫体呈棕红色，长椭圆形，扁平，稍透明，吸盘发达，故名阔盘吸虫。虫体长5～16毫米，宽2～6毫米。3种阔盘吸虫的生活史相似，都要经过成虫、虫卵、毛蚴、胞蚴、尾蚴和囊蚴等阶段，都必须更换2个中间宿主。成虫在胰管产卵，虫卵随胰液进入肠道，然后又随粪便排到体外，虫卵被第一中间宿主——陆地蜗牛吞食，在其体内经毛蚴、母胞蚴发育成子胞蚴。子胞蚴离开蜗牛体被第二中间宿主——草螽或针蟀吞食，子胞蚴在其体内形成尾蚴，最后发育为具有感染力的囊蚴，牛/羊吞食草螽或针蟀后被感染。囊蚴到达牛/羊十二指肠后，囊壁崩解，后期尾蚴脱囊而出，并顺胰管开口进入胰脏，再经60天左右发育为成虫（图6-8）。本病呈地区性流行，多发生在比较低洼潮湿的山间草场上，因为这些地方适于蜗牛及草螽生存，也是牛/羊经常放牧与饮水的地方。牛/羊的感染季节为8～9月，发病时间为第二年2～3月。

【典型临床症状】　一般由于虫体在胰管内，刺激胰管，从而造成胰管发炎，甚至阻塞，引起消化障碍。患病牛/羊主要表现消瘦，贫血，下颌、胸前水肿，腹泻严重，并且粪便中带有黏液，严重时引起死亡。

【典型病理变化】　死后剖检可发现胰腺肿大，胰管呈慢性增生性炎症，管壁厚，胰管内可见有大量虫体。

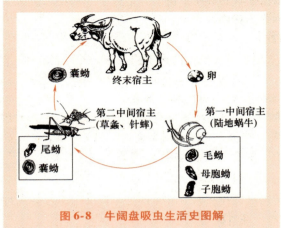

图6-8　牛阔盘吸虫生活史图解

【防治措施】

根据症状，可取粪便用反复沉淀法发现虫卵而确诊。

1）做好粪便发酵处理，消灭中间宿主。

2）定期驱虫，每年春秋两季共驱虫2次。

① 吡喹酮，按每千克体重30～50毫克，腹腔注射。

② 血防846（六氯对二甲苯），按每千克体重300毫克，口服，隔天1次，连用3次。

十三、胎毛滴虫病

胎毛滴虫病也称滴虫病，由胎毛滴虫引起。其临床表现为不孕、流产及生殖器官炎症。

【虫体特征及生活史】　胎毛滴虫一般多呈西瓜子形或卵圆形。虫体大小为7微米×16微米，有3根前鞭毛和1根后鞭毛，波动膜有3～6个弯曲，其形态随环境的变化而不同，条件不利时多为圆形，失去鞭毛和波动膜便失去了运动性。

胎毛滴虫寄生于公牛/羊的包皮、阴茎黏膜、精液内，以及母牛/羊的阴道、胎儿、胎液和胎膜中，以一分为二的纵分裂方式繁殖。

【典型临床症状】　对于公牛/羊，因虫体的寄生而发生阴茎、包皮、尿道的炎症，包皮肿胀，有痛感，流脓性分泌物，而后阴茎黏膜有红色结节，公牛/羊不愿交配，但不久急性症状消失，痛感减轻，转为慢性，仍可传播本病。

对于母牛/羊，感染后发生阴道炎、子宫颈炎和子宫内膜炎。阴道黏膜红肿，并流出带有絮状物的黏液性分泌物，阴道黏膜上见有小丘疹。母牛/羊发情紊乱，不孕，或于妊娠后 2 ~ 4 个月发生流产，少数胎儿死于子宫内而不流产，则出现子宫蓄脓。

诊断时，可刮取牛/羊的生殖道黏膜或冲洗生殖道收集冲洗液进行检查，如果发生早期流产，尚可采取胎儿的羊水或皱胃内容物寻找其中的虫体。

【预防措施】

（1）定期普查牛/羊群 在本病流行区，每年应该定期普查所有的牛/羊群，将健康牛/羊与患病的牛/羊分开饲养，固定各自的用具，并加强消毒工作。

（2）实行人工授精 为了防止胎毛滴虫病在牛/羊群中扩大传染，凡有条件的地区均应实行人工授精。

【治疗方法】 积极进行治疗，可采用全身疗法与局部冲洗疗法相结合的治疗方案。

（1）全身疗法 0.5% 新斯的明溶液 2 毫升，皮下注射，隔天 1 次，3 次为 1 个疗程，5 天后再重复下一个疗程。

（2）局部冲洗疗法 任选下列一种药品冲洗患病牛/羊的阴道、子宫及包皮腔，并使药液在腔内停留数分钟，隔天 1 次，连用 2 ~ 3 次为 1 个疗程，间隔 5 天进行下一个疗程。常用药物有：1∶500 碘溶液（碘片 1 克，碘化钾 2 克，溶于 500 毫升蒸馏水中）、1∶1000 雷佛奴耳水溶液、0.5% 硝酸银溶液、5% 鱼石脂甘油溶液、2% 红汞溶液。

十四、梨形虫病

梨形虫病又称巴贝斯虫病，是由巴贝斯虫引起的一种急性、季节性血液原虫病。临床上主要表现出高热、贫血、黄疸及血红蛋白尿等症状，死亡率高。

【虫体特征及生活史】 巴贝斯虫寄生于牛/羊的红细胞内，呈环形、椭圆形、单个或成对梨形等，而以成对的梨形为典型形状。这种梨形虫体长 2 ~ 4 微米、宽 2 微米，以较尖的一端相互连接成 60 度角，染色后，虫体呈浅蓝色，并有 1 个紫红色核。

虫体在红细胞内寄生，进行无性繁殖，分裂成新的虫体，新的虫体进入健康的红细胞，再继续分裂，如此反复进行。但在蜱吸食患病牛/羊的血液而将红细胞内的虫体食入时，虫体即在蜱体内进行有性繁殖，经过合子、孢子各阶段，最后分裂成大量生殖性芽孢，并进入蜱的唾液腺内。当蜱再次吸食牛/羊血液时，即将病原体传染给牛/羊，虫体在蜱体内经常是隔代传播，即成蜱感染巴贝斯虫后，巴贝斯虫在蜱体内进行有性繁殖，蜱也在生长繁殖，蜱产卵时，蜱体内巴贝斯虫也随着进入蜱的卵内，蜱卵孵化出幼虫后变若虫和新一代成蜱，巴贝斯虫仍寄生其中并保持其感染力。

【流行特点】　本病呈一定的地区性，流行季节为蜱活动的季节。8月龄以内的牛能耐过，1~2岁的牛发病较重，2~3岁的牛更重，死亡率也比较高。各类牛/羊均可感染，绵羊易感，6~12月龄的绵羊发病率高。

【典型临床症状】　本病的潜伏期为9~15天。患病牛/羊表现为突然发病，体温升高至40℃以上，呈稽留热。病牛/羊食欲减退或消失，反刍停止。可视黏膜黄染，点状出血。腹泻或便秘。尿呈红色乃至酱油色。

【典型病理变化】　黏膜、浆膜、皮下织、心冠状沟等处黄染。心内、外膜有出血斑点，肝脏肿大并变性；脾髓软化、出血；肾脏充血；消化道有点状及带状出血；淋巴结肿大出血。

临断时采耳尖血涂片，自然干燥，用甲醇固定后以姬姆萨氏液染色，若在红细胞内见到梨形虫体，即可确诊。

【预防措施】

（1）**牛/羊体灭蜱**　春季蜱幼虫侵害时，可用0.5%马拉硫磷乳剂喷洒体表，或者用1%三氯杀虫酯乳剂喷洒体表；夏秋两季应用1%~2%敌百虫溶液喷洒或药浴。在蜱大量活动期，每7天处理1次。

（2）**避蜱放牧**　牛/羊群应避免到大量滋生蜱的牧场放牧，或者根据蜱的生活史实行轮牧。

（3）**药物预防**　对在不安全牧场放牧的牛/羊群，于发病季节前，每隔15天用贝尼尔预防注射1次，每千克体重用2毫克，配成7%的溶液，肌内注射。

【治疗方法】　对初发或病情较轻的病牛/羊，立即注射抗梨形虫药物；对重症病畜，同时采取强心、补液等对症措施。

（1）**锥黄素**　每千克体重用3~4毫克，配成0.5%~1%的溶液静

第六章

脉注射，症状未减轻时，24 小时后再注射 1 次。病牛/羊在治疗后的数天内，必须避免烈日照射。

（2）贝尼尔　每千克体重用3.5～3.8毫克，配成5%～7%的溶液深部肌内注射。黄牛偶尔出现起卧不安、肌肉震颤等副作用，但很快消失；水牛对本药较敏感，一般用药 1 次较安全，连续使用，易出现毒性反应，甚至死亡。

（3）阿卡普林　每千克体重用0.6～1毫克，配成5%的溶液皮下注射。有时注射后数分钟出现起卧不安、肌肉震颤、流涎、出汗、呼吸困难等副作用（妊娠牛可能流产），一般于1～4小时后自行消失。若不见消失，可皮下注射阿托品，每千克体重用 10 毫克，能迅速解除副作用。

（4）咪唑苯脲　每千克体重用2毫克，配成10%溶液，分2次肌内注射。

十五、泰勒虫病

泰勒虫病多由环形泰勒原虫引起，虫体寄生于红细胞和淋巴系统中。本病为急性发热性疾病，并表现贫血和淋巴结肿大，死亡率高。

【虫体特征及生活史】　寄生于红细胞内的虫体呈环形、椭圆形、逗点形或杆形，椭圆形虫体多于杆形虫体。一个红细胞内可寄生 1～12 个虫体，常见 2～3 个。寄生在网状内皮系统细胞的环形泰勒虫，进行裂体增殖形成多核虫体，即裂殖体或石榴体。裂殖体呈圆形、椭圆形或肾形，位于淋巴细胞、单核细胞的细胞质内或细胞外。

泰勒原虫在淋巴细胞中进行无性繁殖，由单一的个体变为多核的石榴体。其后每个核再发育成一个新个体，并再进入另一个新的淋巴细胞，继续无性繁殖后，进入红细胞而成配子体，配子体在红细胞内不再繁殖。蜱的幼虫或若虫吸血后，配子体即进入其体内，待幼虫或若虫蜕化到下一阶段，配子体经过有性繁殖产生子孢子，并进入其唾液腺，当蜱再吸入牛/羊血液时便传染给健康牛/羊。

【流行特点】　泰勒虫病的流行有地区性和季节性，与蜱的出现有密切关系。每年 6 月中下旬开始发病，7 月上中旬为发病高峰，8 月上旬逐渐平息。幼犊发病较多，由非疫区调入疫区的牛/羊发病急剧，而疫区牛/羊发病较轻。

【典型临床症状】　本病的潜伏期为 14～20 天。病初体表淋巴结肿痛，体温升高到 40.5～41℃，呈稽留热型；呼吸急促，心跳加快；精神委顿，结膜潮红。中期体表淋巴结显著肿大，为正常的 2~5 倍；反刍停止，先便秘后腹泻，粪便中带血丝；可视黏膜有出血斑点；步态蹒跚，起立困难。后期结膜苍白、黄染，在眼睑和尾部皮肤较薄的部位出现粟粒至扁豆大的深红色出血斑点，患病牛/羊卧地不起，最后衰竭死亡。

【典型病理变化】 血液稀薄，全身性出血，皱胃有炎症或溃疡。

诊断时采耳尖血或穿刺体表淋巴结涂片，姬姆萨氏液染色后镜检，若在红细胞内发现泰勒虫或在淋巴细胞内发现石榴体，即可确诊。

【预防措施】

(1) 灭蜱 根据蜱的生活习性进行杀灭，常用的药物为 1%~2% 敌百虫溶液等。

(2) 疫苗接种 在疫区，接种泰勒虫病裂殖体胶冻细胞苗，接种后2 天产生免疫力，免疫期在 80 天以上。

(3) 药物预防 在发病季节，可应用贝尼尔，每千克体重用 3 毫克，配成 7% 的溶液深部肌内注射，每隔 20 天注射 1 次。

【治疗方法】 对泰勒虫病要做到早发现、早治疗。在杀虫的同时配合输血及对症治疗，可以降低死亡率。

(1) 磷酸伯氨喹 每千克体重用 0.75 毫克，每天口服 1 次，连服3 次。

(2) 贝尼尔 每千克体重用 7 毫克，配成 7% 的溶液深部肌内注射，每天 1 次，连用 3 次。

十六、球虫病

球虫病是由多种球虫引起的一种肠道原虫病。临床上以出血性肠炎为特征。

【虫体特征及生活史】 寄生于牛/羊体的球虫有 14 种之多，其中以邱氏艾美耳球虫和牛艾美耳球虫致病力最强、最为常见。球虫在其生命过程中能形成卵囊。艾美耳球虫的卵囊呈圆形、椭圆形或梨形，镜下呈浅灰色、浅黄色或深褐色。卵囊在肠上皮细胞内经过裂体增殖和配子生殖后，脱离肠上皮细胞，随粪便排到外界，经过孢子生殖阶段之后，形成感染性卵囊。牛/羊吞食了感染性卵囊而感染发病。

【流行特点】 本病主要侵害犊牛和羔羊，一般发生于春季、夏季和秋季，尤其是多雨年份，在低洼潮湿的牧场放牧，容易发生本病。

【典型临床症状】 发病多为急性经过，病初精神沉郁，喜卧，食欲减退或废绝，被毛粗乱，粪便稀薄，混有黏液、血液。约7天后，患病牛/羊的体温可升至40.5～41℃，症状加剧，末期所排粪便几乎全是血液，色黑、恶臭，最后多因极度衰弱而死亡，病程为10～15天。耐过牛/羊可转为带虫者。

【典型病理变化】　主要病变为直肠、大肠或盲肠出现出血性炎症及坏死灶。

诊断时取可疑患病牛/羊的粪便，以饱和盐水浮集法集虫，或者用直肠黏膜刮取物直接涂片镜检，若发现大量球虫卵囊，即可确诊。

【预防措施】

（1）**消毒**　在本病流行期间，用3%～5%热碱水或10%克辽林对牛/羊舍地面、饲槽等进行消毒，每周1次。粪便和垫草必须进行无害化处理。

（2）**隔离**　成年牛/羊多为带虫者，故与犊牛、羔羊分开饲养。犊牛哺乳前，乳房要洗拭干净，哺乳后母牛和犊牛、母羊和羔羊应及时分开。

（3）**药物预防**　在饲料和饮水中添加氨丙啉，每天每千克体重用5毫克，连用21天。

【治疗方法】

（1）**呋喃西林**　每千克体重用药7～10毫克，口服，连用7天。

（2）**氨丙啉**　每千克体重用药20～25毫克，口服，连用4～5天。

（3）**莫能霉素**　每1000千克饲料中加20～30克，连喂7～10天。

（4）**磺胺二甲基嘧啶**　每千克体重口服100毫克，连用2天。

十七、牛伊氏锥虫病

伊氏锥虫病又称苏拉病，是由伊氏锥虫引起的一种原虫病，是马属动物、牛、骆驼的常见疾病。其中，马属动物感染后呈急性经过（1～2个月），死亡率很高。牛、骆驼虽有急性死亡的病例，但多数为慢性经过，少数呈带虫状态。

【虫体特征及生活史】　伊氏锥虫为单细胞原虫，呈柳叶状，有活泼的运动性，前端尖锐，具有游离鞭毛，后端钝圆。虫体长18～34微米，宽1～2微米。游离鞭毛长达6微米，波动膜宽而多弯曲。伊氏锥虫寄生在牛的造血器官、血液及淋巴液内，以纵行二分裂方式进行繁殖。

【流行特点】　患病牛/羊和带虫牛/羊是本病的传染源。病原体存在于血液内，经虻、刺蝇等吸血昆虫传播，并可经胎盘传播给胎儿引起流产。因此，本病多发生于吸血昆虫猖獗的地区和季节。

【典型临床症状】 牛伊氏锥虫病的潜伏期为 6~12 天。有的牛可呈急性发作，表现为突然发病，食欲减少或废绝；体温升高到 41℃ 以上，持续 1~2 天，呈不定型间歇热；体力衰弱，流泪，反应迟钝或消失，多卧地不起，经 2~4 天倒毙，但此型少见。大多为慢性经过，主要表现为食欲减低，反刍缓慢、衰弱，进行性贫血，逐渐消瘦，精神迟钝，被毛粗乱，皮肤干裂、脱毛；眼结膜潮红，有时有出血点，流泪；体表淋巴结肿大；四肢下部水肿，肿胀部有轻度热痛，时间久则形成溃疡、坏死、结痂；有的尾尖坏死并脱落；有的出现神经症状，两眼直视，无目的地运动或瘫痪，不能起立，终因恶病质而倒毙。

【典型病理变化】 血液稀薄，胸前、腹下皮下水肿及胶样浸润。实质脏器肿大，表面有出血点。心肌变性呈煮肉样，心室扩张，心包液增多。胸膜、腹膜和胃肠浆膜下有出血点。

【预防措施】

（1）加强饲养管理 改善饲养条件，搞好环境和圈舍卫生，消灭吸血虻、蝇等昆虫。

（2）进行药物预防 在疫区，应在流行季节到来前进行药物预防。常用喹嘧胺（安锥赛）预防盐，现用现配，注射 1 次可预防 3.5 个月。配制时先在 200 毫升带胶塞的瓶内装入灭菌蒸馏水 120 毫升，然后加入喹嘧胺（安锥赛）预防盐 35 克，用力振荡 10 分钟，加灭菌蒸馏水，补足全量为 150 毫升，充分溶解后使用。体重在 150 千克以下的牛，每千克体重皮下注射 0.05 毫升；体重为 150~200 千克的牛，总量为 10 毫升；体重为 200~350 千克的牛，总量为 15 毫升；体重在 350 千克以上的牛，总量为 20 毫升。

【治疗方法】 对本病的治疗要及时，用药量要足，观察时间要长，并防止过早使役。

（1）拜耳 205 每千克体重用 12 毫克，用灭菌蒸馏水或生理盐水配成 10% 的药液，静脉注射，注射 1 周后再注射 1 次。对严重或复发的病牛，可与 914（新胂凡纳明）交替使用。914（新胂凡纳明）用药为每千克体重 15 毫克，配成 5% 的药液，静脉注射，第一天和第十二天用拜耳 205，第四天和第八天用 914（新胂凡纳明）为 1 个疗程。

（2）喹嘧胺（安锥赛） 每千克体重用 3~5 毫克，用灭菌生理盐水配成 10% 的溶液，皮下或肌内注射，隔天 1 次，连用 2～3 次。该药也可与拜耳 205 交替使用。

（3）贝尼尔　每千克体重用 5～7 毫克，配成 5%～7% 的药液，深部肌内注射，每天 1 次，连用 3 次。

除使用特效药治疗外，还应根据病情进行对症处理，如强心、补液及健胃等。

十八、住肉孢子虫病

住肉孢子虫病由住肉孢子虫引起，以患病牛/羊贫血和消瘦为特征。

【虫体特征及生活史】　寄生在牛/羊肌肉内的住肉孢子虫呈包囊状，称为米氏囊，有椭圆形、纺锤形或线状等，灰白色或乳白色，大小为 10 毫米至几十毫米。米氏囊切片观察，可见囊腔分为无数小室，小室内含有许多圆形滋养体。

住肉孢子虫的生活史复杂。发育中必须更换中间宿主。寄生于肌肉中的米氏囊被终末宿主犬等动物吞食后，滋养体脱出，进入小肠黏膜，经过配子生殖形成孢子囊和卵囊。卵囊或孢子囊随粪便排出，牛/羊吞食后，在消化道内脱囊，释放出子孢子。子孢子经血流散布至全身肌肉内，经过裂体增殖形成米氏囊。

【典型临床症状】　住肉孢子虫包囊感染犊牛，引起犊牛食欲不振、贫血、发热、消瘦、水肿、淋巴结肿大、尾端脱毛并坏死等症状。少数还有角弓反张，四肢伸直，肌肉僵硬；妊娠牛/羊感染可发生流产，严重者死亡。

【典型病理变化】　患病牛/羊全身横纹肌，尤其是后肢、腰部、腹侧、食道、心脏、横膈等部位存在大量白色的梭形包囊，显微镜检查可见肌肉中有完整的包囊而不伴有炎性反应；也可见到包囊破裂，释放出的缓殖子导致严重的心肌炎或肌炎，其病理特征是淋巴细胞、嗜酸性细胞和巨噬细胞的浸润和钙化。

本病生前诊断比较困难，可用免疫学方法：ELISA（酶联免疫吸附测定）、IHA（间接血凝试验）和琼脂扩散试验等进行诊断。死后可根据肌肉组织中的包囊而确诊。

【防治措施】　本病无特效疗法，主要在于预防。由于犬、狼为本病的主要传播者，因此，必须驱除狼，管好犬。牛/羊舍、饲料和饮水要防止被犬粪污染。不能利用发病牛/羊的肉和内脏喂犬，也不许犬进入屠宰

第六章

场。加强肉类卫生检验，病牛/羊的肉必须经无害化处理才能利用。

十九、弓形虫病

弓形虫病又称弓形体病及弓浆虫病，是一种由龚地弓形虫在细胞内寄生所引起的人畜共患原虫病。本病分布很广，可引起牛/羊的发热、呼吸困难、咳嗽及神经症状，严重者甚至死亡。妊娠牛/羊可发生流产。

【虫体特征及生活史】 龚地弓形虫的发育过程需要两个宿主。一个是终末宿主，目前所知只有猫属（如家猫）、山猫属的动物。弓形虫在猫的小肠上皮细胞内进行类似球虫的裂体增殖和配子生殖，形成卵囊，并随猫粪排出体外，经过孢子增殖发育为含有 2 个孢子囊的感染性卵囊。另一个是中间宿主，目前已知的有 200 余种动物（包括哺乳类、鸟类、鱼类、爬行类和人类），猫也是它的中间宿主。在中间宿主体内，弓形虫在有核细胞内进行无性繁殖，于急性感染过程中形成半月形、香蕉状的速殖子（滋养体），在网状内皮细胞内形成虫体集落（假囊）。如果病程转为慢性，则虫体形成包囊（组织囊），包囊内含有许多与速殖子形态相似的慢殖子。

牛/羊吞食了猫粪或病畜的肉、内脏、渗出物、排泄物或乳汁而被感染，也可经过破损的皮肤、黏膜而感染，还可经胎盘垂直传染给胎儿。

【典型临床症状】 本病的潜伏期为 3~24 天。患病牛/羊多呈急性发作，体温升高到 40℃ 以上，呼吸困难，结膜充血，运动失调，精神极度兴奋，然后转入昏迷状态，常便血。妊娠牛/羊流产，多为死胎，有的生下后很快死亡，有的呈现发热、呼吸困难、咳嗽、流鼻涕，以及阵发性痉挛、磨牙、头颈震颤等神经症状，于 2~3 天死亡。

【典型病理变化】 剖检可见急性病例呈全身性病变。淋巴结、肝脏、肺脏和心脏等肿大，有许多出血点和坏死灶。肠道严重充血，黏膜上可见扁豆大坏死灶。肠腔和腹腔内有大量渗出液。慢性病例可见各脏器水肿，有散在性坏死灶。

【预防措施】

1）灭鼠防猫。注意灭鼠，牛/羊场附近禁止养猫，发现野猫及时消灭。加强饲草、饲料保管，严防猫粪污染。

2）及时隔离。发现患病牛/羊立即隔离，并对牛/羊舍、牛/羊场和用具用 1% 来苏儿溶液或 3% 火碱溶液或火焰等进行消毒。病死的牛/羊尸体，要严格处理。接触患病牛/羊的人员要做好个人防护，防止感染。

【治疗方法】

1）用磺胺嘧啶加甲氧苄氨嘧啶或二甲氧苄氨嘧啶，前者每千克体重用70毫克，后者每千克体重用14毫克，每天2次口服，连用3~5天。

2）用磺胺甲氧吡嗪，每千克体重用30毫克；甲氧苄氨嘧啶，每千克体重用10毫克。混合后1次口服，每天1次。

3）用12%复方磺胺甲氧吡嗪注射液，每天肌内往射1次，连用4次。

二十、牛皮蝇蛆病

牛皮蝇蛆病主要是指牛皮蝇和纹皮蝇寄生在牛的背部皮下组织而引发的寄生虫病。

【虫体特征及生活史】 成虫外观看似蜜蜂，体长13~15毫米，体表有绒毛，口器退化，不能采食。而寄生在牛皮下的成熟幼虫（第三期幼虫），虫体粗大，长约20毫米，呈棕褐色，背部较平，腹面稍隆起，并且有许多带刺的结节。牛皮蝇与纹皮蝇的发育基本相同，其发育过程属于完全变态，经过卵、幼虫、蛹、成虫4个阶段。雌雄蝇交配一般在夏季晴朗的时候，交配后，雌蝇飞到牛身上产卵，卵经过6天左右孵化出第一期幼虫，第一期幼虫钻入皮下移行，到牛的咽部和食道发育成第二期幼虫，移行到背部发育成第三期幼虫，第三期幼虫由皮肤蹦出，钻入土中形成蛹，蛹经过1~2个月形成蝇（图6-9）。

第二期幼虫

雌蝇

蛹

图6-9 牛皮蝇发育史

【典型临床症状】 雌蝇向牛体产卵时，牛表现高度不安，呈现喷鼻、蹦踢、奔跑。幼虫钻进牛的皮肤和皮下组织移行时，引起牛体瘙痒、疼痛和不安。幼虫移行到背部皮下，局部发生硬肿，随后皮肤穿孔，流出血液或脓汁。病牛长期受侵扰而消瘦、贫血、产奶量下降。

第六章

诊断时，在病牛背部两侧皮下可以摸到许多硬肿（皮蝇疖），并能从皮肤穿孔处挤出幼虫。剖检时在食管壁和皮下能发现幼虫。

【防治措施】

1）驱蝇防扰。每年 5～7 月，每隔半个月向牛体喷洒 1 次 1% 敌百虫溶液，防止皮蝇产卵。

2）患部杀虫。经常检查牛背，发现皮下有成熟的肿块时，用针刺死其内的幼虫，或者用手挤出幼虫，随即踩死，伤口涂以碘酊。除此以外，还可用药物杀虫。

① 倍硫磷（百治屠），臀部肌内注射时，每千克体重用药 5 毫克。以 11～12 月用药为好。对第一、二、三期幼虫的杀虫率在 95% 以上，注射 2 次，可达 100%。涂擦时，用倍硫磷原液在颈侧皮肤直接涂擦。涂擦面积，成年牛为 15 厘米×35 厘米，犊牛为 10 厘米×20 厘米。剂量为每 100 千克体重用药 0.5 毫升。可用油漆刷子在患部反复涂擦，使药液和皮肤充分接触。

② 皮蝇磷，不溶于水，制成丸剂，口服。剂量为每千克体重 100 毫克，一般成年牛用 30～40 克，育成牛用 20～25 克，犊牛用 7～12 克。

③ 敌百虫，用温水（20℃）配成 2% 的溶液，在牛背穿孔处涂擦。每头牛用 300 毫升。涂擦前，应剪毛露出穿孔处。一般从 3 月中旬至 5 月底，每隔 30 天处理 1 次，共处理 2～3 次。

二十一、蜱病

蜱是牛/羊体表的一种寄生虫，俗称草爬子、八脚子、狗豆子，属于不完全变态节肢动物。它们寄生在牛/羊的体表，吸取牛/羊体内的血液，引起牛/羊贫血，同时分泌的神经毒素进入牛/羊体内，引起牛/羊神经传导机能障碍，同时还能传播多种疾病。蜱是一些人畜共患病的传播媒介和贮存宿主。

硬蜱多生活在森林、灌木丛、开阔的牧场、草原、山地的泥土中等。软蜱多栖息于家畜的圈舍、野生动物的洞穴、鸟巢及房舍的缝隙中，繁殖能力强。

【虫体特征及生活史】 蜱是寄生于牛/羊体表的一种吸血性寄生虫，直接侵害牛/羊体，还是很多传染病及寄生虫病的传播媒介。

蜱的种类很多，分为软蜱（图 6-10）和硬蜱（图 6-11）。成虫体形似蜘蛛，呈椭圆形，未吸血时腹背扁平，背面稍隆起，体长 2～10 毫米；

饱血后胀大如赤豆或蓖麻子状，大者可长达30毫米。虫体分颚体和躯体两个部分。

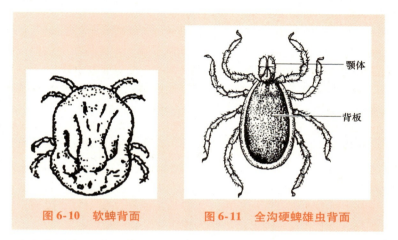

图6-10 软蜱背面　　图6-11 全沟硬蜱雄虫背面

蜱的发育经过卵、幼虫、若虫和成虫4个阶段（图6-12）。卵一般在地面孵化出幼虫，幼虫有3对足，爬到适合的动物体上后即开始吸血，吸足血后蜕皮一次变为若虫，若虫再于动物体吸血，再蜕皮而变成虫，成虫在动物体吸血交配后即落到地面产卵。

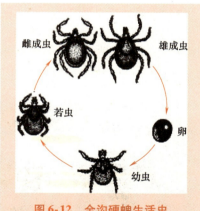

图6-12 全沟硬蜱生活史

【典型临床症状】 蜱侵袭牛/羊体后，多趴在牛/羊体毛短的部位叮咬，如嘴巴、眼皮、耳朵、前后肢内侧、阴户等处，影响牛/羊采食。由于对皮肤机械性损伤造成的剧痒和创痛，可使牛/羊骚扰不安，造成局部损伤、组织水肿、出血和皮肤肥厚，有的还可继发细菌感染引起化脓、肿胀和蜂窝组织炎等。另外，在吸血的同时将毒素随唾液注入宿主体内，对宿主机体造成毒害。这种损伤和毒害在大量虫体长期寄生时，可引起牛/羊体质衰弱、贫血、发育不良及日趋消瘦。蜱也是家畜各种血孢子虫病的传播者。

此外，蜱还能传播细菌性、病毒性疾病。

【防治措施】 首先应了解当地蜱的活动规律及滋生场所，再根据这些情况采取以下相应措施：

1）牛/羊体上灭蜱。蜱虫体大，叮咬于牛/羊体上不活动。如果寄生在牛/羊体上的蜱数量不多，可人工摘除，摘下的虫体集中烧掉；如果寄生在牛/羊体上的蜱数量多，可喷洒1%敌百虫溶液以杀蜱。

2）牛/羊舍内灭蜱。有些蜱在非寄生时藏身在牛/羊舍的墙缝或饲槽裂缝内，这时可先向缝内喷入敌百虫，再用水泥或石灰堵塞裂缝。

3）牧地上灭蜱。调查哪些草地、牧场是蜱类滋生场所，放牧时应避开这些牧地，将这些牧地翻耕、播种，在休闲季节烧荒，以杀死其中的蜱。

二十二、螨虫病

螨虫病又称疥癣，俗称癞病，主要由疥螨和痒螨引起，以剧痒、湿疹性皮炎、脱毛和具有高度传播性为特征。

【虫体特征及生活史】

（1）疥螨 成虫呈龟形，背面隆起，腹面扁平，呈微黄白色，大小为（0.20～0.45）毫米×（0.14～0.39）毫米（图6-13）。虫卵呈卵圆形，透明，暗白色或微黄色，平均大小为0.1毫米×0.3毫米。寄生于表皮，用咀嚼式的口器挖凿隧道，在内以角质层组织和渗出的淋巴液为食，并进行发育和繁殖。雌螨每2～3天产卵1次，一生可产46～50个卵，经3～8天孵出幼螨。幼螨离开隧道爬到皮肤表面，然后钻入皮内造成小穴，并脱皮变为若螨。若螨有大小2种类型：小型是雄螨的若虫，只有

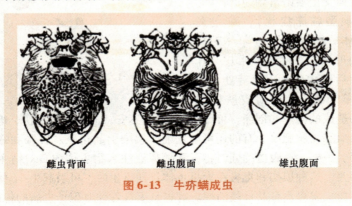

| 雌虫背面 | 雌虫腹面 | 雄虫腹面 |

图6-13 牛疥螨成虫

1 期，约经 3 天蜕化为雄螨；大型的是雌螨的若虫，分为 2 期。雄螨在宿主的表皮上与雌螨交配，交配后的雄螨不久即死亡。雌螨的寿命为 4～5 周。疥螨整个发育过程为 8～22 天。

（2）痒螨　成虫呈长圆形，大小为（0.3～0.9）毫米×（0.2～0.52）毫米，透明的浅褐色角皮上具有稀疏的刚毛和细皱纹，肉眼可见（图 6-14）。卵呈卵圆形，透明，灰白色，大小为 0.14 毫米×0.3 毫米，寄生于皮肤表面，以刺吸式口器吸取渗出物为食。雌螨在皮肤上产卵，然后经 3 天后孵化为幼螨，经 24～36 小时采食后进入静止期，蜕化为第一若螨。再采食 24 小时，经过静止期蜕化为雄螨或第二若螨（青春期）。48 小时后，第二若螨蜕皮变为雌螨。雌螨与雄螨交配。雌螨采食 1～2 天后开始产卵。

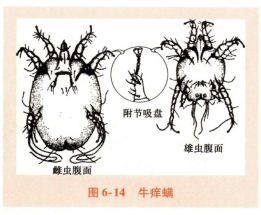

附节吸盘

雄虫腹面

雌虫腹面

图 6-14　牛痒螨

【**典型临床症状**】　牛/羊的疥螨和痒螨大多呈混合感染。初期多在头、颈部发生不规则丘疹样病变，患病牛/羊剧痒，使劲磨蹭患部，使患部落屑、脱毛，皮肤增厚，失去弹性。鳞屑、污物、被毛和渗出物黏结在一起，形成痂垢。病变逐渐扩大，严重时，可蔓延至全身。有时患病牛/羊因消瘦和恶病质而死亡。

【**预防措施**】　①牛/羊舍要宽敞、干燥、透光，通风良好，经常清扫，定期消毒。经常注意牛/羊群中有无瘙痒、掉毛现象，一旦发现患病牛/羊，及时隔离治疗。治愈的病牛/羊应继续观察 20 天，如未再发，再一次用杀虫药处理后方可合群。②引进牛/羊时，应隔离观察，确认无螨虫病后再并入牛/羊群。③每年夏季对牛/羊进行药浴，是预防螨虫病的重要措施。饲养管理人员要时刻注意消毒，以免通过手、衣服和用具散布病原。

【治疗方法】 治疗方法有局部涂擦和药浴疗法。前者适于患病牛/羊少、气温低时应用；后者适于大群发病，温暖季节进行。

（1）涂药疗法 局部需剪毛、清洗后反复涂药，以求彻底治愈。

1）敌百虫混合液，将来苏儿5份溶于100份温水中，再加入敌百虫5份即成，涂擦患部。

2）10%辛硫磷乳剂或10%亚胺硫磷，涂于患部。

（2）药浴疗法 可采用水泥药浴池或机械化药浴池，常用0.05%辛硫磷、0.03%～0.05%胺丙畏乳油溶液。用药后要防牛/羊舔食，以免中毒。

二十三、虱

牛/羊的虱子有多种，寄生在牛/羊体表，吸食牛/羊的血液和食取牛/羊体表的皮屑。

【虫体特征及生活史】 现以其中的牛盲虱为例介绍如下：虱虫体扁平，分头、胸、腹3个部分，头部狭长且前有刺吸口器；脚部有3对足。虫体全长2～3毫米（图6-15）。成虫在牛体上吸血，交配后产卵，卵即黏附在牛/羊的毛上，经12～15天后，卵孵出幼虫，幼虫即在体表开始吸血，经10～14天变为成虫。虱的散播主要依靠患病牛/羊和健康牛/羊的直接接触。

图6-15 牛虱

【典型临床症状】 虱在吸血时分泌唾液，使牛/羊体局部发痒。由于擦痒的结果，又使被毛脱落和皮肤损伤。患病牛/羊不安，影响采食和休息，导致消瘦，犊牛和羔羊发育不良。

【防治措施】 及时发现，及早治疗。对大群饲养时的患病牛/羊进行隔离。治疗可用0.5%敌百虫溶液喷于牛/羊体表面。但虱卵对药物的抵抗力较强，因此在第一次药物处理后，经过半个月应再进行1次。

第七章 牛、羊中毒性疾病的诊治

一、有机磷农药中毒

甲拌磷（3911）、内吸磷（1059）、乐果、敌百虫、马拉硫磷和乙硫磷等有机磷农药是农业上常用的杀虫剂，常引起家畜中毒。

【病因分析】 主要是误食喷洒了有机磷农药的蔬菜或庄稼，误饮被有机磷农药污染的饮水，误用配制农药的容器当作饲槽或水桶来喂饮牛/羊，滥用农药驱虫或被人为投毒等。

【典型临床症状】 牛/羊中毒症状较轻时，食欲不振，无力，流涎。牛/羊中毒症状较重时呼吸困难，兴奋不安，腹痛，肌肉震颤，眼球震颤，瞳孔缩小。严重中毒时食欲和反刍停止，粪便稀，呈水样，唾液、鼻液、汗液等分泌增加，结膜发绀，磨牙，心跳加快，气喘，甚至呼吸麻痹而死亡。

【典型病理变化】 胃肠黏膜充血，胃内容物有大蒜臭味。若病程稍久，所有黏膜呈暗紫色，内脏器官出血；肝脏、脾脏肿大，肺脏水肿，支气管内有大量泡沫。

【预防措施】 加强对有机磷农药的保管和贮藏。内服、外用药要合理，杀虫要掌握药的用量、用法。严禁到喷洒过农药的田间、地头放牧，在喷过农药的田地设立标志，在7天内不准食用其内杂草。有机磷农药厂的废水要经过处理，防止牛/羊误饮中毒。

【治疗方法】 中毒后立即应用特效解毒剂。例如，用解磷定、氯解磷定，其用量和用法为每千克体重15～30毫克，以生理盐水配成2.5%～5%的溶液，缓慢静脉注射，以后每隔2～3小时注射1次，剂量减半，根据症状缓解情况，可在48小时内重复注射。或者用双解磷、双复磷，其用量为解磷定的一半，用法相同。或者用硫酸阿托品，每千克体重0.25毫克，皮下或肌内注射，中毒严重的可用其1/3量混于糖盐水内缓慢静脉注射，2/3量皮下或肌内注射，经1小时后症状不见减轻时，

第七章

可减量重复应用，直到出现口腔干燥、停止出汗、瞳孔散大、心跳加快为止。以后再每隔 3～4 小时减量注射 1 次，直到痊愈为止。

在应用特效解毒剂时，最好将解磷定（氯解磷定、双解磷或双复磷）与硫酸阿托品合用。

为除去尚未吸收的毒物，经皮肤沾染中毒的，可用 5% 石灰水、5% 氢氧化钠溶液或肥皂水洗刷皮肤；经消化道中毒的，可用 20%～30% 碳酸氢钠溶液或食盐水洗胃，并灌服活性炭。但必须注意，敌百虫中毒，不能用碱水洗胃或洗刷皮肤，因为敌百虫在碱性环境下可转变成毒性更强的敌敌畏。

解毒的同时，根据病情进行对症治疗。

二、有机氯农药中毒

有机氯农药为应用较广的农药之一，常用来防治农作物害虫。由于其残毒性强，故可因蓄积作用而危害人、畜、禽。目前，国内外都控制或停止生产和使用有机氯制剂。

【病因分析】 ①牛/羊采食了喷洒有机氯农药不久的农作物、蔬菜和饲草等发生中毒。②有机氯农药保管和使用不当，污染了草、料和饮水，牛/羊误食、误饮而中毒。③用有机氯药物杀灭体外寄生虫时，在体表涂洒面积过大或药物浓度配制过高，有机氯经皮肤吸收，或者牛/羊相互舔食而中毒。

【典型临床症状】 有机氯农药是神经毒，又是一种肝毒。牛/羊发生急性中毒后主要表现为精神萎靡，食欲减少或废绝，口吐白沫，呕吐，心悸亢进，呼吸加快，行动缓慢，呆立不动。中枢神经兴奋而引起骨肉颤动，逐渐表现为运动失调，痉挛，步态不稳。过 1～2 小时流涎停止，四肢无力，倒地，心律不齐，呻吟，眼球震颤，体表肌肉抽动，以后四肢麻痹，12～24 小时后因呼吸中枢衰竭而死亡。轻度中毒者，食欲减少，逐渐消瘦；突然发病者，局部肌肉震颤，四肢行动不便，衰弱无力，甚至后躯麻痹；慢性胃肠炎，排出稀粪。

【典型病理变化】 慢性中毒病例，全身组织器官呈黄色。肝脏显著肿胀、变硬，小叶中心坏死，胆囊扩张，重症病牛/羊的肝脏可达小儿头大小；胃肠黏膜充血、出血，幽门部有炎症灶；脾脏肿大，呈暗红色，质脆；肾脏肿大，明显出血，被膜不易剥离，肾小管上皮脂肪变性；骨骼肌和心肌有坏死灶。口服中毒的牛/羊，瘤胃黏膜肥厚，网胃有弥漫性小出血点，皱胃黏膜充血、出血；小肠黏膜显著出血和出现卡他性炎症；大肠黏膜也见出血。

【预防措施】　①严禁将喷洒过有机氯农药的谷物、饲草喂牛/羊。②妥善保管有机氯农药。③用有机氯农药防病灭虫时，打开门窗，让药气消散，以防发生中毒。

【治疗方法】

（1）洗胃　用5%碳酸氢钠溶液对发病牛/羊进行洗胃。

（2）解除痉挛　可口服水合氯醛，每千克体重用20毫克。或者肌内注射氯丙嗪，每千克体重用1毫克。

（3）保护肝脏　静脉注射25%葡萄糖溶液1000毫升、生理盐水1500毫升、安钠咖30毫升、维生素C和维生素B_1各50毫升、10%葡萄糖酸钙溶液200毫升。

三、氟中毒

有机氟化物是广泛使用的农药之一，主要用于杀鼠和杀虫，有剧毒。畜禽常因误食毒饵或被氟污染的牧草或饲料而中毒。

【病因分析】　氟中毒分急性和慢性两种。急性氟中毒多因吸入含氟气体或误食有机氟农药等引起。慢性氟中毒多因长期饮用含氟量高的水，长期饲喂沾染无机氟的牧草或混有无机氟的矿物质饲料添加剂所致，主要见于土壤中含氟量高的地区，或者工厂（炼铝厂、磷肥厂、陶瓷厂）附近。

【典型临床症状】

（1）急性型　发病牛/羊死前无明显的前驱症状，中毒后9～18小时，突然倒地并剧烈抽搐、惊厥或角弓反张，肌肉震颤，瞳孔散大，感觉敏感，而后迅速死亡。

（2）慢性型　患病牛/羊生长缓慢，仅表现食欲减退，不反刍，不合群，靠墙站立或卧地不起，有的可逐渐康复，有的则在卧地后不久即死亡。严重病例骨骼变形，牙齿失去光泽，呈黄色或黄白色；颌骨、掌骨、跖骨变粗，出现骨瘤，肋骨上有不规则膨大。

【典型病理变化】　剖检可见心肌变性、心内膜有出血斑，脑软膜充血、出血，肝脏、肾脏瘀血并肿大，胃肠有卡他性炎症。

【预防措施】　禁用有机氟化物污染的饲草和饮水喂牛/羊；被该种药喷洒过的农作物饲草，必须在收割后贮存60天以上，使其残毒消失后

才可用来喂牛/羊。放牧要远离高氟地区。

【治疗方法】

（1）急性氟中毒 应立即采取解毒措施。用解氟灵（乙酰胺），每天每千克体重 0.1 克，肌内注射，首次用量为每天用药量的一半，每天注射 3 ~ 4 次，至患病牛/羊的抽搐现象消退为止。也可用白酒 250 ~ 400 毫升一次灌服，或者用 96% 无水酒精 100 毫升，10% 葡萄糖注射液 500 毫升，混合后静脉注射。同时进行对症治疗，对有呼吸困难症状者，可给予 25% 尼可刹米 8 ~ 10 毫升，肌内注射。

（2）慢性氟中毒 在查明原因的基础上，杜绝毒源，加强饲养，补充钙质。

四、铅中毒

牛/羊摄入过量的铅即引起中毒，以消化障碍和神经紊乱为特征。

【病因分析】 ①过食含铅农药喷洒过的植物和油漆污染的饲草。②饮食铅矿、炼铅厂的废水及公路两旁汽车废气污染的饲草。

【典型临床症状】

（1）急性型 患病牛/羊兴奋狂躁，头抵障碍物，视力障碍，失明，对触摸、音响敏感，肌肉震颤，磨牙。继而沉郁呆立，食欲、反刍废绝，腹痛，便秘或腹泻，稀粪恶臭，哞叫。牙齿有铅线。

（2）慢性型 本型多发于矿区 3 ~ 10 周龄的犊牛和羔羊，主要表现为运动障碍、后肢轻瘫、跛行，以至麻痹，妊娠牛/羊流产。

【典型病理变化】 剖检可见眼球混浊，部分病例出血；气管出血，肺脏水肿；心包有粉红色积液，心内、外膜均有出血点；肝脏肿大、颜色变浅，胆囊肿大；肾脏水肿、出血，部分病例膀胱出血；皱胃、肠黏膜脱落严重并出血；脑水肿、出血；肌肉苍白。

【预防措施】 防止牛/羊吃含铅的饲料（服用少量硫酸镁可起预防作用），不让牛/羊吃公路边的草，不在铅矿、炼铅厂附近放牧，不用油漆用具，以防止铅中毒。

【治疗方法】 对已确诊的铅中毒发病牛/羊，应立即抢救，其治疗原则是解除惊厥，增加铅的可溶性，加速铅的排除。

1）为缓解惊厥，可使用水合氯醛，每千克体重用 0.08 ~ 0.12 克，以无菌方式配成 10% 的溶液，静脉注射；或者用戊巴比妥钠，每千克体重用 15 ~ 20 毫克，配成 3% ~ 5% 的注射液，静脉注射，使患病牛/羊镇静。

2）为促使铅离子形成可溶性铅络合物，促进排泄，可用乙烯二胺四乙酸钙二钠 3~6 克，配成 12.5% 的溶液，静脉注射。若用于皮下注射，以 5% 葡萄糖溶液稀释成 1%~2%。也可在 12 小时内连续滴注，剂量为每千克体重 110~220 毫克。

3）二巯丙醇，每千克体重用 4 毫克，静脉注射。

4）硫酸镁 500~1000 克，配成 10% 的溶液灌服，促使其形成不溶性硫酸铅，加速排除。也可用 1%~2% 硫酸镁溶液洗胃，以排除胃中的铅。

5）对症疗法。脱水和厌食时，可补充葡萄糖生理盐水；体温升高时，可应用抗生素、磺胺类药物；贫血时，可采用输血治疗。

五、磷化锌中毒

【病因分析】　人们常用磷化锌拌食饵灭鼠灭蚤，食饵被牛/羊误食，引起磷化锌中毒。中毒致死量为每千克体重 20~40 毫克。

【典型临床症状】

（1）急性型　患病牛/羊沉郁发呆，体温正常或偏低，食欲、反刍逐渐停止（有的瘤胃臌气），结膜苍白，口腔黏膜呈蓝紫色且糜烂，口吐白沫，呼吸困难，心跳减慢。末期全身痉挛，继而麻痹卧地不起，4~48 小时死亡。

（2）慢性型　患病牛/羊全身虚弱，打战，呼吸困难，眩晕。

【典型病理变化】　剖检可见胃内有毒饵（玉米），在暗处可呈现磷光，并有大蒜味。黏膜呈黑红色坏死脱落，小肠大量出血，肝脏、肺脏瘀血、肿大，气管充满泡沫。

【预防措施】　放置毒饵后必须防止牛/羊吃食。牧区放毒饵，应注意安全。

【治疗方法】　对发病牛/羊抓紧治疗。

1）发现后，及时灌服 0.2% 硫酸铜溶液，或者对患病牛/羊洗胃。

2）静脉注射安钠咖 20~30 毫升、25% 葡萄糖注射液 500~1000 毫升、氯化钙 100~200 毫升。

六、尿素中毒

【病因分析】　牛/羊在饲养中误食了尿素，或者饲料中尿素的添加量过多，均可引起尿素中毒。

【典型临床症状】 牛/羊采食尿素后，一般 30 分钟左右发病，发病牛/羊表现站立不安，痛苦呻吟，肌肉震颤，走路时摇摆，步态不稳。继而反复痉挛，呼吸非常困难，心跳亢进，从口、鼻流出含有泡沫的液体。随着病情的加重，后期患病牛/羊则全身出汗，瞳孔散大，肛门松弛，很快死亡。

【典型病理变化】 尸体迅速变暗。消化道受到严重损害；可见胃肠黏膜充血、出血、糜烂，甚至有溃疡形成。胃肠内容物为白色或红褐色，带有氨味。瘤胃内容物干燥，与生前瘤胃液体过多呈鲜明对比。心外膜有小出血点，内脏有严重出血，肾脏发炎且有出血。

【治疗方法】

1）口服食醋或稀醋酸，1% 醋酸 1 升、糖 500 克，加水 1 升，一次灌服。或者食醋 300 毫升，加水 1 升，一次灌服。

2）静脉注射 10% 硫代硫酸钠 50～100 毫升解毒。

3）静脉注射安钠咖 15～30 毫升、25% 葡萄糖注射液 500～1000 毫升、生理盐水 200～500 毫升、氯化钙 100～200 毫升。

七、氨中毒

【病因分析】 由于部分氨肥被牛/羊误食后引起中毒。主要氨肥有硝酸铵、硫酸铵、氨水等。

【典型临床症状】 氨中毒时患病牛/羊精神异常，兴奋不安或精神沉郁，走路摇晃，肌肉震颤，食欲废绝，瘤胃臌胀，并且腹痛较厉害，呻吟，有时有腹泻症状。流鼻液，呼吸困难，肺部听诊有湿啰音。口角流涎，检查口腔发现口腔黏膜潮红肿胀，甚至糜烂。当吸入氨气时，则伴有结膜角膜炎和不同程度的呼吸道疾病症状。

【预防措施】 ①牛/羊养殖户不得将化肥堆放在牛/羊舍附近。②禁止饮用施过化肥的田水。

【治疗方法】

1）对刚发病的牛/羊灌服食醋 500～1000 毫升或 5% 醋酸 200～500 毫升。

2）症状缓解时则用温水洗胃，导出胃内残留的氨。

3）用 0.1% 高锰酸钾溶液冲洗口腔，涂抹碘甘油。

4）静脉注射 10% 葡萄糖酸钙注射液 100～300 毫升、5% 葡萄糖注射液 1000～3000 毫升、10% 安钠咖 10～20 毫升，每天 1 次。

5）注射抗生素，防止感染。

八、亚硝酸盐中毒

牛/羊亚硝酸盐中毒，是由于饲料富含硝酸盐，在饲喂前的调制中或采食后的瘤胃内产生大量的亚硝酸盐，造成高铁血红蛋白血症，导致组织缺氧而引起中毒。

【病因分析】　富含硝酸盐的饲料有甜菜、萝卜、马铃薯、白菜、油菜、牧草、野菜、作物秧苗等。硝酸盐还原菌广泛存在于自然界和牛/羊的瘤胃内。一般温度在 20～40℃时该菌生长繁殖活跃。因此，当上述富含硝酸盐的饲料经日晒雨淋或堆垛存放而腐烂发热时，以及用温水浸泡，残热久存时，会产生大量的亚硝酸盐，牛/羊食用了这种饲料后可引起中毒。

【典型临床症状】

（1）急性中毒　患病牛/羊表现沉郁，流涎，呕吐，腹痛，腹泻，脱水，可视黏膜发绀，体温正常或低下，呼吸困难，心跳加快，肌肉震颤，步态不稳，很快卧地不起，四肢划动，全身痉挛，挣扎而死。有些病例突然死亡，无任何症状。

（2）慢性中毒　患病牛/羊表现为前胃弛缓，腹泻，跛行，抵抗力降低，甲状腺肿大。母牛/羊流产或分娩无力，受胎率低。

【典型病理变化】　血液呈暗褐色或酱油色，血凝不良。胃肠黏膜充血、出血，易于脱落。肺脏水肿，心内、外膜有出血点，肝脏肿大。

【预防措施】　不喂腐烂的白菜、甜菜等富含硝酸盐的饲料。这些饲料堆放及喂前处理时，不能久热浸焖。

【治疗方法】　发现中毒后，立即灌以特效解毒药。

1）静脉注射 1% 亚甲蓝注射液，每千克体重 0.1 毫升。或者 5% 甲苯胺蓝注射液，每千克体重 0.1 毫升。

2）洗胃，排除瘤胃内的亚硝酸盐，然后向瘤胃内注入抗生素，防止细菌对硝酸盐的还原作用。

3）强心补液，安钠咖 15～30 毫升、10% 葡萄糖注射液 500～1500 毫升、复方氯化钠 500～1000 毫升、维生素 C 30～50 毫升，静脉注射。

4）如果治疗脑水肿，则静脉注射甘露醇或山梨醇 200～500 毫升。1% 亚甲蓝溶液每千克体重用 0.2 毫升，静脉注射，必要时可重复应用 1 次。如果没有亚甲蓝，用 5% 抗坏血酸注射液，用量为 60～100 毫升，

肌内注射或静脉注射。在用上述特效药的同时，用0.1%高锰酸钾洗胃或灌服，并辅以葡萄糖注射液静脉注射。

九、棉籽饼中毒

【病因分析】 棉籽饼是牛/羊常用的蛋白质饲料，但其中所含棉酚有毒，如果脱毒不当，长期饲喂会引起中毒。

【典型临床症状】 牛/羊中毒后，会出现精神沉郁，食欲减退，瘤胃蠕动音减弱，反刍减少，肠音亢进，腹泻，粪便中含有血液或黏液。体温正常，但呼吸加快，脉搏增数。排尿疼痛，但含有血液，或者排血红蛋白尿。下颌、胸下和四肢出现浮肿。后期，则出现失明，虚弱，最后衰竭死亡。

【典型病理变化】 剖检可见胸腹腔、心包积液，肝脏肿大、质脆，呈土黄色，有带状出血。肺脏充血、水肿。胃肠黏膜出血，心肌松软，内外膜有出血点。肾盂水肿、有点状出血；膀胱充血，有出血点。

【防治措施】 ①用棉籽饼时不能过量，采用脱酚的棉籽饼。②用0.1%高锰酸钾或5%碳酸氢钠反复洗胃。③注射比塞可灵或新斯的明，促进胃肠排空。④保肝解毒，20%安钠咖15～30毫升、50%葡萄糖注射液200～500毫升、10%氯化钙50～100毫升，一次静脉注射，每天1次。

十、蓖麻中毒

【病因分析】 由于蓖麻叶和蓖麻子含有蓖麻毒素和蓖麻碱，牛/羊采食后容易引起中毒。

【典型临床症状】 牛采食后，病初精神沉郁，瘤胃蠕动音减弱，反刍减退，肠音亢进，粪便呈水样，并且恶臭带有血液，体温正常，呼吸增数；后期肠音消失，结膜充血，奶牛的产奶量下降，妊娠牛/羊流产。

【典型病理变化】 前胃充满蓖麻叶，皱胃黏膜条状出血，大小肠充血、出血。肝脏充血、肿胀。肾脏显著肿大，皮质部有瘀血和小出血点。支气管黏膜充血，支气管中有红色泡沫，肺脏充血、出血、水肿。心外膜有点状出血，冠状沟处出血点较多。

【防治措施】 ①最好的方法是注射抗蓖麻子毒素免疫血清。②初期，可进行洗胃排除瘤胃内毒物，必要时做瘤胃切开术。③灌服硫酸镁100～300克、液状石蜡200～500毫升、温水1000～2000毫升。④强心补液，安钠咖15～30毫升、10%葡萄糖500～1500毫升、20%维生素C

20 ~ 50 毫升。

十一、柞树叶中毒

【病因分析】　牛/羊连续采食柞树叶后，很容易发生中毒，特别是成年母牛和母羊易发。

【典型临床症状】　一般采食柞树叶几天后发病，病初时，患病牛/羊精神沉郁，食欲减退，喜欢采食干草，但不食青草；瘤胃蠕动音减弱，粪便干硬，带有黏液。

随着病情的延长，患病牛/羊出现高度沉郁，呆立，目光混沌，肌肉震颤，可视黏膜苍白，鼻镜干裂，体温低于38℃，食欲废绝，反刍停止。出现瓣胃阻塞症状，只排出少量腥臭的稀粪。磨牙，腹痛。胸前、腹下、会阴等处出现水肿。严重时出现胸水和腹水。尿量减少，呈透明或有潜血。病末期出现卧地不起、全身冰凉、呼吸困难、衰竭死亡等症状。

【防治措施】　①停止饲喂柞树叶，用5%碳酸氢钠洗胃。②瓣胃穿刺，注射硫酸镁 100 ~ 300 克，温水 1000 ~ 2000 毫升。③灌服鸡蛋清 10 ~ 20 个，保护胃肠黏膜。④10%硫代硫酸钠 100 ~ 200 毫升、20%维生素 C 20 ~ 50 毫升，一次静脉注射，每天 1 次，连用 3 天。⑤强心补液，安钠咖 15 ~ 30 毫升、10%葡萄糖 500 ~ 1500 毫升、糖盐水 500 ~ 1000 毫升，一次静脉注射。⑥利尿时可肌内注射呋塞米（速尿）。

十二、马铃薯中毒

【病因分析】　马铃薯中含有毒素，也称龙葵素，一般正常的马铃薯中龙葵素很少，如果马铃薯发芽、霉变，龙葵素含量增加，可引起中毒。

【典型临床症状】　轻度中毒时，患病牛/羊食欲减退或废绝，口腔黏膜肿胀，流涎，呕吐，便秘，有的则出现腹泻，并且粪便中带有血液。体温升高，妊娠的奶牛会出现流产。在口唇周围、肛门、阴道、乳房、四肢等处会出现湿疹或水疱性皮炎。

重度中毒时，患病牛/羊兴奋不安，向前冲撞，然后出现沉郁，后驱无力，步态不稳，甚至四肢麻痹，黏膜发绀，呼吸无力，瞳孔散大，衰竭死亡。

【典型病理变化】　黏膜苍白，血液暗黑，凝固不良，瘤胃有马铃薯残渣，胃肠黏膜有出血性炎症，实质器官出血，肝脏肿大、瘀血。

【防治措施】　①禁止用霉变、发芽的马铃薯喂牛/羊。②用 0.1%高锰酸钾洗胃。③灌服食醋 200 ～ 500 毫升或硫酸镁 100 ～ 300 克，导服。④如果患病牛/羊兴奋不安，可肌内注射盐酸氯丙嗪。⑤如果有胃肠炎，则灌服活性炭 50 ～ 100 克，磺胺咪 10 ～ 20 克。⑥出现衰竭时，则强心补液，安钠咖 15 ～ 30 毫升、10% 葡萄糖注射液 500 ～ 1500 毫升、复方氯化钠 500 ～ 1000 毫升、20% 维生素 C 20 ～ 50 毫升，一次静脉注射。

十三、食盐中毒

【病因分析】 食盐中毒是由于采食的食盐超过正常量，并且饮水不足而造成中毒。

【典型临床症状】 患病牛/羊体温正常，精神沉郁，步态不稳，肌肉震颤，流涎且呈白沫状，面部痉挛明显，眼结膜潮红，瞳孔散大，有时无目的地乱跑乱撞，卧地时四肢划动。出现腹泻、腹痛。口渴，大量饮水。发病严重时失明，流产。

【典型病理变化】 胃肠黏膜潮湿、肿胀、出血，重者黏膜脱落，肠道内有稀软且带血的粪便，呈暗红色，严重时可发展成纤维蛋白膜性肠炎；皮下呈现水肿；心包积液；肺脏充血、水肿；膀胱黏膜发红。

【防治措施】 ①注意饲养管理，食盐不能过量。②强心补液，10% 安钠咖 15 ～ 30 毫升、5% 葡萄糖 1000 ～ 3000 毫升、维生素 C 15 ～ 30 毫升。③静脉注射 10% 葡萄糖酸钙注射液 200 ～ 400 毫升。④洗胃，将多余的食盐导出。⑤如果出现脑水肿，可静脉注射甘露醇或山梨醇 500 ～ 1000 毫升。

十四、氢氰酸中毒

【病因分析】 高粱幼苗、玉米幼苗、木薯、亚麻、豌豆、蚕豆、三叶草等植物，含有较多的氢氰酸的衍生物氰甙配糖体，牛/羊如果大量采食，即可引起中毒。另外，牛/羊误食了氰化物污染的饲料或饮水，也可引起中毒。

【典型临床症状】 牛/羊采食后很快发病，20 分钟左右，患病牛/羊腹痛不安，站立不稳，痛苦呻吟，流涎呈白色泡沫，呕吐，呼吸困难，呼吸浅表，呼出的气体有苦杏仁味，黏膜潮红，肌肉震颤、痉挛，出汗。后期则出现精神沉郁，虚弱，卧地不起，结膜发绀，瞳孔散大，昏迷，最后窒息死亡。

【典型病理变化】 病死牛/羊尸体不易腐败，切开时见血色鲜红，血液凝固不良。口腔内有血色泡沫，胃肠黏膜充血、出血，气管、支气管及喉头的黏膜有出血点，肺脏充血或出血。

【防治措施】　①禁止饲喂幼苗。②先灌服硫代硫酸钠15～30克或0.1%高锰酸钾洗胃。③静脉注射1%亚硝酸钠，每千克体重1毫升，然后静脉注射10%硫代硫酸钠，每千克体重1毫升。④强心补液，安钠咖15～30毫升、10%葡萄糖500～1500毫升、生理盐水1000～1500毫升、20%维生素C 20～50毫升。

十五、酒糟中毒

【病因分析】　酒糟已广泛用于牛/羊的饲养，但长期饲喂或突然增加饲喂量或霉变会引起中毒。

【典型临床症状】　一般急性中毒时，发病牛/羊会表现兴奋不安，食欲减退或废绝，急性肠炎，粪便稀薄或呈水样，体温升高，呼吸加快，步态不稳，严重时出现四肢麻痹，甚至死亡。慢性中毒时，患病牛/羊主要表现为消化不良，可视黏膜潮红、黄染，有时伴发血尿，后肢出现皮炎且肿胀，破溃后容易感染化脓，出现跛行。

【防治措施】　①注意保存酒糟，防止霉变。②长期饲喂时，注意其他饲料的搭配。③对成年牛/羊用5%碳酸氢钠洗胃，然后一次灌服液状石蜡200～500毫升、活性炭30～50毫克、硫酸镁100～300克，加温水500～1000毫升，以促进毒素排出和保护胃肠黏膜。④强心补液，安钠咖15～30毫升、10%葡萄糖500～1500毫升、5%碳酸氢钠200～500毫升、生理盐水200毫升，青霉素500万～800万国际单位，链霉素200万～400万国际单位，一次静脉注射。

十六、黑斑病甘薯中毒

【病因分析】　甘薯黑斑病会使甘薯产生甘薯酮、甘薯醇、甘薯宁等毒素，牛/羊采食后会发生呼吸困难和急性肺部水肿、气肿等。

【典型临床症状】　牛/羊采食患黑斑病的甘薯后中毒，表现为呼吸困难，严重气喘，呼吸增数，可达100次/分，体温正常，肺部听诊呼吸音粗糙，头颈伸直，张口呼吸，并发出吭吭声。反刍停止，食欲废绝，粪便干硬，带有黏液和血液。少数患病牛/羊发病不久，则在颈部、肩部和背肋部出现皮下气肿，触诊有捻发音。严重病例会出现窒息死亡。

【典型病理变化】　肺脏膨大、充血、瘀血，间质气肿，切面流大量泡沫，气管中有泡沫，肠系膜淋巴结肿大。胸腔中有大量黄色液体。心包瘀血，肝脏、肾脏、胆囊、小肠、直肠出血。

【防治措施】 ①停止饲喂黑斑病甘薯，对患病牛/羊用 0.1% 高锰酸钾洗胃。②灌服活性炭 500~100 克、硫酸镁 100~300 克和液状石蜡 200~500 毫升，加水 500~1000 毫升一次灌服，以吸附和排出毒素。③10% 硫代硫酸钠 100~200 毫升、维生素 C 30~50 毫升静脉注射，缓解呼吸困难。④严重呼吸困难时可输氧或用 3% 双氧水（过氧化氢溶液）50~100 毫升加到 300~500 毫升糖盐水中缓慢静脉注射。⑤静脉注射 10% 安钠咖 15~30 毫升、50% 葡萄糖注射液 200~500 毫升，缓解肺水肿。

十七、黄曲霉素中毒

【病因分析】 黄曲霉素是黄曲霉的一种代谢产物，目前已发现有 20 多种黄曲霉毒及其衍生物，包括 B_1、B_2、G_1、G_2 等，其中以 B_1 的毒性最强，牛/羊主要是采食了感染黄曲霉的饲料而发病，如花生、玉米、黄豆等。

【典型临床症状】 一般呈慢性经过，患病牛/羊长期厌食，消瘦，磨牙，精神差，间歇性腹泻，并且有腹水，奶牛产奶量降低，妊娠母牛/羊出现流产。个别牛/羊出现神经症状，昏迷死亡。犊牛和羔羊则出现角膜混浊，腹水，发育缓慢。

【典型病理变化】 剖检特征性的病变是霉菌结节病灶，病变常发生于呼吸系统。肺脏有霉菌病灶，质地坚硬，黄色或灰白色，切面有分层结构，中心为干酪样坏死组织。在心脏、肝脏、肾脏、腹膜及肠管浆膜上也有霉菌结节病灶。肝脏肿大、色浅、有出血斑点。

【防治措施】 ①停止饲喂被感染的饲料。②用温水洗胃或用硫酸镁 100~200 克、液状石蜡 500~1000 毫升，加水 1000~2000 毫升一次导服。③静脉注射安钠咖 15~30 毫升、10% 葡萄糖注射液 500~1000 毫升、20% 维生素 C 30~50 毫升、10% 葡萄糖酸钙注射液 50~100 毫升，每天 1 次。

第八章 牛、羊营养代谢病的诊治

一、维生素A缺乏症

【病因分析】 维生素A是牛/羊必需的维生素,又称为视黄醇,其主要功能是维持视觉和骨形成机能,并且促进生长发育。如果饲料中缺乏胡萝卜素或由于牛/羊胃肠道机能紊乱,就会影响维生素A的吸收;一些母牛/羊在妊娠后期,也往往出现维生素A缺乏;犊牛和羔羊在代乳粉的喂养中,容易使维生素A遭到破坏,造成维生素A缺乏。

【典型临床症状】 眼干燥症和夜盲症是维生素A缺乏的特征之一,因此维生素A又称牛抗眼干燥症维生素。眼干燥症时会出现角膜干燥,畏光流泪,瞳孔散大或眼球凸出,有时会继发角膜炎和失明。夜盲症时,牛/羊在黑暗的地方会看不清,呈现走路不稳,乱撞。

成年母牛/羊缺乏维生素A时,会出现受胎率降低,以及胎衣不下、流产、死胎等疾病,或者造成骨质疏松、变形等疾病;在饲养中还会出现食欲减退,异嗜癖,消瘦体弱,被毛粗乱。犊牛和羔羊主要表现在发育弛缓。

【防治措施】 ①犊牛和羔羊在饲喂代乳粉时应添加鱼肝油制剂或维生素A添加剂。②成年母牛/羊应多饲喂胡萝卜素含量丰富的草料。③发病后可注射或口服维生素A制剂。

二、维生素D缺乏症

【病因分析】 维生素D在机体中的作用是促进钙、磷的吸收和促进骨质钙化。在饲养中,如果光照时间短或饲料加工不当,均容易引起牛/羊维生素D的缺乏。

【典型临床症状】 当犊牛和羔羊缺乏时,会出现发育缓慢,食欲减退,消瘦,被毛粗乱,并且由于骨质钙化障碍,会出现关节肿大、前肢弯曲、拱背等异常姿势。病情严重时会出现痉挛,卧地不起。奶牛缺维生素 D 时会出现产奶量降低。妊娠母牛/羊缺乏维生素 D 会出现早产或胎儿畸形。

【防治措施】 ①妊娠后期的母牛/羊注意维生素 D 的补充。②犊牛、羔羊饲养中注意添加鱼肝油和增加光照时间。③治疗时注射维生素 D 制剂，一般连续注射 7~10 天。

三、维生素 C 缺乏症

【病因分析】 维生素 C 也称抗坏血酸，其主要功能是参与胶原蛋白的合成、促进肾上腺皮质激素的代谢、维持毛细血管的通透性及增加机体抵抗力。牛/羊一般在肝脏疾病时才发生本病。

【典型临床症状】 患病牛/羊出现牙龈出血肿胀，严重时会出现溃疡及发生大面积出血。有的患病牛/羊伴随着皮炎。如果影响了肾上腺皮质激素的生成，则会继发酮病。由于患病牛/羊抵抗力的降低，很容易感染各种疾病。

【防治措施】 ①饲喂含维生素 C 丰富的饲料，如绿色饲料等。②注射维生素 C 针剂。③在治疗其他疾病时也可注射维生素 C 针剂，以增强患病牛/羊的抵抗力。

四、铁缺乏症

【病因分析】 成年牛/羊很少发病，主要是犊牛和羔羊在日常的饮食中摄入铁的量少而发病。

【典型临床症状】 一般患病牛/羊发育缓慢，较同日龄的犊牛、羔羊要小得多，精神差，反复出现消化不良、便秘或下痢。采食量少，异嗜癖，被毛无光泽，可视黏膜苍白，消瘦，虚弱。严重贫血时，会出现心脏亢进、呼吸加快等症状。

【防治措施】 ①对于重度贫血的犊牛，可补健康奶牛的全血 500 毫升。②口服硫酸亚铁，10~20 克/次，连用 15 天。③肌内注射维生素 B_{12} 制剂。

五、锰缺乏症

【病因分析】 锰是牛/羊必需的微量元素，是很多酶的激活剂，并且也参与多糖的合成。如果牛/羊采食的牧草中锰的含量低或由于其他原因影响了锰的吸收，均会出现锰缺乏症。

【典型临床症状】 锰缺乏时，犊牛、羔羊会出现采食量减少，发育缓慢，关节肿大，四肢变形，机体虚弱，从而导致患病牛/羊很不容易站立、行走跛行。成年母牛/羊则会出现发情无规律，推迟或不发情。有时母牛/羊卵巢萎缩，不排卵，妊娠母牛/羊会出现死胎等。

【防治措施】　①锰缺乏时，饲料中添加锰制剂，如硫酸锰。②犊牛、羔羊缺乏时，则口服硫酸锰，2～3克/天，连用7天。

六、佝偻病

【病因分析】　本病是生长期中的犊牛、羔羊由于维生素D缺乏而引起软骨内骨化障碍所致的骨营养不良，成骨细胞钙化不足，持久性软骨肥大及骨骺增大。快速生长的犊牛、羔羊在原发性磷缺乏及舍饲中光照不足时最易发生本病，刚刚断乳不久的犊牛、羔羊对维生素D缺乏的反应特别敏感，所以其发病率最高。

【典型临床症状】　犊牛、羔羊表现异嗜癖，消化机能扰乱，跛行，喜卧地，不愿起立和运动。体温正常，但可有腹泻，稍稍运动后就发生呼吸困难。站立时两前肢腕关节向外侧方凸出，使两前肢呈内弧圈状的弯曲（彩图8-1），两后肢跗关节向侧方内收，使两后肢呈"八"字形叉开。肋骨的胸骨端肿大如串珠状，胸廓扁平，甚至影响呼吸。脊柱变形，多数是呈上凸的拱背姿势。四肢各关节肿大，特别是腕关节和肘关节更明显，走路困难。病重的牛/羊不小心倒地或挣扎，可发生滑骨韧带附着点剥脱。

【防治措施】　妊娠和分娩母牛/羊，要保证有足够的青干草和充足的日光照射。犊牛和羔羊断乳以后，需有足够的青干草，并经常晒太阳。补充饲料要用豆科及禾本科种子、骨粉等。治疗主要依靠应用维生素D，如骨化醇（维生素D_2），每天5万～10万单位，口服；或者200万～400万单位，皮下或肌内注射，隔天1次，3～5次为1个疗程。最好用维D胶性钙，剂量为5～10毫升，每天或隔天皮下或肌内注射1次，3～5次为1个疗程，必要时连续进行2～3个疗程。

七、骨软病

【病因分析】　本病是成年牛/羊骨骼中成骨细胞充分钙化后，由于磷缺乏所导致的骨营养不良，破骨细胞增多，骨细胞脱钙并由未钙化的成骨细胞所代替。本病多见于高产奶牛，黄牛、绵羊也有发生，水牛不常见。

本病的发生，主要由于日粮中钙、磷缺乏或钙、磷比例不平衡。成年母牛/羊通常按每500千克体重每天给予磷和钙各11克，能满足其钙、

磷需要量（占日粮的0.12%~0.15%）。奶牛，每产1千克奶，每天供给其磷1.5克及钙2.2克，能维持健康与妊娠的需要量。如果磷摄入量充足，则钙与磷的比例应为（1~2）:1，但决不应超过4:1，否则将引发骨软病。至于黄牛，日粮中的钙、磷比例需维持在（2~2.5）:1，否则将引发骨软病。

【典型临床症状】 患病牛/羊初期有舐食癖（泥土、污草、石子等），这是本病的预兆。随后由明显的消化机能扰乱而发展到运动的跛行，患病牛/羊走路摇摆无力，弓背，站立时四肢屈曲，或经常喜卧地上而不愿起立。骨组织脱钙是重要特征，高产奶牛的第一、二尾椎骨逐渐变小而软，直至椎体消失。切齿和角根松动。在发病后期，可继发瘤胃臌气和积食，发生胃肠炎、骨折（肱骨多见，也见于股骨头及跟骨的腱剥脱）。发生关节扭伤及褥疮等。患病牛/羊食欲很差，消瘦，贫血。在奶牛群中，腐蹄病的发病率增高。

【防治措施】 从改善饲养着手，正确调整饲料日粮的钙、磷比例。对壮年的经产和高产母牛需常年补充骨粉（蛋壳粉或贝壳粉）。麸皮中含有大量的植酸钙和植酸磷，其吸收率和利用率极低。

药物治疗可应用20%磷酸二氢钠300~500毫升或3%次磷酸钙500~1000毫升，静脉注射，特别对那些伴有低磷酸盐血症的倒地不起的母牛/羊是有效的。

八、低镁血症

【病因分析】 牛/羊低镁血症主要是牛/羊采食了牧草而引起血液中镁减少，临床上以兴奋、痉挛等为特征。

【典型临床症状】 急性发病的牛/羊具有明显的神经症状，兴奋不安，肌肉震颤，反应敏感，牙关紧闭或不停地磨牙，眼球震颤，瞬膜凸出，不能站立，四肢肌肉强直性痉挛，处理不及时则会出现死亡。

慢性患病牛/羊，一般症状不明显，最终会出现急性症状而痉挛死亡。

【防治措施】 ①牛/羊凌晨放牧时，注意不要让牛/羊突然饱食青草。②经常放牧的奶牛注意补镁。③治疗时先静脉注射含安钠咖15~30毫升的10%葡萄糖溶液500~1000毫升，然后静脉注射20%硫酸镁50~100毫升，最后注射10%葡萄糖酸钙100~300毫升。

九、奶牛血红蛋白尿

【病因分析】 奶牛血红蛋白尿是指奶牛分娩后出现低磷血症，以排出血红蛋白尿为特征的疾病。本病一般于产后 2~4 周发生。主要原因是饲料中磷含量低。

【典型临床症状】　病牛精神沉郁，食欲减退，重者废绝，体温正常，脉搏增数，呼吸加快，产奶量降低，有时会出现卧地不起。排尿次数增加，色呈酱油色，均匀透明。可视黏膜黄染，后期因贫血而发绀。常因衰竭而死亡。

【防治措施】　①科学饲养，注意饲料中钙、磷平衡。②发病后静脉注射安钠咖 30 毫升、复方氯化钠 1500 毫升、5% 葡萄糖注射液 1000 毫升、20% 磷酸二氢钠 100 毫升，每天 1 次。③重症病牛应补健康牛的血液 2 升。

十、酮血病

【病因分析】　牛/羊酮血病是由于饲料中糖和产糖物质不足，以致脂肪代谢紊乱，大量酮体在体内蓄积而产生的一种营养代谢病。本病主要发生于奶牛，尤其是高产奶牛更为多发。饲喂富含蛋白质和脂肪的饲料过多而糖类饲料不足，是引发本病的主要原因。运动不足，前胃功能减退；大量泌乳，乳糖消耗增多，容易促使本病的发生。

【典型临床症状】　通常在产后 2~3 周发病。发病牛/羊呈现顽固性前胃弛缓，食欲减退，厌食精料，仅吃少量干草或其他粗饲料，或者饮食欲废绝，常发异嗜癖，吃污秽不洁的垫草等。反刍减少，瘤胃蠕动音减弱或消失，粪便干硬或发生腹泻，粪便恶臭。奶牛产奶量急剧下降。

病牛/羊呼出的气体和皮肤有酮味（如同烂苹果味或氯仿、丙酮味）。血液、尿液及乳汁中酮体增多，血糖降低。

病牛/羊可出现神经症状。初期兴奋不安，听觉过敏，眼神狞恶，眼球震颤，咬肌痉挛，背腰部皮肤敏感，有的横冲直撞，狂暴不安。后期转为抑制，步态不稳，后肢轻瘫，不能站立，卧地不起，有时头曲于颈侧而呈昏迷状态。

【预防措施】　加强饲养管理，注意饲料组合，不可偏喂单一饲料。妊娠后期和产犊以后，应减喂精料，增喂优质青干草、甜菜、胡萝卜等含糖和维生素丰富的饲料。适当增加运动，及时治疗前胃疾病。

【治疗方法】　首先应加强护理，调整饲料，减喂油饼类等富含脂肪的精料，增喂甜菜、胡萝卜、干草等富含糖和维生素的饲料，并适当增加运动。

（1）补糖　可用 25%～50% 葡萄糖注射液 300～500 毫升，静脉注射，每天 2 次。如果同时肌内注射胰岛素 100～200 单位，效果更好。

（2）补充产糖物质　可用丙酸钠 120～200 克，混饲喂给或口服，连用 7～10 天；或丙二醇 100～120 毫升，口服，连用 2 天；或用甘油 240 毫升，口服，连用数天。也可口服乳酸钠或乳酸钙 300～450 克，每天 1 次，连用 2 天；或口服乳酸铵 100～200 克，每天 1 次，连用 5 天。

（3）促进糖原异生　可应用氢化可的松 0.5～1 克，或醋酸可的松 0.5～1.5 克，或地塞米松 10～30 毫克，或氢化泼尼松（泼尼松）50～150 毫克，或促肾上腺皮质激素 1 克，肌内注射。

（4）解除酸中毒　可静脉注射 5% 碳酸氢钠溶液 500～1000 毫升，或口服碳酸氢钠 50～100 克，每天 1～2 次。对兴奋不安的病牛，可静脉注射 5% 水合氯醛乙醇注射液 200～300 毫升，或口服水合氯醛 15～30 克。为了兴奋瘤胃蠕动，可酌情使用兴奋瘤胃蠕动的药物。

十一、奶牛产后瘫痪

【病因分析】　奶牛产后瘫痪是奶牛高发病，是指奶牛分娩后出现以卧地不起为主要特征的血钙代谢障碍。一般多胎奶牛容易发生，其主要原因是奶牛分娩后，产奶量大增，造成血钙流失，或产前饲喂高钙低磷的饲料，造成钙的吸收障碍。

【典型临床症状】　一般奶牛刚发病时，出现神经兴奋，磨牙，摇头，伸舌，肌肉震颤，两后肢交替着地，随后出现站立不稳，行走时摇晃不稳，不久便卧地不起（彩图 8-2）。强行轰赶时，会勉强站立，而后又突然趴下。随病程的延长，奶牛不能站立，出现昏睡状态，脊柱呈典型的 S 状弯曲，针刺反射消失，体温降至 36℃ 左右。后期出现瞳孔放大，肛门松弛，反射消失，病牛陷入昏睡状态。

【防治措施】　①产前 15 天饲喂低钙高磷饲料，并且注意阴离子盐的添加。②对于产前较弱的奶牛可于产前静脉注射钙制剂。③静脉注射 10% 葡萄糖酸钙 1000 毫升或 5% 氯化钙 500 毫升、25% 葡萄糖 500 毫升，8 小时后重复注射 1 次。如果补钙后症状有所改善，但仍不能站立者，可静脉注射 15% 磷酸二氢钠 300 毫升。注意补钙时应缓慢注射，防止钙离子刺激心脏。一般先补葡萄糖，再补钙。④通过乳房送风来治疗。

十二、奶牛妊娠毒血症

【病因分析】　奶牛妊娠毒血症又称奶牛肥胖综合征或奶牛脂肪肝。

主要原因是妊娠期间采食精料过多，造成肥胖；或者饲粮中粗饲料缺乏；或者继发于低血钙、皱胃左方变位等疾病。

【典型临床症状】　大多数病牛随分娩发病，奶牛不吃不喝，精神沉郁，没有奶，瘤胃蠕动减弱，体温升高，眼结膜黄染，病情稍轻的，常伴发胎衣不下、乳腺炎等疾病，并且伴有酮病，严重者昏迷死亡。

【防治措施】　①加强饲养管理，注意日粮平衡，防止干奶期奶牛过胖。②合理分群，注意干奶牛的管理。③注意产后奶牛的管理，防止疾病发生。④治疗应以保肝、补充能量为原则。⑤10%葡萄糖注射液1000毫升、安钠咖30毫升、10%葡萄糖酸钙300毫升、5%碳酸氢钠500毫升，一次静脉注射。⑥取健康奶牛的瘤胃内容物投服到病牛瘤胃中。⑦口服丙二醇或肌内注射胰岛素，促进葡萄糖代谢，连用5天。

十三、奶牛食饵性蹄叶炎

【病因分析】　奶牛食饵性蹄叶炎是由于采食了大量的精料，而造成蹄部真皮发生弥漫性非化脓性炎症，主要特征是疼痛和跛行。

其主要原因是奶牛采食大量精料，而在瘤胃内产生大量乳酸，乳酸通过血液到达蹄部真皮毛细血管，使之瘀血，刺激局部神经而发生疼痛。

【典型临床症状】　病牛一般四蹄或两蹄发病，站立姿势异常，四肢只能短时间负重，交替着地，有时甚至卧地不起。如果两前肢发病，则会出现两前肢向前伸，蹄踵部着地，蹄尖翘起，头部高抬，两后肢伸于腹下。两后肢发病时，两前肢向后伸，两后肢向前伸，头颈低下。一般病蹄交替着地。强迫运动时，步态不稳，强拘。体温升高，心跳加快，呼吸增数。严重者食欲减退，肌肉震颤，患肢僵直。触诊蹄部疼痛敏感，并且有充血现象。

【防治措施】　①加强饲养管理，注意精料不宜过多，并且更换饲料应慢慢过渡。②首先镇痛消炎，局部注射普鲁卡因青霉素，进行封闭消炎。③对病蹄进行冷水浴。④静脉注射5%碳酸氢钠1000毫升、生理盐水1000毫升，连用7天。⑤注射抗组胺药和肾上腺皮质激素。⑥如果瘤胃酸中毒，则可进行洗胃。

第九章 牛、羊其他普通病的诊治

第一节 内科疾病

一、口炎

口炎是口腔黏膜表层和深层组织的炎症。在病理过程中，口腔黏膜和齿龈发炎，可使患病牛/羊采食和咀嚼困难，口流清涎，痛觉敏感性增高。临床常见单纯性局部炎症和继发性全身反应。

【病因分析】 常见的病因是采食粗硬的饲料，饲料不洁或混有尖锐的异物，以及动物本身牙齿磨灭不正。其次是误食有刺激性的物质，如生石灰、氨水和高浓度刺激性强的药物等。

此外，还可继发于舌伤、咽炎及某些传染病。

【典型临床症状及典型病理变化】 患病牛/羊表现为采食小心，咀嚼缓慢，有时将饲料吐出口外。流涎，大量唾液呈白色泡沫状附于唇边或呈牵丝状流出。口腔黏膜潮红、肿胀，口温增高，舌面有舌苔，口内有甘臭或腐败臭味。有时在口腔黏膜上可看到创伤、水疱、烂斑、溃疡等病变。

【预防措施】 注意饲料卫生，及时修整病齿，防止误食刺激性物质。

【治疗方法】 除去病因，加强护理，喂给柔软易消化的饲料。

1）用1%食盐水，或2%~3%硼酸溶液，或2%~3%碳酸氢钠溶液冲洗口腔，每天2~3次。

2）口腔恶臭时，可用0.1%高锰酸钾溶液冲洗口腔。

3）口腔分泌物过多时，可用1%明矾溶液，或1%鞣酸溶液冲洗口腔。

4）口腔黏膜或舌面发生烂斑或溃疡时，洗口后还可用碘甘油（5%碘1份，甘油9份），或2%甲紫液，或1%磺胺甘油乳剂涂布创面，每天 1~2 次。

5）对牛的严重口炎，口衔磺胺明矾合剂（长效磺胺粉 10 克、明矾 2~3 克，装入布袋内），每天更换 1 次，效果良好。

二、咽炎

咽炎是各种病原微生物感染口腔咽部而产生的炎症，可单独存在，也可与鼻炎、扁桃体炎和喉炎并存，或者为某些疾病的前驱症状。

【病因分析】　主要是由于机械性刺激、吸入刺激性气体及寒冷刺激等所致；其次是继发于口炎、喉炎、牛/羊痘、结核等病。

【典型临床症状】　患病牛/羊咽部肿胀，头颈伸展。触压咽部时，表现敏感，伸颈摇头，并发咳嗽。

患病牛/羊表现吞咽障碍。轻症者，吞咽困难，但能饮水；重症者，不能吞咽，食物及饮水由鼻腔逆出。口腔内蓄积大量黏稠唾液，呈牵丝状流出，或者于开口时大量流出。

轻症病例，全身症状不明显。重症病例，体温升高，脉搏、呼吸增数，颌下淋巴结肿大，炎症常蔓延到喉部，导致呼吸促迫，频发咳嗽。

【防治措施】

1）将患病牛/羊拴饲养在温暖干燥、通风良好的圈舍内，给予柔软易消化的草料，并勤给微温盐水。

2）重症者可静脉注射 10%~25% 葡萄糖注射液 1000~1500 毫升，或者营养灌肠，切勿经口、鼻投药，以防误咽。咽部可用温水或白酒温敷，每次 20~30 分钟，每天 2~3 次，或在咽部涂擦 10% 樟脑酒精、鱼石脂软膏，或将复方醋酸铅散（安得利斯粉）用醋调成糊剂，涂于咽部，干燥时喷水湿润，每天换药 1 次。

3）口衔磺胺明矾合剂。

4）重症病例，可用 20% 磺胺嘧啶钠溶液 5~10 毫升，10% 水杨酸钠溶液 50~100 毫升，分别静脉注射，每天 2 次；或者用青霉素 100 万~120 万单位，肌内注射，每天 2~3 次。

三、食道阻塞

食道阻塞也称食管阻塞，是食道内腔被食物或异物堵塞而发生的以咽下障碍为特征的疾病。

【病因分析】　主要是饿后贪食，采食过急，或者采食中突然受惊急咽，多在吞食萝卜、甘薯、马铃薯、甜菜、玉米棒等块状饲料时发生。

本病也可继发于食管狭窄、食管痉挛、食管麻痹等病。

【典型临床症状】 患病牛/羊突然停止采食，骚动不安，摇头缩颈，屡做吞咽动作。口内流涎，空口咀嚼，伴发咳嗽，常从口、鼻逆出蛋清样液体。采食、饮水时，食物和水从鼻腔逆出。发病牛/羊很快继发瘤胃臌胀。

颈部食管梗塞，视诊可见膨大部，触诊可摸到梗塞物。胸部食管梗塞，如有大量唾液蓄积于梗塞物上方食管，触压颈部食管有波动感。

【预防措施】 饲喂要定时定量，勿使牛/羊饥饿，防止采食过急；合理调制饲料，如豆饼要泡软，块根类饲料要适当切碎等；在块根类农作物收获季节，使役的牛应戴上口网，以防偷吃，即便偷吃，也应缓慢驱赶。

【治疗方法】 如果患病牛/羊已经发生瘤胃臌胀，应及时进行瘤胃穿刺放气，以防窒息。

本病的根本疗法是除去食管内的梗塞物。对于颈部食管梗塞，可先用胃管灌入植物油100～200毫升，然后将牛/羊头部保定好，装开口器，助手用双手将梗塞物自下而上推送到咽部固定，术者用左手将舌拉出口外，右手伸入咽部取出梗塞物。

胸部食管梗塞，可先灌服2%普鲁卡因溶液20～30毫升，经10分钟后，灌服液状石蜡或植物油100～200毫升，用胃管小心地将梗塞物向胃内推送。或者在胃管上连接打气筒，有节奏地打气，趁食管扩张时，将胃管缓缓推进，有时可将梗塞物送入胃内。

治疗食管梗塞，还可用5%水合氯醛乙醇注射液200～300毫升，静脉注射；或静松灵3毫升，肌内注射。也可先灌服液状石蜡或植物油100～200毫升，然后皮下注射3%盐酸毛果芸香碱溶液2～3毫升。

如果颈部食管梗塞物大而坚硬，应用各种疗法均无效果，可行食管切开术，取出梗塞物。

四、前胃弛缓

前胃弛缓是前胃神经肌肉感受性降低，收缩力减弱，瘤胃内容物运转迟滞，菌群失调，产生大量发酵和腐败物质，引起消化障碍，食欲、反刍减退，乃至全身功能紊乱的一种疾病，可继发酸中毒。

【病因分析】 发生前胃弛缓的原因复杂，一般可分为原发性和继发性两种。不良的饲养管理是原发性前胃弛缓的主要原因，长期大量饲喂粗硬秸秆（如豆秸、山芋藤等）、饮水少、草料骤变、饲养方法改变、采食精料过多等，导致消化系统机能下降，致使本病的发生。

　　牛/羊舍阴冷、潮湿、拥挤、污秽，缺乏运动和日照，以及其他各种不良因素的刺激等均能引起前胃神经兴奋性的降低，以及前胃消化、运动机能的紊乱而发生本病。

　　继发性前胃弛缓的病因较复杂，可继发于某些传染病、寄生虫病、口腔疾病、其他肠道疾病、代谢疾病等。

　　【典型临床症状】　患病牛/羊精神沉郁，食欲减退或废绝，鼻镜干燥，经常磨牙，反刍迟缓或停止，嗳气减少或停止。瘤胃蠕动音减弱或消失，瘤胃内容物柔软或粘硬，有时出现轻度瘤胃臌胀。网胃及瓣胃蠕动音减弱或消失。病初排粪迟滞，粪便干硬色暗，呈黑色泥炭状，继而发生腹泻，排棕褐色粥样或水样稀便，粪便恶臭难闻。体温、脉搏、呼吸一般无明显变化。后期脉搏增数；继发瘤胃臌胀时，呼吸困难；继发肠炎时，体温升高。

　　【预防措施】　注意改善饲养管理，合理调配饲料，不喂霉败、冰冻等质量不良的饲料，防止突然变换饲料。加强运动，合理使役。

　　【治疗方法】　病初绝食1～2天，以后喂给优质干草和易消化的饲料，要少给勤添，多饮清水。

　　为了增强瘤胃蠕动的功能，可先服缓泻、制酵剂，如用硫酸镁300～500克，松节油30～40毫升，酒精50～80毫升，温水4～5升，一次口服；或液状石蜡1～2升，苦味酊20～40毫升，一次口服。再用兴奋瘤胃蠕动的药，如用苦味酊50毫升，稀盐酸30毫升，番木鳖酊15～25毫升，酒精50～100毫升，常水50～500毫升，一次口服；或新斯的明20～60毫克，皮下注射，最好用其最低量，每隔2～3小时注射1次；或毒扁豆碱30～50毫克，一次皮下注射；或盐酸毛果芸香碱40～50毫克，皮下注射。对原发性前胃弛缓，静脉注射10%氯化钠溶液300～500毫升、10%氯化钙溶液100～200毫升和20%安钠咖溶液10～20毫升，效果较好。

　　为了改善瘤胃内的生物学环境，提高纤毛虫的活力，可从健康牛/羊的口中取出反刍食团，投与患病牛/羊；或者用胃管采取健康牛/羊的瘤胃内容物，投与患病牛/羊。

　　患病牛/羊食欲废绝时，可静脉注射25%葡萄糖溶液500～1000毫升，每天1～2次；继发胃肠炎时，可口服黄连素（小檗碱）1～2克，

每天 3 次；发生酸中毒时，可静脉注射 5% 碳酸氢钠溶液 1 ~ 2 升。

五、瘤胃积食

瘤胃积食也称急性瘤胃扩张，是由于瘤胃内积滞过多的食物，容积增大，使前胃机能紊乱而发病。本病多见于舍饲奶牛。

【病因分析】 瘤胃积食主要是贪食过多的豆科植物干草、块茎饲料和容易膨胀的精饲料（大麦、玉米、黄豆、豆饼等）或不易消化的粗饲料（麦草、谷草、稻草、豆角皮、豆秸等）所致，有时饲养管理不当也可引起。

【典型临床症状】 患病牛/羊病初食欲减退，反刍、嗳气减少或停止，拱背，不断努责，回顾腹部，后蹄踢腹，磨牙，摇尾，站立不安，时欲卧地，但卧地短暂又复站立，一般取右侧横卧。瘤胃蠕动微弱或完全停止。通过直肠按压瘤胃内容物时，多为坚实沙袋样，患病牛/羊有痛感。左腹中下部增大，触诊坚硬和面团样。叩诊呈浊音，有时上部有少量气体。鼻镜干燥，鼻孔有黏液脓性分泌物。通常排软粪或腹泻，粪呈黑色且带恶臭味。严重者粪中带血和黏液及未消化的饲料颗粒。一般体温不高，由于瘤胃内容物增多，呼吸紧张而急促，心跳加快。

病情严重者，患病牛/羊迅速脱水、衰竭、步样蹒跚、臀部摇晃，四肢颤抖，如同醉酒。有的患病牛/羊卧地不起，头转向腹壁，很像产后麻痹。

发生酸中毒时，患病牛/羊呈现昏迷，视觉紊乱，碰撞障碍物，失明，呼吸加深。过食精饲料的病例，由于毒血症，病情更为严重，可能出现严重的神经症状，发生蹄叶炎、中毒性前胃炎、胃肠炎等。

【预防措施】 加强饲养管理，防止牛/羊过食，避免突然更换饲料，粗饲料要适当加工软化后再喂。

【治疗方法】 治疗瘤胃积食，关键在于排出瘤胃内容物，根据病程可用促进瘤胃蠕动、洗胃、泻下和瘤胃手术等方法。

（1）轻症 按摩瘤胃，每次 5 ~ 10 分钟，必要时可在 6 ~ 8 小时内，每隔 30 分钟按摩 1 次，同时灌服大量温水。也可内服面包酵母，每天 2 次，每次 250 ~ 500 克。

内服泻剂，如硫酸镁或硫酸钠 400 ~ 800 克，加制酵剂或吸附剂及适量水，一次内服；如瘤胃过度充满，可用油类泻剂——液状石蜡 1000 ~ 2000 毫升或豆油 1000 ~ 1500 毫升，一次内服。应用泻剂后，再给予促进瘤胃运动的兴奋药，如静脉注射 10% 氯化钠注射液 300 ~ 500 毫升，或"促反刍液" 500 ~ 1000 毫升。氨甲酰胆碱（卡巴胆碱）少量多次皮下注射，每天 2 ~ 3 次，每次 2 ~ 3 毫升。

（2）**比较顽固的病例**　在静脉注射"促反刍液"的同时进行洗胃，以排出瘤胃内的饲料及有害物质。洗胃时，可用口径较大的胃管灌入大量温水，然后再导出来，如此反复进行，直到瘤胃内饲料大部分被洗出为止。

（3）**严重的瘤胃积食，并伴有脱水、酸中毒及神经症状时**　静脉注射 5% 葡萄糖生理盐水或复方氯化钠溶液，每天 2 ~ 3 次，每天 5000 ~ 8000 毫升，同时注射安钠咖及维生素 C。为了解除酸中毒，可内服碳酸氢钠 100 ~ 200 克，或静脉注射 3% ~ 5% 碳酸氢钠溶液 500 ~ 800 毫升或 11.2% 乳酸钠溶液 200 ~ 400 毫升。高度兴奋时，肌内注射氯丙嗪 300 ~ 500 毫升。静脉注射 8% 水合氯醛硫酸镁 100 ~ 200 毫升。若为豆类过食，可在早期内服青霉素 500 万 ~ 1000 万单位。

还可用四环素 8 ~ 10 克，同时静脉注射谷氨酸。

危重病例，发现时间较早，可考虑施行瘤胃切开术。

六、瘤胃臌胀

瘤胃臌胀也称瘤胃臌气，是采食了大量易发酵产气的饲料，使瘤胃急剧膨胀的疾病。

【病因分析】

（1）**原发性瘤胃臌胀**　主要是由于采食大量容易发酵的饲料，特别是经过舍饲而在春天开始放牧或饲喂大量幼嫩多汁的青草时最容易发生。吮奶犊牛和断奶犊牛，有时由于急促饮食大量牛奶而发病。

（2）**继发性瘤胃臌胀**　主要是由于前胃的机能减弱，嗳气机能障碍，胃内容物形成的气体不能正常排出，积聚于瘤胃中引起慢性瘤胃臌胀的发生。

【典型临床症状】　常于采食易发酵的饲料 15 分钟后就产生臌气。腹部急剧膨胀，最严重者高出背脊。患病牛/羊表现疼痛不安，不断回顾腹部，后肢踢腹，甚至打滚，有时起卧不安。叩诊左腹部呈现鼓音，按压时感觉腹壁紧张，压后不留压痕。反刍、嗳气很快停止。在臌气初期，瘤胃蠕动增强，但很快减弱，甚至消失。瘤胃内容物通常呈粥状，有时从口中呈喷射状呕出。

患病牛/羊呼吸困难，严重时张口呼吸、舌伸出、流涎和头颈伸展，呼吸数达 60 ~ 80 次/分。结膜初期充血，以后发绀。心悸亢进，脉搏快而弱，达 100 ~ 120 次/分，静脉怒张。体温正常，有时精神沉郁，全身大汗，不断排尿。末期，运动失调，行走摇摆，站立不稳，倒地而不能起立，不断呻吟，全身痉挛，最终死亡。

继发性瘤胃臌胀还表现为发病缓慢，患病牛/羊食欲减少，左腹膨胀，触诊腹部紧张性降低，通常臌气呈周期性，经一定时间而发生，有时呈现不规则的间歇。严重时呼吸困难，减轻时呼吸又转为平静。轻症时瘤胃蠕动可能正常，但一般均减弱，反刍减少。病重时，瘤胃蠕动和反刍完全停止。病程可达几周，甚至拖延数月，发生便秘或下痢，逐渐消瘦、衰弱。

【预防措施】 加强饲养管理，防止牛/羊贪食过多幼嫩多汁的豆科牧草，尤其由舍饲转为放牧时，应先喂些干草或粗饲料，适当限制在牧草幼嫩茂盛的牧地和霜露浸湿的牧地上的放牧时间。

【治疗方法】

1）牛的轻度臌气，可用小木棒，涂擦松馏油或大酱，横衔于口中，用绳固定于角根后部，将病牛牵到斜坡上，头向上，然后用草束在左腹部上下按摩，持续时间为 10 ~ 15 分钟。除妊娠母牛外，也可于右腹部按摩，每 2 小时按摩 1 次，或者经口送入胃管排气。

2）重病例可用套管针插入瘤胃放气急救。插入部位在左腹部的中央。插入前手术部位及套管针必须严格消毒，刺入之后拉出针芯，气体则自套管逸出。放气不宜过快，否则引起大脑贫血和昏迷。为了不使内容物再度发酵，可用注射器经套管注入止酵剂。

3）对泡沫性臌气，可用导管灌入土霉素、青霉素等抗生素或制酵剂。应用酒精和亚丁醇 20 ~ 30 毫升灌入瘤胃，也可内服豆油等植物油 250 毫升。内服或瘤胃注射松节油 30 ~ 60 毫升。应用鱼石脂 10 ~ 15 克、松节油 20 ~ 30 毫升、酒精 30 ~ 40 毫升，配成合剂，对泡沫性和非泡沫性臌气，均有良好作用。对非泡沫性臌气，可内服镁乳（8% 氢氧化镁混悬液）及氧化镁 50 ~ 100 克，加水 500 毫升。

为了排出发酵的胃内容物，可用导泻剂，如人工盐 400 ~ 500 克或蓖麻油 250 ~ 400 毫升，或者其他盐类和油类泻剂。

七、创伤性网胃炎

【病因分析】 牛/羊采食时不经细嚼即吞下，而且口腔黏膜对机械性刺激敏感性差，当饲草中混有尖锐的金属异物时，极易被牛/羊囫囵吞下，进入网胃。在网胃的强力收缩下，若仅刺伤网胃，则引起创伤性网胃炎，若穿透网胃壁，伤及腹膜、横膈膜、心包膜，则形成创伤性腹膜炎或心包炎。

本病主要发生于舍饲的奶牛。草原上放牧牛/羊，距离城市和工矿区远，很少发生。

【典型临床症状】　患病牛/羊采食时随同饲料吞咽下的金属异物，在未刺入胃壁前，没有任何临床症状。异物通常存留在网胃内。当分娩阵痛、长途输送、瘤胃积食及其他致使腹腔内压增高的因素影响下，突然呈现临床症状。

发病的初期，一般多呈现前胃弛缓，食欲减退，有时异嗜，瘤胃收缩力减弱，反刍受到抑制而弛缓，不断嗳气，常常呈现间歇性瘤胃臌胀。肠蠕动音减弱，有时发生顽固性便秘，后期下痢，粪有恶臭味，产奶量下降。由于网胃疼痛，患病牛/羊有时突然骚动不安，病情逐渐加剧，久治不愈，并因网胃和腹膜或胸膜受到金属异物损伤，呈现各种异常的临床症状。

（1）姿态异常　站立时，常采取前高后低的姿势，头颈伸展，两眼半闭，肘关节向外展，拱背，不愿移动。

（2）运动异常　牵病牛/羊行走时，嫌忌上下坡、跨沟或急转弯。牵在砖石或水泥路面上行走时止步不前。

（3）起卧异常　当卧地、起立时，因感疼痛，极为谨慎，肘部肌肉颤动，甚至呻吟和磨牙。

（4）叩诊异常　叩诊网胃区，即剑状软骨左后部腹壁，病牛/羊感到疼痛，呈现不安，呻吟退让，躲避或抵抗。

（5）反刍、吞咽异常　有些病例，反刍缓慢，间或见到吃力地将瘤胃中食团逆呕到口腔，并且吞咽动作常有特殊表现，吞咽时缩头伸颈，停顿，很不自然。

（6）敏感检查　用力压迫病牛胸椎脊突和剑状软骨，或于鬐甲与网胃水平线上，双手将鬐甲皮肤捏成皱褶，病牛表现出敏感不安，并引起背部下凹现象。

由于金属异物穿透网胃，刺损内脏和腹膜所导致的炎性变化不同，而临床症状也各异。一般而言，腹腔脏器被铁丝或铁钉刺损时，常常呈现剧烈腹痛症状。如果伴发急性局限性腹膜炎，体温轻度升高，呼吸稍促迫，脉搏略增数，姿态异常，食欲减退，数日后病情不定。当病变部结缔组织增生将异物包埋时，症状消退，不见异常。但其后又常常复发，病情增剧。若伴发急性弥漫性腹膜炎或胸膜炎，内脏器官粘连，体温上升至 40～41℃，脉搏增至 100～120 次/分，呼吸浅表且疾速，全身症状明显。至于脾脏或肝脏受到损伤，则形成脓肿，扩散蔓延，往往引起全身脓毒败血症，病情急剧发展和恶化。

【预防措施】　①加强饲养管理工作，防止饲料中混杂金属异物。②建立定期检查制度。特别是对饲养场的牛群，可请兽医人员应用金属探测器进行定期检查，必要时再应用金属异物摘除器，从瘤胃和网胃中摘除异物。

【治疗方法】

（1）手术疗法　创伤性网胃腹膜炎，在早期如无并发症，可采取手术疗法，施行瘤胃切开术，从网胃壁上摘除金属异物，同时加强护理措施。

（2）保守疗法　将病牛立于斜坡上或斜台上，保持前躯高后躯低的姿势，减轻腹腔脏器对网胃的压力，促使异物退出网胃。同时应用磺胺类药物，按每千克体重 0.07 克，内服；或用青霉素 300 万单位和链霉素 2～3 克，分别肌内注射，连续用药 3 天。对病牛也可用特制磁铁经口投入网胃中，吸取胃中金属异物，同时应用青霉素和链霉素，肌内注射。

此外，加强饲养和护理，使患病牛/羊保持安静，先绝食 2～3 天，其后给予易消化的饲料，并适当应用防腐止酵剂、高渗葡萄糖或葡萄糖酸钙溶液，静脉注射，增进治疗效果。

八、瓣胃阻塞

瓣胃阻塞（瓣胃秘结）是由于牛/羊瓣胃的收缩力量减弱，食物排出作用不充分，通过瓣胃的食糜积聚，不能后移，充满瓣叶之间，水分被吸收，内容物变干而致病。其临诊床特征为瓣胃容积增大、坚硬，不排粪便，腹部胀满。

【病因分析】

（1）原发性阻塞　主要见于长期饲喂麸糠、粉渣、酒糟等含有泥沙的饲料，或者粗纤维坚硬的甘薯蔓、花生秧、豆秸、青干草、红茅草、豆荚、麦糠等。特别是铡短草饲喂牛/羊，为本病的主要病因之一。其次，由放牧转变为舍饲，或者饲料突然变换，饲料质量低劣，缺乏蛋白

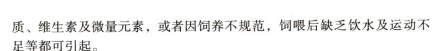

质、维生素及微量元素，或者因饲养不规范，饲喂后缺乏饮水及运动不足等都可引起。

（2）继发性阻塞 常见于皱胃阻塞、皱胃变位、皱胃溃疡、腹腔脏器粘连、生产瘫痪等。

【**典型临床症状**】 发病初期，呈现前胃弛缓，食欲不定或减退，便秘，粪成饼状，瘤胃轻度膨胀，瓣胃蠕动音微弱或消失。于病牛右侧腹壁瓣胃区（第七至第九肋间的中央）触诊，病牛感到疼痛，叩诊浊音区扩张。精神迟钝，时而呻吟。奶牛产奶量下降。稍后精神沉郁，反应减退，鼻镜干燥、皲裂、空嚼、磨牙，呼吸浅表、疾速，心脏机能亢进，脉搏数增至 80～100 次/分。食欲、反刍消失，瘤胃收缩力减弱。晚期病例，瓣叶坏死，伴发肠炎和全身败血症，体温升高至 40.5～41℃，食欲废绝，排粪停止，或者排出少量黑褐色藕粉样具有恶臭味的黏液。尿量减少，呈黄色，或者无尿。呼吸疾速，心悸，脉搏数可达 100～140 次/分，脉律不齐，微循环障碍，结膜发绀，形成脱水与自体中毒现象。体质虚弱，神情忧郁，卧地不起，病情显著恶化。

【**预防措施**】 本病的预防，在于避免长期应用麸糠及混有泥沙的饲料喂养，同时注意适当减少坚硬的粗纤维饲料。铡草饲喂牛/羊，也不宜将饲草铡得过短，糟粕饲料不宜长期饲喂过多，注意补充含矿物质的饲料，并给予适当运动。发生前胃弛缓时，应及早治疗，以防止发生本病。

【**治疗方法**】 本病多因前胃弛缓而发病，治疗原则应着重增强前胃运动机能，促进瓣胃内容物排除，增进治疗效果。

初期，病情轻的，可用硫酸镁或硫酸钠 300～500 克，常水 5000～8000 毫升，或液状石蜡 1000～2000 毫升，或植物油 500～1000 毫升，一次内服。同时应用 10% 氯化钠溶液 100～200 毫升、20% 安钠咖注射液 10～20 毫升，静脉注射，增强前胃神经兴奋性，促进前胃内容物的运转与排除。病情严重的，同时可应用士的宁 0.015～0.03 克皮下注射，毛果芸香碱 0.05 克或新斯的明 0.01～0.02 克，或氨甲酰胆碱 1～2 毫克，皮下注射。但需要注意，体弱的牛、妊娠母牛、心肺功能不全的病牛，忌用这些药物。

瓣胃注射，可用 10% 硫酸钠溶液 1000～3000 毫升、液状石蜡 300～500 毫升、普鲁卡因 2 克、盐酸土霉素 3～5 克，配合一次瓣胃内注入。注射部位在右侧第九肋间与肩关节水平线相交点略向前下方刺入 10～12 厘米，判明针头已刺入瓣胃时，方可注入。

病牛有肠炎或全身败血症现象时，可根据病情发展，应用撒乌安注射液100～200毫升，静脉注射，同时尚需注意及时输糖补液，防止脱水和自体中毒，以缓和病情。

依据临床实践，目前多在确诊后采取瓣胃冲洗疗法，即应用瘤胃切开术，引用胃管插入网-瓣孔，冲洗瓣胃，效果较好。

九、皱胃变位

皱胃变位是皱胃的自然位置发生改变的疾病，分左方变位和右方变位两种。左方变位是皱胃通过瘤胃下方移行到左侧腹腔，嵌留在瘤胃与左腹壁之间。右方变位又叫皱胃扭转，可进一步分为前方变位和后方变位：前方变位是皱胃向前方（逆时针）扭转，嵌留在网胃与膈肌之间，后方变位是皱胃向后方（顺时针）扭转，嵌留在肝脏与右腹壁之间。临床上以右方变位多见。

【病因分析】 干奶期精料、玉米青贮喂量过高；妊娠后期，子宫逐渐膨大，皱胃逐渐向前及腹腔左侧推移到瘤胃左方；双胎、胎衣不下、产后瘫痪和酮病均可导致皱胃弛缓，促使本病的发生；而母牛发情时的爬跨，使皱胃位置暂时由高抬随即下降而发生改变，也可成为发病的诱因。

【典型临床症状】 本病多发于高产奶牛。患病牛/羊食欲减退，有的拒食精料，尚能采食少量的青贮饲料和干草，精神沉郁，体温、呼吸、脉搏正常，粪少而呈糊状，因瘤胃被挤于内侧，故在左腹壁出现"扁平状"隆起。由于消化紊乱，患病牛/羊呈渐进消瘦，衰竭无力，喜卧而不愿走动，后期卧地不起。

【预防措施】 加强围产期母牛的饲养管理。严格控制干奶期母牛精饲料的饲喂量，保证充足的干草，增加运动以增强体质，防止母牛肥胖。对产后牛/羊，应加强监护，精料应逐渐增加，不能为催乳而过度加料，为了保证消化机能尽快复原，要保证干草供给。对消化机能降低的患病牛/羊应及时治疗，尽快使之康复。

【治疗方法】

（1）**非手术疗法** 即翻滚法。将牛的四蹄捆缚住，腹部朝上，猛向右滚又突然停止，以期皱胃自行复原。也有使病牛/羊右侧横卧，滚转成背卧式，以背为轴心，向左、向右呈90度角反复摇晃，时间为3分钟左右，然后突然停止晃动，使牛/羊呈左侧横卧姿势，再成胸卧式，最后使

牛/羊站立。翻滚前2天禁食、停水，使瘤胃体积缩小。

（2）**手术疗法**　即切开腹壁，整复移位的皱胃。手术方法有站立式两侧腹壁切开法和侧卧保定腹中旁线手术切开法。

十、肠套叠

一段肠管伴同肠系膜套入邻接的其他段肠管，导致局部瘀血和坏死，称为肠套叠。轻度套叠者，在1~2天自然恢复而痊愈，或者发生永久性肠管粘连而致肠狭窄。重度套叠者，如果不早期施行手术，在数天内便死亡。

【**病因分析**】　本病常发生于冬季，并且主要发生于犊牛和羔羊，哺乳犊牛、羔羊容易发生，由于母乳浓稠或变质，引起消化不良；或者吃食冰冻饲料和饮水。成年牛/羊发生本病，可能由于肠道内寄生虫的侵袭或过度饥饿等原因。

【**典型临床症状**】　套叠多见于小肠，一般为突然发生。患病牛/羊食欲废绝，表现不安，腹痛发作时踢腹，摇尾，不断起卧，后肢站立时背部低沉，特别是胸腰椎关节部分。在肠管瘀血和坏死时，腹痛减轻，甚至消失。患病牛/羊精神委顿与虚脱。通常体温正常，肠坏死及腹膜炎时可有升高，脉搏增快。呼吸数正常，但有喘息现象。瘤胃收缩力减弱，蠕动减少或停止。一般排尿正常，如为后部小肠套叠，不久排粪停止；如为十二指肠套叠，肠管排泄物减少，但在相当长的时间内还可见到一些排粪，约12小时以后排粪才停止。这时直肠内发现有少量松馏油样物质或浓稠的黏液。直肠检查，大多数病牛在右腹腔稍后部可摸到一种香肠状的块状物。

【**防治措施**】　对患病牛/羊应加强饲养管理，合理使役。轻度肠套叠可能自行恢复，严重肠套叠在早期确诊后应进行手术整复。如果已达4~5天，由于这时肠管坏死，只能做病部肠切除术。

十一、肠扭转

肠管本身呈纵轴扭转称为肠扭转。本病在耕作役牛中屡有发生，但奶牛和羊少见。扭转部位多数在空肠，特别是接近回肠部位的空肠，但也见于十二指肠肝门曲部和升部。

【**病因分析**】　肠扭转一般继发于肠痉挛、肠臌气、瘤胃臌气，在这些疾病中肠管蠕动增强并发生痉挛收缩，或因腹痛引起牛打滚旋转，或瘤胃臌气，体积增大，迫使肠管离开正常位置，各段肠管互相扭转缠叠而发病。

【典型临床症状】 病牛突然呈现腹痛现象。腹痛时蹴踢腹部，背下沉，走路小心，有时呻吟。肩部和前肢发抖，废食。初期有排粪，以后停止。不见排尿，反复起卧经半天至 1 天后，卧地不愿再起立，头经常回顾腹部，急性阶段维持 8 ~ 10 小时，病牛卧地不起。此时妨碍直肠检查，必须抬起站立检查才能摸到扭转部。扭转部的前段肠管中由于含有大量液体和气体而呈现明显膨胀，但后段肠管细软和空虚。若直肠检查发现皱胃扩张及临床呈现脱水，则应考虑为十二指肠肝门曲部阻塞。这种阻塞开始时呈急性腹痛，数小时后消失。若发现右腹腔后方有高度膨胀的囊状盲端，则需考虑为盲肠扭转，其时常呈现碱中毒和低钾血症。

【治疗方法】 药物治疗可在腹痛阶段给予镇静剂，早期确诊后宜立即进行手术疗法，纠正肠管位置。肠管严重瘀血、坏死及粘连者，则必须进行肠病部切除术。

十二、胃肠炎

胃肠炎是胃与肠道黏膜及黏膜下深层组织的重剧炎症过程。胃和肠道的器质性损伤与功能紊乱极易互相影响，因此，胃与肠道的炎症往往同时发生或相继发生。

【病因分析】 原发性多为饲喂品质不良的饲料，如霉烂的饲料、霜冻的块根饲料、有毒饲料，以及长途运输、过度劳役、风吹雨淋等。

继发的原因多为胃肠性疝痛、前胃弛缓、创伤性网胃炎等，以及发生于某些传染病和寄生虫病过程中，如巴氏杆菌病、沙门氏菌病、钩端螺旋体病、副结核病、牛蛔虫病等。

【典型临床症状】 轻度胃肠炎仅表现为消化不良及粪便带黏液。重度的胃肠炎由于黏膜下组织损害，粪便中可发生特殊的变化。发生初期，患病牛/羊精神沉郁，拒食但喜饮水，黏膜潮红，口中有臭味，不安，轻微腹痛，脉搏增数，呼吸加快，心音亢进，体温升高。剧烈腹泻是肠炎的主要症状，重症则表现为里急后重现象，排出的粪便有腥臭味，其中混有黏液、血液或坏死的组织碎片。肛门松弛，有时排粪失禁。严重的腹泻可引起脱水及酸中毒。表现为眼球下陷，面部呆板，皮肤弹性丧失，腹部紧缩，尿少色黄，血液浓稠，四肢末端发凉，极度衰竭，卧地不起，呈昏睡状态。

【预防措施】 加强饲养管理，喂给优质饲料，合理调制日粮，不突

然更换饲料，防止过劳和感冒，及时治疗容易继发胃肠炎的原发病。

【治疗方法】　首先消除病因，加强护理。使患病牛/羊绝食 1 ~ 2 天，以后喂给少量柔软且易消化的饲料。

在病初或排恶臭稀便时，排粪并不通畅，应清理胃肠。一般用硫酸钠、硫酸镁或人工盐 300 ~ 400 克，加鱼石脂 15 ~ 20 克，酒精 80 ~ 100 毫升，常水 4 ~ 5 升，一次内服；或者用液状石蜡 500 ~ 1000 毫升、松节油 20 ~ 30 毫升，一次内服。

当肠内容物已基本排空，粪的臭味不大但仍腹泻不止时，可以进行止泻。一般用术炭末 100 ~ 200 克、常水 1 ~ 2 升，一次内服；或用鞣酸蛋白 20 克、次硝酸铋 10 克、碳酸氢钠 40 克、淀粉 1 千克，一次内服；或用 0.1% 高锰酸钾溶液 3 ~ 5 升，一次内服，每天 1 ~ 2 次。

消炎措施应贯穿于整个疗程。一般可用磺胺咪 15 ~ 25 克，每天 3 次，首次量加倍；或用黄连素（小檗碱）4 ~ 8 克，每天 3 次灌服。

如果有脱水和酸中毒现象，可用 5% 葡萄糖生理盐水 3000 ~ 5000 毫升或复方氯化钠溶液 1000 ~ 2000 毫升，维生素 C 2 克，混合静脉注射，接着再注射 3% ~ 5% 碳酸氢钠溶液 500 ~ 1500 毫升。

十三、肠秘结

由于肠道运动机能降低，肠内容物大量停滞，肠管充血和扩张，排粪停止，出现腹痛，称为肠秘结。肠秘结一般见于成年牛，其中老年牛发病率较高。发生部位可在结肠和盲-结口、十二指肠、空肠和回肠，也有发生在盲肠的。

【病因分析】　耕牛肠秘结大多数发生在冬天，是由于单纯饲喂富含粗纤维饲料（山芋藤、豆秸、棉秆、花生秸、粳稻草和麦秸等）引起的。夏季发生时，一般由于劳役过度、体弱及仍饲喂干稻草之故。也有一些水牛，在夏季从未劳役，但到种植第二季的双季稻时持续劳役 2 ~ 3 天后，一次饱食青草而发生结肠秘结。也有一些是因舐毛而毛球进入肠道或过食稻谷或铡短的麦秸而引起的。某些肠道寄生虫，如绦虫、蛔虫等阻塞，也可继发本病。

奶牛肠秘结，由于长期饲喂大量浓质饲料而使肠负担过重，或由于饱食而又不经常运动导致肠弛缓所致。新生犊牛由于胎粪在分娩前已积聚肠道，可在出生后发生秘结。个别奶牛是由于腹部肿瘤、某些腺体肿大、肝脏疾病导致胆汁排出减少等而发生。

【典型临床症状】　患病牛/羊食欲减退或废绝，排粪减少。鼻镜干燥，体温不升高。开始腹痛轻微，但呈持续性，以后腹痛加剧，频频屈肢呈蹲伏姿势，甚至卧地不起。然而，一般临诊病例，因多数已进入中后期，往往腹痛已消失，瘤胃轻度臌气，脉搏加快，呼吸浅表，皮肤温度不整。直肠检查，肛门紧缩，直肠黏膜干而腻，在直肠壁上附着干燥、碎小的粪屑。进入直肠深部，手指染有薄层稠厚的黏液。若秘结存在于十二指肠肝门曲部，虽然摸不到秘结部，但可发现瘤胃液增多和皱胃臌胀。若秘结在结肠，手指可触到右侧下腹部肠盘增大，手指压诊，类似瘤胃坚硬度。若在盲肠基部积粪，表明盲-结口便秘，很可能回盲瓣也阻塞，可感觉回肠末段变粗大而充气，游离程度也降低，触诊时病牛疼痛。

【预防措施】　经常供给多汁的块根和青绿饲料，对粗纤维饲料必须在合理搭配的情况下喂给，喂料要定时定量。耕牛应合理使役，奶牛应给予适当运动。

【治疗方法】　在进行药物治疗的同时，不断供给饮水，停食 1～2 天，然后喂一些容易消化的青绿饲料。进行直肠灌洗，中西医治疗均以泻下为主，并适当补液。

对一般秘结，用硫酸钠（或硫酸镁）500～1000 克，配制成8%的溶液一次灌服，并用 10% 硫酸钠（镁）或温肥皂水 15000～30000 毫升深部灌肠。

对顽固性秘结投服液状石蜡 1000 毫升。对新生犊牛秘结，由直肠内注入 60～100 毫升液状石蜡或 30 毫升甘油，几小时进行 1 次。

如经上述治疗仍不见排粪者，应进行剖腹、破结。结肠盘秘结时，在剖腹后，可通过肠外直接按摩，并局部注入生理盐水或液状石蜡。小肠秘结时，一般应进行肠切开术取出结块，如肠管严重坏死或肠粘连，应进行肠切除术。

十四、感冒

感冒是以上呼吸道黏膜炎症为主症的急性全身性疾病。早春晚秋气候多变时易发，无传染性。

【病因分析】　因受寒而引起，如寒夜露宿、久卧凉地、贼风侵袭、冷雨浇淋、风雪袭击等，均可引起发病。

【典型临床症状】　常在寒冷因素作用后突然发病。患病牛/羊精神沉郁，食欲减退或废绝，反刍减少或停止，鼻镜干燥，时常磨牙。体温升高，脉搏增数，呼吸加快。结膜潮红，畏光流泪。咳嗽，流水样鼻液。肺泡呼吸音增强，有时可听到湿啰音。口色青白，舌质微红，有薄层舌苔。瘤胃蠕动音减弱，粪便干燥。

【预防措施】　加强耐寒锻炼，增强机体抵抗力。注意气候变化，做好御寒保温工作，防止牛/羊突然受凉。

【治疗方法】　①应让患病牛/羊充分休息，保证饮水，喂给易消化的饲料。②及时应用解热剂，一般可口服阿司匹林1~25克；肌内注射30%安乃近、安痛定（阿尼利定）或百尔定注射液20~40毫升。③为防止继发感染，应配合应用抗生素或磺胺类药物。④排粪迟滞时，可应用缓泻剂；为恢复胃肠功能，可应用健胃剂。

十五、支气管炎

支气管炎是气管、支气管黏膜表层或深层的炎症。临床上以咳嗽、流鼻液、不定热型和支气管啰音为特征。本病多发生于早春晚秋及气候多变的时候，犊牛和羔羊更易发病。

【病因分析】　本病的发病原因有原发性和继发性两种。

（1）原发性支气管炎　本型主要由于受寒感冒。早春晚秋气温多变，或汗后受风雨吹淋，以及寒夜露宿、贼风侵袭，皆能降低机体的抵抗力而招致本病。

吸入异物，如烟尘、霉菌孢子、粉碎的饲料、麦花粉，刺激性气体（氨、氯等毒气）均可引起急性支气管炎。另外，厩舍通风不良、闷热及投药方法不当和吞咽障碍，均为支气管炎的诱因。

（2）继发性支气管炎　本型多见于某些传染病和寄生虫病，如流感、传染性支气管炎、肺丝虫病的经过中。

【典型临床症状】　支气管炎有急性和慢性之分。急性支气管炎先有干咳，咳嗽频繁，伴有疼痛，后转为湿性长咳，出现支气管啰音。初期体温轻度升高0.5~1℃，一昼夜间升降不定。若发展成弥漫性支气管炎（炎症侵害到所有支气管），体温持续升高，脉搏加速，出现明显的呼吸困难，并出现细支气管啰音及细捻发音。患病牛/羊精神沉郁，食欲减退或废绝，反刍减少或停止，产奶量降低。在病的经过中，初期流浆液性鼻液，后变为黏液性或黏液脓性鼻液。

【预防措施】　加强御寒保温工作，防止各种理化因素的刺激，保护呼吸道的防御功能。及时治疗容易继发支气管炎的各种疾病。

【治疗方法】 首先对患病牛/羊加强护理。厩舍要清洁、通风、保温，喂以柔软、易消化、无尘土的饲料。适当运动，多晒太阳，勤饮清水。

对频发咳嗽的病牛可用镇咳药。例如，氯化铵 15 克，杏仁水 35 毫升，远志酊 30 毫升，温水 500 毫升，一次内服；或氯化铵 20 克，碘化钾 2 克，远志末 30 克，温水 500 毫升，一次内服。

病牛频发痛咳、分泌物不多时，可选用镇痛止咳剂。例如，复方樟脑酊 30～50 毫升，一次内服；或磷酸可待因 0.2～2 克，温水 500 毫升，一次内服；或枇杷止咳露 200～250 毫升，一次内服。

为消除炎症，可应用抗生素或磺胺类药物。例如，青霉素、链霉素各 100 万～200 万单位，肌内注射；或 10% 磺胺嘧啶钠溶液 100～150 毫升，静脉注射；或应用四环素、卡那霉素、庆大霉素等。若直接向气管内注入抗生素，则效果更佳。一般用青霉素 100 万～300 万单位，或链霉素 2 克，溶于 15～20 毫升蒸馏水内，气管内一次注入，每天 1 次，连用 5～6 次为 1 个疗程。

当发生呼吸困难时，可用氨茶碱 1～2 克，一次肌内注射；或用 5% 麻黄素溶液 4～10 毫升，一次皮下注射。

十六、支气管肺炎

支气管肺炎也叫小叶性肺炎，是支气管和肺小叶群同时发生的炎症。

【病因分析】 寒冷感冒是引起支气管肺炎的主要原因。因寒冷在外、冷雨淋漓，以及贼风吹袭，皆能降低机体抵抗力，因而病原菌乘机侵害，损伤组织而发生本病。

支气管肺炎可见于流行性感冒、恶性卡他热、传染性支气管炎、口蹄疫等病的过程中。

【典型临床症状】 患病牛/羊病初呈现支气管炎症状，随着病情的发展为多数肺泡群出现炎症时，全身症状加重，精神沉郁，食欲、反刍减少或消失，眼结膜潮红，脉搏加快。

呼吸困难，次数增多，每分钟可达 40～100 次。呼吸困难程度视肺部发炎面积大小而不同，发炎面积越大，呼吸越困难，张口伸舌，鼻端呈节律性运动。体温高达 39～41℃，呈弛张热。

在病的初期和末期鼻液较多，由于病变的程度不同，常为黏液性或黏液脓性，有时混有血液。

牛肺部听诊，在病灶部位，病初肺泡呼吸音减弱，可听到捻发音。以后由于炎性渗出物性状改变，可听到湿性啰音，当各小叶肺炎灶互相融合，肺泡及细支气管内充满渗出物时，则肺泡呼吸音消失。

【预防措施】　加强饲养管理，防止牛/羊受寒感冒，避免因机械性和化学性因素的刺激。若患支气管炎，应及时治疗。怀疑由传染病因素引起的，应进行隔离观察，以防传染和蔓延。

【治疗方法】　本病的治疗原则是注意护理、消除炎症、祛痰止咳，以及制止渗出和促进炎症性渗出物的吸收和排除。

消除炎症可用青霉素200万~300万单位，链霉素2~3克，肌内注射，每8~12小时1次；或用10%磺胺嘧啶钠或10%磺胺二甲基嘧啶溶液100~150毫升，肌内注射，每天1次；或用红霉素（4~8毫克/千克体重）、新霉素（4毫克/千克体重）、苄星青霉素（2000~4000单位/千克体重）、氨苄西林（4~11毫克/千克体重）等抗生素，肌内注射。也可用青霉素320万单位，溶于15~20毫升蒸馏水中，缓慢向气管内注射。

制止渗出，可用10%氯化钙溶液100~200毫升，静脉注射，每天1次；或用双氢克尿噻（氢氯噻嗪）0.5~2克，碘化钾2克，远志末30克，温水300~500毫升，一次内服，每天1次。

病牛呼吸困难，可肌内注射氨茶碱1~2克；或用3%过氧化氢溶液500毫升，25%葡萄糖溶液500~1500毫升，静脉点滴注射；或皮下注射5%麻黄素溶液4~10毫升。

为防止自体中毒，可用樟脑酒精溶液100~200毫升，每天1次。为增强心脏机能，可用强心剂，如20%安钠咖液、10%樟脑磺酸钠液等。

十七、中暑

中暑是日射病和热射病的统称，常在酷暑盛夏季节突然发病。

【病因分析】　在炎热季节，牛/羊的头部受到强烈日光的直接照射，引起脑及脑膜充血和脑实质的急性病变，发生日射病；在潮湿闷热的环境中，机体散热困难，体内积热，引起中枢神经系统的功能紊乱，发生热射病。

【典型临床症状】　患病牛/羊精神沉郁或兴奋，运步缓慢，体躯摇晃，步样不稳。全身出汗，体温高达42℃以上，体表烫手。脉搏增数，呼吸高度困难，张口伸舌，呼吸数多达80次/分以上，肺泡呼吸音粗糙。

结膜潮红，流水样鼻液，口干舌燥，食欲废绝，饮欲增进。后期，高热昏迷，卧地不起，肌肉震颤，意识丧失，口吐白沫，结膜发绀，痉挛而死。

【预防措施】　在炎热季节，役用牛应早晚干活，中午休息，使役时也应多休息、勤饮水，在烈日下作业，应有遮阳设施。圈舍应宽敞，通风良好。车船运输时，不可过于拥挤。

【治疗方法】　将病畜置于阴凉通风处，头放冰袋，冷水泼身，凉水灌肠，勤饮凉水。

维护心肺功能，可先注射强心剂，接着静脉放血 1~2 升，然后输注复方氯化钠溶液或生理盐水或平衡液 2~3 升。

纠正酸中毒，可静脉注射 5% 碳酸氢钠溶液 500~1000 毫升。

降低颅内压，可静脉注射 20% 甘露醇或 25% 山梨醇 500~1000 毫升，或静脉注射 50% 葡萄糖溶液 300~500 毫升。

患病牛/羊兴奋不安时，可静脉注射安溴注射液 50~100 毫升或用其他镇静剂。

病情好转而食欲不佳时，可应用健胃剂，如龙胆酊、大黄酊、人工盐等。

第二节　外科疾病

一、创伤

牛/羊机体深部组织发生损伤，并伴有皮肤、黏膜破损，叫作创伤。创伤可分为新鲜创伤和化脓性感染创伤。新鲜创伤包括新鲜手术创伤和新鲜污染创伤。新鲜污染创伤是指伤后 12 小时以内，伤部虽被污染但还没有出现感染症状的创伤。化脓性感染创伤是指创内有大量细菌侵入，出现化脓性炎症的创伤。

【病因分析】

（1）机械性损伤　是机械性刺激作用所引起的损伤，包括开放性损伤和非开放性损伤。

（2）物理性损伤　因物理因素引起的损伤，如烧伤、冻伤、电击及放射性损伤等。

（3）化学性损伤　因化学因素引起的损伤，如化学性热伤及强刺激剂引起的损伤等。

（4）**生物性损伤**　因生物因素引起的损伤，如各种细菌和毒素引起的损伤等。

【**典型临床症状**】　新鲜创伤的临床特点是出血、疼痛和创口裂开。伤后时间较短，创内尚有血液流出或存有血凝块，并且创内各部分组织的轮廓仍能识别，有的虽被严重污染，但未出现创伤感染症状。严重创伤有不同程度的全身症状。

化脓性感染创伤的特点是创面脓肿、疼痛，局部增温，创口不断流出脓汁或形成很厚的脓痂，有时出现体温升高。随着化脓性炎症的消退，创面出现新生肉芽组织，称为肉芽创。正常的肉芽组织比较坚实，呈红色平整颗粒，表面附有少量黏稠的、灰白色的脓性物。

【**防治措施**】　新鲜创面不必清洗，可用消毒纱布盖住创面，在创面周围剪毛，消毒后撒布消炎粉、碘仿磺胺粉及其他防腐生肌药。若有出血，应外用止血粉撒布创面，必要时可用安络血（卡巴克洛）、维生素K_3或氯化钙等全身性止血药，并用3%双氧水（过氧化氢溶液）、0.1%高锰酸钾溶液冲洗创面污物，然后用生理盐水冲洗，擦干，撒布药物。如果创面大、创口深，撒布上述药物后需要进行缝合。

化脓性感染创伤应先扩创排脓，剪掉或切除坏死组织，然后用3%双氧水（过氧化氢溶液）、0.1%高锰酸钾或0.1%新洁尔灭等冲洗创腔，最后用松碘流膏（松馏油15克、5%碘酒15毫升、蓖麻油500毫升）纱布条引流。有全身症状时可适当选用抗菌消炎类药，并注意强心解毒。

肉芽创伤应先清理创围，并用生理盐水冲洗，然后局部选用刺激性小、能促进肉芽组织和上皮生长的药物，如松碘流膏、3%甲紫等。肉芽组织赘生时，可用硫酸铜腐蚀，也可用烙烧法去除赘生肉芽。

二、挫伤

【**病因分析**】　挫伤是机体局部受到钝性暴力（如打击、冲撞、角撞、跌倒于硬地等）作用而引起的损伤，局部皮肤无伤口。

【**典型临床症状**】

（1）**轻度挫伤**　最初肿胀常不明显或有轻微的局限性水肿，以后由于急性炎症的结果，肿胀坚实而明显，比周围组织的温度稍高，有一时性的疼痛。

（2）**严重挫伤**　受伤部位迅速肿胀，疼痛剧烈，有时受伤部位周围组织出现无热无痛的水肿。当组织遭受挫伤而发生坏死时，则可出现感觉丧失现象。发生于四肢的挫伤，常因疼痛而出现功能障碍。

【治疗方法】 主要是消除肿、痛。先剪毛消毒，防止感染，然后根据情况适当选用下列方法：

1）用酒精、白酒、陈醋或樟脑酒精擦敷患部。

2）用醋或酒精调制的复方醋酸铅散或栀子粉等涂于患部。

3）用酒精调制鱼石脂和复方醋酸铅散涂于患部。

4）若肿胀明显，可于患部涂布速效跌打膏。

5）急性炎症初期，可采用普鲁卡因封闭疗法或应用冷敷法和冷水浴法，必要时可加压迫绷带。

6）在炎症的中、后期可用温敷法、红外线疗法和激光照射。

三、脓肿

【病因分析】 各种化脓菌通过损伤的皮肤或黏膜进入体内而发生脓肿。常见的原因是肌内或皮下注射时消毒不严，刺激性注射液（如氯化钙、水合氯醛等）漏于皮下，尖锐物体的刺伤或手术时局部造成污染等。

【典型临床症状】

（1）浅在脓肿 病初局部升温、疼痛，呈显著的弥漫性肿胀。以后肿胀逐渐局限化，四周坚实，中央软化，触之有波动感，渐渐皮肤变薄，被毛脱落，最后破溃排脓。

（2）深在脓肿 局部肿胀常不明显，但患部皮肤和皮下组织有轻微的炎性肿胀，有疼痛反应，指压时有压痕，波动感不明显。为了确诊，可行穿刺。当脓肿尚未成熟或脓汁过分浓稠，穿刺抽不出脓汁时，要注意针孔内有无脓汁附着。

【治疗方法】 病初，局部可用温热疗法，如热敷、蜡疗等；或者涂布用醋调制的复方醋酸铅散、栀子粉等。同时，用抗生素或磺胺类药物进行全身治疗。如果上述方法不能使炎症消散，可用具有弱刺激性的软膏涂布患部，如鱼石脂软膏等，以促进脓肿成熟。当出现波动感时，即表明脓肿已成熟，这时应及时切开，彻底排除脓汁（注意不要强力挤压或擦拭脓肿膜，应使脓汁自然流出），再用3%双氧水（过氧化氢溶液）或0.1%高锰酸钾溶液冲洗干净，涂布松碘流膏或视情况用纱布引流，以加速坏死组织的净化。

四、牛蜂窝织炎

牛蜂窝织炎是皮下、筋膜下及肌间等处的疏松结缔组织的急性进行性化脓性炎症，以四肢部位较多见。

【病因分析】 一般多由皮肤或黏膜微小创口的原发性感染引起，也可继发于脓肿或化脓创。

【典型临床症状】 蜂窝织炎的临床症状相当明显，主要是患部增温、剧痛、肿胀、组织坏死和化脓、功能障碍，以及体温升高、精神沉郁、食欲减退等。

(1) 皮下蜂窝织炎 病初局部呈急性炎症现象，出现热痛的急性肿胀。触诊肿胀部，初呈捏粉样，数天后变为坚实感，皮肤紧张，无移动性，界限清楚。四肢下部的蜂窝织炎有时可引起全肢弥漫性肿胀，功能障碍显著。随着炎症的发展，患部出现化脓性组织坏死、溶解，肿胀柔软而有波动。以后，患部皮肤破溃，流出脓汁，有的向深部扩散，引起深部蜂窝织炎。

(2) 筋膜下及肌间蜂窝织炎 最常发生于前臂筋膜下、小腿筋膜下和股阔筋膜下疏松结缔组织。病初患部肿胀不显著，局部组织呈坚实性炎性浸润，热痛明显，功能障碍显著。随着病程的进展，炎症顺着肌间或肌群间疏松结缔组织蔓延。

患部肌肉肿大、坚实，界限不清，疼痛剧烈。以后，疏松结缔组织坏死化脓，但由于筋膜高度紧张，化脓后的波动现象常不明显。病程继续发展时，可出现广泛的肌肉组织坏死，如果向外破溃，则流出大量灰色或血样的稀薄脓汁。有时可引起关节周围炎、血栓性脉管炎和神经炎。

【治疗方法】

(1) 消散炎症 患部剪毛清洗，涂布5%碘酊；也可在局部涂敷以醋调制的复方醋酸铅散；早期应用抗生素或磺胺疗法。为防止酸中毒，可静脉注射5%碳酸氢钠溶液300~800毫升，每天1次，连用3~5次；为防止病变部位蔓延，用0.5%普鲁卡因溶液加适量青霉素进行病灶周围封闭。

(2) 减轻组织内压 应用上述疗法无效时，应早期切开患部组织，排出炎性渗出物。切开时，应根据具体情况掌握切口的深度、长度和数目。对浅在的蜂窝织炎，切开皮肤即可；对深在的蜂窝织炎，则需切开筋膜及肌间组织。炎症蔓延很广时，可行多处切开，必要时还可对口引流。切开后，尽量排除脓汁，清洗创内，选择适当的药物引流，以后可按化脓创治疗。

五、牛关节扭挫

牛关节扭挫是关节韧带、关节囊和关节周围组织的非开放性损伤。

【病因分析】 多数由于道路泥泞不平，滑走、跌倒或误踏深坑，以及奔走失足、跳越闪扭等引起。常发生于球节、肩关节、膝关节和髋关节等处。

【典型临床症状】

（1）共同症状 受伤当时出现轻重不一的跛行，站立时患肢屈曲或蹄尖着地，或完全不敢负重而提举。触诊患部有程度不同的热、肿、痛，仅关节侧韧带受伤时，于韧带的起止部出现明显的压痛点。患部被毛及皮肤常有逆乱、脱落或擦伤的痕迹。关节被动运动，使受伤韧带紧张时，出现疼痛反应；使受伤韧带弛缓时，疼痛轻微。如果发现受伤关节的活动范围比正常时增大，则是关节韧带发生全断裂的现象。

（2）常见关节扭挫的特点

1）球节扭挫（系关节扭挫）。轻度扭挫，局部肿胀、疼痛较轻，呈轻度跛行；重度扭挫，病牛站立时，球节屈曲，系部直立，蹄尖着地，运步呈中度或重度跛行。触诊局部，疼痛剧烈，肿胀明显。

2）肩关节扭挫。患部肿胀，肩关节正常轮廓改变，触诊有热痛。站立时，多将患肢伸向前方，以蹄尖着地。重度挫伤时，患肢完全不敢着地。运步时，出现以悬跛为主的混合跛行。

3）膝关节扭挫。患肢提举悬垂或以蹄尖接地，呈混合跛行。触诊膝关节侧韧带，特别是股胫关节内侧韧带，常有明显肿痛。重度扭挫时，膝关节腔内因积聚大量浆液性渗出物或血液而显著肿胀。

4）髋关节扭挫（伤胯）。有时可因分娩、久卧不起或粗暴提举牛尾等而引起牛伤胯。站立时，患肢膝、跗关节屈曲，若髋关节脱位，则荐骨下降而髂骨凸出；运步时步态不灵活，患肢外展，臀部摇摆；卧下后起立困难或不能起立；局部触诊或直肠内检查时有疼痛反应。

【治疗方法】

（1）制止溢血 于伤后 1～2 天，包扎压迫绷带或冷敷，必要时可注射止血药物，如 10% 氯化钙溶液、凝血质、维生素 K_3 等。

（2）促进吸收 急性炎症缓和后，应用温热疗法，如温敷、石蜡疗

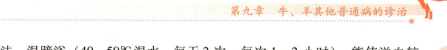

法、温蹄浴（40~50℃温水，每天 2 次，每次 1~2 小时），能使溢血较快吸收。如果关节腔内积聚大量血液不能吸收，可进行关节腔穿刺，排出腔内血液，缠以压迫绷带，但必须严格消毒，以防感染。

（3）镇痛消炎 可肌内注射安乃近、安痛定（阿尼利定）；患部涂布醋调制的复方醋酸铅散或速效跌打膏，也可患部涂擦轻度皮肤刺激剂，如 10% 樟脑酒精或碘酊樟脑酒精合剂（5% 碘酊 20 毫升，10% 樟脑酒精 80 毫升）；为了加速炎性渗出物的吸收，可适当进行缓慢的牵遛运动。

对重度扭挫有韧带、关节囊断裂或关节内骨折可疑时，应装石膏绷带。

炎症转为慢性时，可用碘樟脑醚合剂（碘片 20 克，95% 酒精 100 毫升，醚 60 毫升，精制樟脑 20 克，薄荷脑 3 克，蓖麻油 25 毫升），涂擦患部 5~10 分钟，每天 1 次，连用 5~7 天。也可外敷扭伤散，口服跛行散。

六、牛关节脱位

【病因分析】 本病主要是由于牛受突然强烈外力的直接（跌倒、打击、冲撞、蹴踢等）或间接（滑走、蹬空、扭转、剧伸等）作用所引起的。其次，某些传染病、代谢病或关节发育不良等，也可诱发本病。常见的有髋关节、膝盖骨、肩关节脱位。

【典型临床症状】

（1）共同症状

1）关节变形。脱位关节的骨端向外凸出，在正常时隆起的部位变成凹陷。当关节被厚层肌肉覆盖或大面积肿胀时，关节变形常不明显。

2）异常固定。脱位的关节由于被周围软组织，特别是未断裂韧带的牵张，两骨端固定于异常位置，此时不能自动运动，被动运动也显著受到限制。

3）肢势改变。一般在脱位关节以下的肢势发生改变，肢体被固定于内收、外展、屈曲或伸展等状态。

4）患肢延长或缩短。与健肢比较，一般不全脱位时患肢延长，全脱位时患肢缩短。

5）功能障碍。于受伤后立即出现，由于疼痛和骨端移位，患肢运动功能明显障碍或完全丧失。

（2）常见关节脱位的特点

1）髋关节脱位（脱胯）。牛的髋臼窝较浅，股骨头弯曲半径较小，并且关节韧带不如其他大家畜发达，所以髋关节脱位较多见。全脱位时，突发重度混合跛行，患肢不能负重。由于股骨头脱出的方向不同，分为前方脱位、上方脱位、内方及后方脱位，牛多发生前方及上方脱位。

① 前方脱位。股骨头脱出于关节窝的前方，大转子明显向前凸出。站立时患肢缩短，股骨几乎呈垂直状态，患肢外转，蹄尖向外而飞节端向内。运步时患肢拖拉前进。被动运动使患肢外展困难，内收容易，有时可听到骨的撞击声。有些病例常常不能站立。

② 上方脱位。股骨头脱出于关节窝的上方，大转子明显向前上方凸出。站立时患肢明显缩短，呈内收或伸展肢势，患肢外旋，蹄尖向前外方，飞节较健侧增高数厘米。运步时患肢拖曳前进，并向外划弧。被动运动时，患肢外展受限，内收容易。

2）膝关节脱位（膝盖骨脱位）。依据脱位的方向，分为向上、向外及向内脱位，以上方和外方脱位较多发。

① 上方脱位。膝盖骨转位于股骨内侧滑车嵴的顶端，被膝内直韧带的张力固定，不能自行复位，使膝关节固定成为伸展状态，不能屈曲。表现为患肢强拘，向后方伸张，虽加外力也不能使其屈曲。运步时，患肢以蹄尖着地，拖拉前进。触诊时，可发现膝盖骨向上方转位和膝直韧带过度紧张。如脱位的膝盖骨能自然复位，并反复发作，则为习惯性上方脱位。

② 外方脱位。因股膝内侧韧带被牵张或断裂，使膝盖骨固定于膝关节外上方所致。站立时，膝关节和跗关节均屈曲，患肢一般稍前伸；运步中，在患肢着地负重时，除髋关节外，所有关节均高度屈曲，类似股四头肌麻痹，呈典型的支跛。

触诊时，可发现膝盖骨向外方转位，在其正常位置处出现凹陷，同时膝直韧带向外倾斜。

3）肩关节脱位。站立时患肢伸向前方，以蹄尖着地；运步时患肢前进困难，肩关节不能屈伸，呈混合跛行；触诊肩关节部出现异常凹陷，空隙比正常时大。全脱位时，患肢短缩，臂骨头凸出于关节的前方或外方，关节活动时疼痛剧烈。

【治疗方法】

（1）整复 整复前先行麻醉（全身麻醉或传导麻醉）。整复时，先将脱位的远侧骨端向远侧拉开，然后将其还原于正常位置。整复正确，关节变形及异常症状消失，自动运动和被动运动有的可完全恢复。

整复髋关节脱位时比较困难，可试验性整复，助手用绳向前及向下牵拉患肢，术者用力从前方向后推压股骨头进行整复。

进行膝盖骨上方脱位的整复时，可使病牛后退，趁膝关节伸展时，使其自行复位。无效时，可在患肢系部绑以长绳，再绕于颈基部，向前上方牵引患肢使膝关节伸展，同时术者用力向下方推压脱位的膝盖骨，使其复位。

整复膝盖骨外方脱位时，术者从前外方向前方推压膝盖骨即可复位。

对上述整复仍无效的脱位，可采取内膝直韧带切断术整复。

进行肩关节脱位治疗时，在整复前于患关节内注射2%盐酸普鲁卡因溶液20毫升，10分钟后进行整复。将牛放倒，使患肢在上，把前后健肢并拢捆缚，使患肢呈游离状。用2.5～3米长的木杠沿患肢纵轴放平，木杠下端固定在腕关节下端，即前臂部上面，使患肢略斜向后上方，1人用木槌捶打木杠上端，先轻后重，捶打5～6次即可整复。

（2）固定　固定整复后，为了防止再发，应及时加以固定。可使病牛适当休息。或于关节周围组织内分点注射5%食盐水或33%酒精，以诱发炎症，达到固定关节的目的。

七、牛关节炎

牛关节炎是牛的关节滑膜层的渗出性炎症。其特征是滑膜充血、肿胀，有明显渗出，关节腔内蓄积大量浆液性或浆液纤维素性渗出物。本病多见于牛的跗关节、膝关节和腕关节。

【病因分析】　多由各种机械性损伤引起，如在不平坦的牧地上放牧或在泥泞路上使役，跌跤、滑倒、冲撞、蹴踢等，均可致使关节扭伤或脱位，进一步继发本病。再是某些传染病（副伤寒、布氏杆菌病等）或其他疾病（风湿症、骨软病、犊牛脐炎等）也可继发本病。

【典型临床症状】

（1）共同症状

1）急性关节滑膜炎。关节囊紧张膨大，向外凸出，呈大小不等的肿胀。触诊时波动，有热痛。被动运动患关节时疼痛反应明显。穿刺关节腔内液体比较混浊且稍带黄色，容易凝固。

站立时，患肢关节屈曲，减负体重。运动时呈轻度或中度支跛或混合跛行。一般不显全身症状。

2）慢性关节滑膜炎。多由急性转变而来，也有的开始即取慢性经过。关节囊内蓄积大量液体，关节囊显著膨大。触诊时有明显波动，但无热、无痛。穿刺关节腔，关节液比正常时稀薄，无色或微带黄色，不易凝固，因此又称关节积水。多数病例无明显功能障碍，但关节活动不灵活，有的呈现轻度跛行。

若感染化脓时，全身症状明显，患病关节高度肿胀，热、痛、波动和功能障碍明显，关节囊穿刺可排出脓汁。

（2）常见关节炎的特点

1）跗关节炎。关节的外形改变，关节液增多，在关节前内面和跟腱两旁内外侧出现 3 个椭圆形凸出的柔软而有波动的肿胀，交互压迫可感知其中的液体互相流动。

2）膝关节炎。关节外形粗大，关节囊紧张，在关节前面出现肿胀，于 3 条膝直韧带之间触压波动最明显。站立时患肢呈屈曲状态，以蹄尖着地负担体重。运步时呈中度混合跛行或支跛。

3）腕关节炎。主要侵害桡腕关节。在副腕骨上方、桡骨与腕外屈肌之间出现圆形或椭圆形肿胀。患肢负重时肿胀膨满而有弹性，患肢弛缓时则肿胀柔软而有波动。站立时，腕关节屈曲，蹄尖着地。运步时呈混合跛行。

【治疗方法】

1）对于急性炎症，初期应制止渗出，可应用冷却疗法，缠以压迫绷带；当炎性渗出物较多时，应促其吸收，可行温热疗法或装湿性绷带，如饱和盐水湿绷带或饱和硫酸镁溶液湿绷带、樟脑酒精绷带、鱼石脂酒精绷带或醋鱼石脂绷带等，每天更换 1 次。或者在患部涂布用醋调制的复方醋酸铅散，或涂布用酒精或樟脑酒精调制的淀粉和栀子粉，每天或隔天 1 次。

2）对于慢性炎症，可用碘樟脑醚合剂反复涂擦，随即温敷，或用四三一合剂（樟脑醑 4 份、氨溶液 3 份、松节油 1 份）、1:12 升汞酒精溶液涂擦。

3）当渗出液过多不易吸收时，可用注射器抽出关节腔内液体，然后迅速注入普鲁卡因青霉素溶液（温的 2%～3% 普鲁卡因溶液 10～30 毫升、青霉素 20 万～40 万单位），随即装热绷带。

4）不论急性或慢性炎症都可应用 0.5% 氢化可的松 10～40 毫升或

2.5%醋酸氢化可的松2～10毫升，于关节腔内或在患部皮下数点注射，每隔4～7天用药1次。还可配合全身治疗，如肌内注射抗生素或静脉注射10%氯化钙溶液等。

八、风湿病

中兽医称风湿病为痹症。现代医学认为风湿病是一种全身变态反应性疾病。常侵害肌肉、关节等部位。牛关节风湿病比较多见。

【病因分析】　风湿病的发病原因尚不十分清楚，一般认为与溶血性链球菌感染有关。久卧湿地、贼风侵袭、汗后受风或旋即下塘、暴饮冷水、夜受风寒、突遭雨淋等因素，均可诱发本病。

【典型临床症状】　患病牛/羊往往突然发病，体温升高，呻吟，食欲减退。患部肌肉或关节疼痛，背腰强拘，跛行，并随适当运动而暂时减轻。病牛/羊喜卧，不愿走动。重者肌肉萎缩，感觉迟钝，失去使役能力。

【治疗方法】

（1）全身疗法　常用10%水杨酸钠注射液200～300毫升，配以5%葡萄糖酸钙注射液200～500毫升，或0.25%普鲁卡因注射液200～300毫升，或0.5氢化可的松注射液100～150毫升，分别静脉注射，每天2次，连用5～7天。体温高者，可加用青霉素和维生素C注射液等。

（2）局部疗法　对慢性风湿病，可用酒糟热敷，方法是将酒糟炒热后装入麻袋，敷于患部；也可用醋炒麸皮（麸皮6千克、醋4.5升，充分混合，炒至烫手，装入麻袋）热敷。热敷时，需将牛/羊拴在温暖的圈舍内，使之发汗。

（3）加强护理　主要是避免受风、寒、湿侵袭。

九、结膜炎

【病因分析】　结膜炎是指眼结膜受外界刺激和感染引起的炎症，通常由异物（尘土、麦芒等）、寄生虫（吸吮线虫），或因厩舍内不洁，熏烟、农药等刺激而发生，或并发于传染性角膜结膜炎、恶性卡他热等传染病过程中。

【典型临床症状】　常一只眼发生，如为双眼，则先后出现眼睑肿胀、畏光、流泪、敏感。结膜红肿，眼内带浆液或黏液性分泌物与泪液一并流出或积于眼内角，严重时蔓延到角膜，发生角膜翳。水牛的结膜炎常波及球结膜，肿胀急剧，凸出于角膜外围，重时全部结膜水肿外翻，遮蔽整个眼球，治疗失时转入慢性，因泪液及炎性分泌物不断地刺激眼睑皮肤，眼内外角下方发痒，被毛脱落，形成湿疹样皮炎。水牛外翻的结膜沾上污物、干燥和发痒，常以眼擦树、墙等而造成损伤，出血，以后由于结膜下结缔组织增生，结膜进一步凸出变硬和出现紫红色溃烂斑，表面坏死。此时炎症波及大部分角膜，出现角膜翳，视力减退。

【预防措施】 保持厩舍清洁，麦收季节用1%食盐水洗眼，可减少发病。

【治疗方法】 病初，用1%食盐水、2%明矾水、2%硼酸溶液等洗眼，滴以青霉素鱼肝油（青油剂0.5毫升加鱼肝油9毫升左右）或金霉素、氯霉素、四环素可的松眼膏等任选一种点眼。较严重病例，用青霉素可的松液进行球结膜下注射（每次用普鲁卡因2毫升、氢化可的松10毫克、青霉素水剂5万~10万单位），还可增加地塞米松1毫克，隔天1次，常有较好效果。转入慢性时先反复清洗外翻结膜上的污物，用剪刀修去坏死和增生组织，再滴以上述消炎抗菌药物，如果没有增生，只需用2%~5%蛋白银液滴眼处理后使用眼绷带保护。

十、角膜炎

【病因分析】 角膜组织受到外伤（鞭伤、树枝碰伤等）、化学刺激（农药、强酸、强碱等）或结膜炎的蔓延，造成角膜炎，有时并发于牛传染性角膜结膜炎、恶性卡他热等传染病过程中。

【典型临床症状】 轻度的角膜炎只有在斜光照射下发现角膜表面粗糙不平，透明的表面呈现浅蓝色或蓝褐色，由外伤所致者，可见点状或条状伤痕，同时眼流泪、畏光、敏感，如能及时合理治疗，可痊愈而不遗留任何痕迹。炎症较重时角膜损伤部分先出现白色云雾状混浊，继而形成布有血管枝的白色不透明的瘢痕（角膜翳）。随着病程的延长，眼流泪，畏光、敏感等可以逐渐减退，但角膜却不断增厚，呈点、斑、条状，边缘清晰，有的还有新生血管伸入。损伤部角膜可出现溃疡，视力常部分或大部分消失，严重的可发展为角膜穿孔，眼前房液流失，眼球前房瘫陷，虹膜常和角膜或晶体粘连，视力丧失。

【治疗方法】 轻者在早期应用四环素（或金霉素）可的松眼膏点眼，可痊愈。为防止虹膜粘连，应用1%~2%阿托品滴眼。较重者通常以青霉素、普鲁卡因、可的松混合液隔天一次做球结膜下或睑结膜下注射，常有良好效果。陈旧的角膜翳常需持续长时间治疗。方法可用青霉素、普鲁卡因可的松混合液或 2%～5% 碘化钾做球结膜下注射，首次 0.5～0.7 毫升，以后隔天 1 次，每次递增 0.1～0.2 毫升，4～5 次为 1 个疗程，两个疗程间应停药 5～7 天。角膜穿孔并化脓时，眼失明较难恢复，如为单侧性化脓性全眼球炎，可进行眼球摘除术。

十一、直肠脱

直肠脱俗称"脱肛"，是指直肠的一部分或大部分经由肛门口向外翻转脱出的一种疾病。

【病因分析】　本病是一种继发症。当发生长期便秘、腹泻、慢性咳嗽、分娩努责、久卧不起、牛/羊阴道脱或刺激性药物灌肠后，都能促使腹内压增高而继发直肠脱。

【典型临床症状】　患病牛/羊病初在卧地或排粪后，直肠黏膜部分翻出于肛门外（彩图 9-1），其柔软，呈圆形，轻度水肿，鲜红色，牛/羊起立或便后即自行缩回。久之，由于反复脱出，黏膜充血、水肿、发炎，并逐渐丧失自行缩回能力而发生全层脱出。脱出部常被粪、尿、垫草等污染呈暗红色。严重的病例，水肿加剧，黏膜表面干燥、发硬，呈污秽的暗紫色或灰褐色，糜烂、出血、撕裂，甚至坏死穿孔。患病牛/羊排便时，常表现痛苦不安，弓背，后腿频频移动，不断努责，重症者有食欲减退的症状。

【治疗方法】　首先应消除病因，如积极治疗便秘、腹泻、咳嗽、阴道脱等，并改善饲养管理，增补精料，这是预防发病和提高治疗效果的重要措施。治疗时间越早越好。

先以微温的消毒液，如 2% 明矾、0.1% 高锰酸钾等洗净患部，并用湿毛巾或纱布块包裹温敷，轻轻压揉以促使消肿。

对轻症牛/羊，可在没有努责时，将脱出的部分送入肛门内，肛门周围进行袋状缝合，中央留有较宽的排粪孔，经 4～5 天如不再努责即可拆线。脱出部表面溃烂、坏死者，用刀或剪刀尽量除去瘀膜，直至露出新鲜组织为止。如果黏膜严重水肿，可用针或小刀轻轻刺破黏膜浅层，放出液体后整复。

对黏膜水肿严重及坏死区域较广泛的患病牛/羊，可采用黏膜下层切除术。在距肛门周缘约 1 厘米处，环形切开达黏膜下层，向下剥离，并翻转黏膜层，将其剪除，最后顶端黏膜边缘与肛门周缘黏膜边缘用肠线进行结节缝合。整复脱出部，肛门口进行袋状缝合。

如果脱出部裂口大而深，将发生或已发生穿孔者，可在硬膜外腔或尾骶（荐）麻醉下，进行直肠部分切除术。在靠近肛门处外翻肠管上，分层环形切开直达套叠肠段内外两层的浆膜间，再从环形切口向下做一个垂直切口，相交成 T 形，以利于外层病变肠管向下剥离翻转，结扎大的血管后，切除发生病变的下段肠管，将保留的内层直肠肠段末端的切口与肛门口原环形切口进行结节缝合，使创缘密接平整，最后整复入肛门内，一般 7 天左右拆线。

术后病牛要拴于安静厩舍休息，喂以易消化的草料，增补精料，忌喂粗硬饲料，保持局部清洁。肛门口可用干净的热鞋底或装有炒热麸皮的布袋热敷，以消除水肿和炎症。如果努责严重，应进行尾骶（荐）封闭或氦氖激光照射。

十二、牛豁鼻

【病因分析】 豁鼻是役用牛的常见病，常常因穿鼻太浅（穿孔位置太靠近鼻唇镜）、鼻拴结构不良或用铅丝、绳等拴鼻；牛性暴躁，使役时猛力拉绳等所引起。

【修补术】 用公母榫吻合术修复鼻的缺损。使牛站立保定，两侧眶下神经麻醉，各注射 2% 普鲁卡因液 10 毫升，最好再用 0.5%～1% 普鲁卡因青霉素浸润两侧颊背神经的颊唇支（在缺损的上、下方游离端）。术式是先在上方游离端的正中部削成一个凸出的公榫，再在下方游离端的正中部削成一个凹下的母榫，二者正好相对并互相嵌合，用二针埋藏缝合及三针结节缝合。术后 7 天内应戴上口笼，保护术部。一般在第 5 天拆除结节缝合线，第 8～10 天拆除埋藏缝合线。

豁鼻修补成功的关键，在于扩大接触面、创面密接和增加供血面。因此，若采用三角插入成形术缝合法、搭桥式缝合法同样可收到满意的效果。

十三、牛腐蹄病

【病因分析】 其病因包括 2 个方面：一是饲养管理方面，草料中钙、磷不平衡，致角质蹄疏松，蹄变形和不正；牛舍不清洁、潮湿，运动场泥泞，蹄部经常为粪尿、泥浆浸泡，使局部组织软化；石子、铁屑、坚硬的草木、玻璃碴等，刺伤软组织而引起蹄部发炎。二是由病原菌——节瘤拟杆菌、坏死杆菌等引起的。在节瘤拟杆菌、坏死杆菌等病原菌协同作用下，可能产生明显的腐蹄病损害。一般认为，病原菌的存在是牛腐蹄病的主要根源，粪、尿、泥泞促成蹄间腐烂，冻土片、碎石块、作物茬尖造成蹄间损伤，蹄冠周围有污物固着，形成缺氧的环境，均为发生本病的诱因。蹄球的损伤、蹄间溃疡、皮炎、蹄角质过长等，均能促使本病的恶化。

【典型临床症状】 牛腐蹄病最初发生于蹄间裂的后面，逐渐向前扩展至蹄冠的接续部，向后扩延至蹄球，以至整个蹄间隙腐烂。病初蹄间发生急性皮炎，局部皮肤潮红、肿胀。蹄底角质比较完整，叩诊蹄壁时可出现疼痛，检查蹄底或蹄间可发现溃疡面，上覆有恶臭坏死物。严重病例烂成大小不等的空洞，从中流出污黑色臭水。病牛不愿站立，经常卧地，运动时呈中度跛行。

当病变涉及皮下时，即在短时间内发生蜂窝织炎。此时蹄冠及系部肿胀，伴有剧痛。病变侵害健鞘和关节囊时，可引起化脓性腱鞘炎及关节炎。此时蹄温增高，趾动脉亢进，并引起全身性反应。例如，体温升高、食欲不振、奶量显著下降等。慢性炎症时，病变可达蹄的深部组织，引起趾骨及韧带坏死，并在蹄间、蹄球与蹄冠形成瘘管，病程可达数月甚至几年，病牛逐渐消瘦、衰弱，丧失生产能力。

【预防措施】 针对病因，要经常检查蹄壳，保持牛舍及牛床的清洁、干燥。发病厩舍或牧地要撒布石灰或10%硫酸铜溶液。

【治疗方法】 首先用清水或2%来苏儿溶液洗净蹄部的污物。对于坏死组织施行外科手术清除，用3%过氧化氢溶液、1%高锰酸钾溶液或1%木焦油醇消毒液冲洗，然后撒布碘仿磺胺粉（1:5）、硼酸高锰酸钾粉（1:1）、硫酸铜水杨酸粉（1:1）等，外用浸有松馏油或3%福尔马林酒精溶液的纱布、棉布压紧患部，绷带包扎，5~7天处理1次。

若病变延伸及深部组织，治疗有困难，可施行截趾术，将一侧病蹄切除。对急性病例宜考虑使用磺胺或抗生素疗法。可静脉注射磺胺嘧啶针剂（每千克体重70~140毫克），有良效。静脉注射四环素或其他广谱抗生素，也有效果。

十四、牛骨折

【病因分析】 有急剧外力性骨折和骨质本身病理性骨折两种。常见的外力性骨折有急剧外力的打击、重型物体的堕落压迫、牛相互角斗、突然于硬地上滑倒等；病理性骨折是指骨的弹性、脆性、硬度异常，如骨软症、佝偻病、骨髓炎及氟病时，都易发生骨折。

【典型临床症状】 骨折发生后有其共同症状，根据骨折发生部位的不同，又表现为各自不同症状。

（1）共同症状 肿胀、变形、异常活动、骨摩擦音、疼痛、机能障碍等。

（2）不同症状

1）肱骨骨折。螺旋形或斜形骨折多见。如果为斜骨折，其尖端可引起软组织广泛性损伤，肿胀十分明显。运动时牛感疼痛，并可听到骨摩擦音。

2）盆骨骨折。髋结节骨折，骨折处缺损，并有痛性肿胀，运步时出现混合跛行，很少有骨摩擦音。髋骨体骨折，突然呈现明显跛行，静止时，病肢呈外展姿势。耻骨骨折，呈现支跛，运动有剧烈疼痛，下腹部、腹股沟、乳房及阴囊等处常见肿胀。坐骨结节骨折，骨折部和会阴部有疼痛性肿胀，运动有捻发音，运动呈悬跛。

3）股骨骨折。多发生在股骨颈部，突然出现高度跛行，病肢缩短，局部疼痛肿胀，股部不能屈曲，对侧臀部下沉。

【预防措施】

（1）加强饲养 供应平衡日粮，防止骨营养不良的发生。喂牛时，不仅要让牛吃饱，而且要注意营养成分和日粮配合。其中，特别要注意矿物质钙、磷的喂量与比例及维生素饲料的供应。防止矿物质代谢紊乱的发生而引起骨质疏松症的出现。

（2）加强管理 防止意外事故发生。对役用牛要合理使役，不重载，不过役；放牧时要加强对性情暴躁牛的管理，避免角斗，不哄赶牛，避免奔跑，防止滑倒、摔伤，尽量减少外伤性损伤。

【治疗方法】

（1）临时救护 骨折后应尽快用木条、竹板、铁条、绷带等材料临时固定，以防止周围组织的过多损伤；而当有出血、休克等发生时，应立即采取对症治疗。

（2）尽早整复 使骨断端恢复到正常位置。为此，可用传导麻醉以减轻疼痛后，再根据骨折情况进行牵引、复位。

（3）合理固定 固定方法有内固定和外固定。内固定较少使用。外固定有石膏绷带固定和小夹板固定。小夹板材料为具有韧性和弹性的竹片、树皮和木条，每条厚0.5厘米、宽3～4厘米，长度以固定部位而定。装置方法是先将局部皮肤消毒，敷上外用药，用绷带或毛毡片、纸片等包扎，再将 4 ~ 8 根小夹板对称而均匀地装在相应部位，最后再捆扎以固定夹板。

(4) 加强护理 对未固定部位可进行按摩，骨折后 3 ~ 4 周开始牵引运动，以后适当轻度劳役，以促进病肢功能恢复，防止关节愈合和肌肉萎缩。

第三节 产科疾病

一、流产

流产又称妊娠中断。牛/羊妊娠以后，如果发生胚胎被母体吸收，或者排出死亡的或未足月的胎儿，均称为流产。

【病因分析】 流产的原因很复杂，大致可分为传染性的（参见牛/羊传染病和寄生虫病）和非传染性的两大类。非传染性流产的原因主要有以下几点：

(1) 胎儿及胎膜异常 包括胎儿畸形或胎儿器官发育异常，胎膜水肿，羊水过多或过少，胎盘炎，胎盘畸形或发育不全，以及脐带水肿等。

(2) 母牛/羊疾病 包括严重的肝脏、肾脏、心脏、肺脏、胃肠和神经系统疾病，大失血或贫血，生殖器官疾病或异常（子宫内膜炎、子宫发育不全、子宫颈炎、阴道炎、黄体发育不良）等。

(3) 饲养管理不当 包括母牛/羊长期饲料不足而过度瘦弱，饲料单纯而缺乏某些维生素和无机盐，饲料腐败或霉败；大量饮用冷水或带有冰碴的水，吞食大量的雪，饲喂不定时而母牛/羊贪食过多等。

(4) 机械性损伤 包括剧烈的跳跃、跌倒、抵撞、蹴踢和挤压，以及粗暴的直肠或阴道检查等。

(5) 药物使用不当 使用大量的泻剂、利尿剂、麻醉剂和其他可引起子宫收缩的药品等。

有的母牛/羊妊娠至一定时期就发生流产。这种习惯性流产，多半是由于子宫内膜变性、硬结及瘢痕，子宫发育不全，近亲繁殖或卵巢功能障碍所引起。

【典型临床症状】 流产发生突然，流产前一般没有特殊的症状，或有的在流产前几天有精神倦怠、阵痛起卧、阴门流出羊水、努责等症状。

如果胎儿受损伤发生在妊娠初期，流产可能为隐性（即胎儿被吸收），不排出体外；如果发生在后期，因受损伤程度不同，胎儿多在受

损伤后数小时至数天排出。

【防治措施】 加强对妊娠牛/羊的饲养管理，注意预防本病的发生。如有流产发生，应详细调查，分析病因和饲养管理情况，疑为传染病时应取羊水、胎膜及流产胎儿的胃内容物进行检验，深埋流产物，消毒污染场所。对胎衣不下及有其他产后疾病的，应及时治疗。

为防止习惯性流产，可在发生流产前的 1 个月开始注射黄体酮 50 ~ 100 毫克。

二、难产

牛/羊妊娠期满，胎儿不能顺利产下，称为难产病。

【病因分析】 母牛/羊身体尚未发育成熟而提早配种，骨盆和产道狭窄，加之胎儿过大，不能顺利产出；饲养失调、营养不良、运动不足、体质虚弱，老龄或患有全身性疾病的母牛/羊子宫及腹壁收缩微弱和努责无力，胎儿难以产出。如果胎位、胎式不正，羊水胞破裂过早，均可使胎儿不能产出，导致难产。

【典型临床症状】 妊娠牛/羊发生阵痛，起卧不安，时常拱腰努责，回头顾腹，阴门肿胀，从阴门流出红黄色浆液，有时露出部分胎衣，有时可见胎儿肢蹄或头，但胎儿长时间不能产下（彩图9-2）。

【助产方法】 难产通常是由于胎儿或母牛/羊异常造成胎儿和母牛/羊产道不相适应，但常见的难产主要是胎儿本身异常所引起的。

（1）试行拉出胎儿 首先向阴门黏膜上涂布或向阴道内灌注滑润油或温肥皂液，然后应用产科绳缓慢牵拉胎头及前肢。此时助产者尽量用手扩张阴道，如果有肿瘤时，要用手将它推开。如果试拉胎儿无效，可根据情况采取不同的助产措施。

（2）母牛/羊阴道异常引起的难产 切开阴道狭窄部的阴道黏膜，拉出胎儿后，立即缝合。对于阴门或阴道内的较大肿瘤，如果妨碍胎儿产出，必须切除或施行截胎术。

（3）胎儿异常引起的难产

1）推进胎儿。推进是为了更好地拉出。为了便于推进胎儿，必须向子宫内灌注大量的温肥皂液，然后用手或产科梃抵在胎儿的适当部位，趁母牛/羊不努责时，用力推回胎儿。如果努责过强无法推回时，根据情况可行全身半麻醉后再做适当处理。

2）娇正胎儿。一般情况下，主要是设法矫正胎儿异常部位。方法

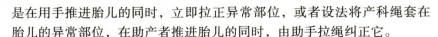

是在用手推进胎儿的同时，立即拉正异常部位，或者设法将产科绳套在胎儿的异常部位，在助产者推进胎儿的同时，由助手拉绳纠正它。

3）拉出胎儿。当胎儿已成正常姿势、胎向或胎位时，或者异常部位的程度较轻时，可用手握住蹄部，必要时可用产科绳拴上，同时用手拉住胎头，随着母牛/羊的努责把胎儿拉出来。

对于因胎儿过大、双胎难产、胎儿发育异常及畸形胎的助产，除按上述方法进行相应的助产外，如果仍不能达到目的，可考虑施行截胎术或剖腹产术。

三、卵巢功能失调性不孕症

在母牛/羊的卵巢疾病中，常见的有卵巢持久黄体、卵巢静止、卵巢囊肿、卵巢机能不全等。

1. 持久黄体

性周期或分娩后，卵巢上的黄体超过 20～30 天不消退者，称为持久黄体或黄体滞留。前者为发情性周期持久黄体，后者为妊娠持久黄体，二者都能分泌黄体酮，抑制卵泡发育，使母牛/羊不发情。

【病因分析】 形成持久黄体的病因非常复杂，主要是由于饲养管理不当和子宫疾病所致。例如，饲料单一、品质差，饲料配合不全，矿物质、维生素不足或缺乏；运动不足，牛/羊过肥或过瘦，特别是产奶量高的母牛于分娩后持续高产，消耗过大，而营养不平衡的饲料又不能保证高水平的代谢过程，致使卵巢机能减退，引起发情延迟，易患本病。

慢性子宫内膜炎，子宫积脓或积水，子宫内有异物，如胎儿浸溶或木乃伊、部分胎衣滞留在子宫内，产后子宫复原不全及子宫肿瘤等，都会影响黄体的及时吸收而成为持久黄体。

【典型临床症状】 本病的特征是在产后或一个性周期过后，性周期停止，长期不发情。配种后发生上述情况，容易误诊为已妊娠，但两个月之后再做直肠检查时无胎，即可确定为持久黄体。

牛直肠检查，一侧（有时为两侧）卵巢较大，卵巢内有持久黄体。有的持久黄体一小部分凸出于卵巢表面，而大部分包埋于卵巢实质中，也有的呈蘑菇状凸出在卵巢表面，使卵巢体积增大。

【治疗方法】

1）尿促卵泡素（FSH）100～200 单位，溶于 5～10 毫升生理盐水中，肌内注射。经过 7～10 天直肠检查，如果黄体不消可再进行 1 次，待黄体消失后，注射小剂量绒毛膜促性腺素（HCG）1000～5000单位，促使卵泡成熟和排卵。

2）注射促黄体释放激素类似物（LRH）200～400单位，肌内注射（或后海穴注射），隔天1次，连续2～3次为1个疗程。经7～10天直肠检查，如果仍有持久黄体可再进行1个疗程。

3）前列腺素（PGF$_{2a}$）或氯前列烯醇2～4毫克，肌内注射（或后海穴注射），或加入10毫升灭菌注射用水后注入持久黄体侧的子宫角内，效果较好，用药后1周内可出现发情。有的牛用药后不出现发情表现，但直肠检查可发现有卵泡发育，随按摩子宫有黏液流出，呈暗发情，如配种也可能受孕。

4）黄体酮和雌激素配合应用。黄体酮50～100毫克，肌内注射，每天1次；第二、三次注射后，可同时注射促卵泡生成激素50～100单位。

5）中药疗法。

① 复方仙阳汤。仙灵脾、阳起石、益母草各100克，当归、菟丝子、补骨脂、赤芍、熟地、黄精各50～80克，莪术、三棱各30～45克。若口色淡白或晦暗，粪稀，加附子、肉桂。水煎灌服，每天1剂，连用3～5剂。本药方适用于牛，用于羊时应酌情减量。

② 催情散。羊红膻200克，仙灵脾、阳起石各100克。水煎灌服，每天1剂，连用2～3剂。本药方适用于牛，用于羊时应酌情减量。

平时应加强饲养管理，增加运动。产后的子宫处理应及时、彻底，否则将会影响治疗效果。

2. 卵巢静止

卵巢静止是指卵巢机能减弱，或卵巢机能暂时受到扰乱而使卵巢长期休情，处于静止状态。继续发展会引起卵巢萎缩或硬化。

【病因分析】 卵巢静止易发生于营养失调、瘦弱及老龄母牛。主要是因为饲料单一，含蛋白质及能量不足，缺少钙和维生素；产后子宫复原不全和奶牛高产。长期患慢性疾病的母牛/羊也易发生本病。加之运动和光线不足等因素的影响均易发生卵巢静止。

【典型临床症状】 长期不发情。直肠检查，卵巢表面光滑，无卵泡，无黄体。有些静止的卵巢成蚕豆样大小，较软；有些卵巢质较硬、略小，并有黄体残留的痕迹。隔7～10天，或一个性周期后做直肠检查，卵巢仍无变化。子宫收缩无力，甚至子宫体积缩小。有的母牛/羊消瘦，毛质粗糙且无光泽。

【治疗方法】

（1）按摩疗法　隔天按摩卵巢、子宫颈、子宫体 1 次，每次 10 分钟，4～5 次为 1 个疗程。

（2）西药疗法

1）促黄体释放激素类似物（LRH）。每次 200～400 单位，隔天肌内注射，连续 2～3 次为 1 个疗程。

2）脑下垂体前叶促性腺激素（GTN）。每次 15～20 毫克，溶解于 10 毫升灭菌生理盐水中，肌内注射，隔天 1 次，3 次为 1 个疗程。

3）孕马血清（PMSG）。每次肌内注射 20～40 毫升，隔天 1 次，2 次为 1 个疗程。

（3）中药疗法

① 当归、菟丝子、仙灵脾、阳起石、炙黄芪各 35～40 克，川芎、巴戟肉、续断、骨碎补、党参、白术、远志各 20～25 克，石菖蒲 5 克。黄酒 200 毫升为引，共末灌服，隔天 1 剂，连服 3 剂为 1 个疗程。本药方适用于牛，用于羊时应酌情减量。

② 复方仙阳汤，配方、用量及用法参见"持久黄体"中的中药疗法。

在治疗的同时，加强对母牛/羊的饲养管理，改善饲料成分，增加维生素和矿物质含量。对患有慢性疾病的牛/羊应及时治疗。

3. 卵巢囊肿

卵巢囊肿分为卵泡囊肿和黄体囊肿。卵泡囊肿是因为卵泡上皮变性，卵泡壁结缔组织增生变厚，卵细胞死亡，卵泡液未吸收或增加形成的。黄体囊肿是因为未排卵的卵泡壁上皮黄体化而形成的，或者正常排卵后由于某种原因黄体不足，在黄体内形成空腔，腔内积聚液体而形成的。卵泡囊肿比黄体囊肿多。

【病因分析】　舍饲牛/羊运动不足，精料饲喂过多，牛/羊体肥胖；饲料中矿物质和维生素不足；大量使用雌激素制剂及孕马血清，可引起卵泡滞留发生囊肿；脑下垂体前叶机能失调，激素分泌紊乱，分泌促卵泡生成素过多，而促黄体生成素不足，卵泡过度增大，但不能正常排卵；有的继发于卵巢、输卵管、子宫或其他部分的炎症；胎衣不下、流产等。

【典型临床症状】　卵泡囊肿时，患病牛/羊往往发情不正常，发情期延长，发情周期变短，有时出现持续而强烈的发情现象。母牛极度不安，大声哞叫，食欲减退，排粪、排尿频繁，经常追逐或爬跨其他母牛。

病牛性情凶恶，有时攻击人和其他动物。

牛直肠检查，卵巢上有一个或数个大而波动的囊泡，有的囊泡壁薄（囊肿位于卵巢浅表层），有的囊泡壁较厚（囊肿位于中央）。如果卵泡中有许多小囊泡，则触摸卵巢表面可感到许多有弹性的小结节。

黄体囊肿时，性周期停止，母牛/羊不发情。

【治疗方法】 主要采用激素治疗。

（1）促黄体释放激素类似物（LRH） 每次肌内注射400～600微克，每天1次，连续3～4次，但总量不超过3000微克。一般在用药后15～30天，囊肿逐渐消失而恢复正常发情和排卵。

（2）绒毛膜促性腺激素（HCG） 一次静脉注射0.5万～1万单位，或肌内注射1万单位。

（3）促黄体生成素（LH） 一次肌内注射100～200单位，一般用药3～6天囊肿即形成黄体，症状消失；15～30天，恢复正常发情周期。

（4）促黄体素释放激素 一次静脉注射1.2毫克，或肌内注射1.5～2毫克。

四、子宫内膜炎

子宫内膜炎是牛/羊产科疾病中的一种常见病，根据炎症的性质可分黏液性、黏液脓性、脓性子宫内膜炎，根据表现可分为显性和隐性，按照病程可分为急性和慢性。

【病因分析】 大多发生于母牛/羊分娩过程中和产后。如在胎儿娩出和胎衣脱落过程中，子宫黏膜有大面积创伤，有时子宫内有残留胎盘、胎膜碎片，尤其是胎衣不下或子宫脱出时，细菌易侵入而引起炎症。母牛/羊难产助产时消毒不严，牛配种时人工授精器械和生殖器官消毒不严，继发引起阴道炎或子宫颈炎。

某些传染病和寄生虫病的病原体侵入子宫引起本病，如布氏杆菌、结核杆菌及滴虫等。

当牛/羊舍不洁，特别是牛床潮湿，有粪尿积累，母牛/羊外阴部容易污染细菌并带入阴道及子宫，发生产后细菌感染。根据调查，有的青年牛（未产犊的母牛）也有发生子宫内膜炎的情况。

【典型临床症状】

（1）急性子宫内膜炎 一般发生于流产后或产后胎衣不下，多为黏液性或黏液脓性。若不及时治疗，则易转为慢性或继发其他疾病，如子宫粘连、产后败血症等。病牛体温升高，食欲减退，精神不振，有时拱背、努责，常做排尿姿势。从阴门中排出黏液性或黏液脓性渗出物，有时夹有血液，卧下时排出量较多，有腥臭味。阴道检查时，子宫颈外口黏膜充血、肿胀，颈口稍开张，阴道底部积有炎性分泌物。恶露滞留引起的子宫内膜炎是因为子宫颈的闭锁或子宫颈分泌物的堵塞。直肠检查时可感到体温升高，子宫角粗大而肥厚、下沉，收缩反应微弱，触摸子宫角有波动感。在急性期只要治疗得当，愈后一般良好，多在半个月内痊愈。如果病程延长，可能为慢性。

（2）**慢性黏液性子宫内膜炎**　发情周期不正常，或虽正常但屡配不孕，或发生隐性流产。病牛/羊卧下或发情时，从阴道排出混浊且带有絮状物的黏液，有时虽排出透明黏液，但含有小点絮状物。阴道及子宫颈外口黏膜充血、肿胀，颈口略微开张。阴道底部及阴毛上常积聚上述分泌物。子宫角变粗，壁厚粗糙，收缩反应微弱。

（3）**慢性黏液脓性子宫内膜炎**　从阴道中排出灰白色或黄褐色较稀薄的脓液。母牛/羊发情时排出较多，发情周期不正常。阴道检查可发现阴道黏膜和子宫颈腔充血，往往粘有脓性分泌物，子宫颈稍开张。

牛直肠检查，子宫角增大，子宫壁肥厚，收缩反应微弱，如有分泌物积聚，触摸时有轻微波动。冲洗时回流液混浊，其中夹有脓性絮状物。

（4）**隐性子宫内膜炎**　生殖器官无异常，发情周期正常，但屡配不孕，只有在发情时流出黏液且略混浊。

【预防措施】　加强母牛/羊的饲养管理，增强机体的抗病能力。配种、助产、剥离胎衣时必须按操作要领进行，严格遵守兽医卫生的原则。产后子宫的冲洗与治疗要及时。对流产母牛/羊的子宫必须及时处理。加强对牛床、牛/羊舍的卫生消毒工作。

【治疗方法】

1）冲洗子宫是治疗急、慢性子宫内膜炎的一种常用的有效方法。对子宫颈开张和发情后流出黏液呈炎性的病牛可以冲洗。对子宫颈不开张、子宫收缩差、不发情的病牛可先注射苯甲酸雌二醇20毫克，以促使子宫颈开张。冲洗液常选用0.02%呋喃西林、0.1%雷佛奴耳，3%~4%氯化钠溶液或0.1%的高锰酸钾溶液，冲洗量根据子宫体的大小及炎症程度而定。冲洗时通常借助虹吸作用，结合直肠按摩子宫排净冲洗液。冲洗液排出后向子宫注入20毫升含有青霉素80万单位、链霉素100万单位的溶液，隔天1次，连续2~3次；或四环素粉0.5克溶于300毫升的灭菌蒸馏水中，灌至子宫。

2）对于产后急性子宫内膜炎，可用土霉素 5 克、雷佛奴耳（依沙吖啶）0.5 克，加蒸馏水 500 ~ 800 毫升进行冲洗，隔天 1 次，连用 2 ~ 3 次为 1 个疗程，根据病情也可继续使用。

3）对于病程较长，子宫壁肥厚、粗糙，炎症黏液不多的慢性子宫内膜炎，可选用下列方药：

① 碘甘油合剂，将 2% 碘溶液与甘油按 1∶1 的比例混合后，用导管向子宫内一次注入 200 ~ 300 毫升，隔 2 天后再向子宫内注入含有 2 克链霉素的 50% 葡萄糖溶液 50 毫升。

② 四环素 0.5 克、雷佛奴耳（依沙吖啶）0.5 克，溶解在 300 毫升的灭菌蒸馏水中，用消过毒的金属导管注入子宫，隔 2 ~ 5 天进行 1 次，连用 2 ~ 3 次。

③ 4% 露他净 100 毫升，用消过毒的塑料管注入子宫，疗效较好，必要时可重复应用 2 ~ 3 次。

4）对于隐性子宫内膜炎，在配种前后清洗子宫，即在配种前 8 小时及配种后 24 小时向子宫内注入含青霉素钾盐 50 万 ~ 80 万单位、链霉素 1 克的灭菌注射用水或生理盐水。也可在配种前 8 小时向子宫内注入 3% 碳酸氢钠溶液 50 毫升。

五、胎衣不下

母牛/羊分娩后一般在 12 小时内排出胎衣，若超过上述时间仍不能排出时，称为胎衣不下。

【病因分析】

1）产后子宫收缩乏力、弛缓。引起这种情况的原因主要是妊娠后期运动不足，饲料单一、品质差，缺少矿物质、维生素、微量元素等，母牛/羊瘦弱或过肥，胎水过多，双胎、胎儿过大、难产和助产过程中的错误都可以引起子宫弛缓，收缩乏力，引起胎衣不下。

2）胎儿胎盘绒毛组织不能与母体子宫阜的腺窝分开。这是由于感染侵入子宫时，引起胎儿胎盘和母体胎盘发炎，或者由于母体子宫炎所引起。

【典型临床症状】　一般情况下，阴门外垂有少量胎衣，主要为尿绒毛膜，持续 12 小时以上仍无变化，不见胎衣全部排出。有时虽有少量胎衣排出，但大半仍滞留在子宫内不能排出。也有少数母牛/羊产后在阴门外无胎衣露出，只是从阴门流出血水，卧下时阴门张开，才能见到内有胎衣。经过 2～3 天，炎热季节经过 1～2 天，垂于阴门外的胎衣即可腐败、分解，气味恶臭；子宫内的胎衣也腐败、分解和被吸收，从阴门排出红褐色黏液状恶露，混有腐败胎衣或脱落的胎盘子叶小碎块，以及未腐烂的血管。其中少数病牛/羊，由于吸收了胎衣腐败分泌物及细菌感染产生的大量的毒素，引起自体中毒，出现全身症状，如体温升高、精神委顿、食欲显著下降或废绝，甚至会转化为脓毒败血症。少数胎衣不下的母牛/羊无全身症状，腐败的胎衣同恶露排出后则恢复正常，无后遗症。而大多数胎衣不下的病牛/羊，多并发化脓性子宫内膜炎，延迟受孕时间，甚至导致难孕。

【治疗方法】　对胎衣不下的治疗，大致从药物治疗、手术剥离及辅助疗法着手。

（1）西药疗法

1）土霉素 5～10 克，蒸馏水 500 毫升。用法：子宫内灌注，每天或隔天 1 次，连用 4～5 次，让胎衣自行排出。

2）10% 高渗氯化钠 500 毫升。用法：子宫灌注。隔天 1 次，连用 4～5 次，让胎衣自行排出。

3）增强子宫收缩，用垂体后叶素 100 单位或新斯的明 20～30 毫克等药物肌内注射，促使子宫收缩排出胎衣。

（2）中药疗法

1）祛衣散。当归、牛夕、瞿麦、滑石、海金沙各 100 克，土狗 500 克，没药、木通、血褐、甲片各 50 克，大戟 40 克，为末，水调灌服。加减：有热加双花 200 克，乳房红肿、硬，乳汁不通，加王不留行 150 克，冬葵子 100 克。本药方适用于牛，用于羊时应酌情减量。

2）中药煎剂。食盐 150 克、益母草 200 克（鲜品 500 克），煎汤，取液 4000～5000 毫升，待温，于产后 24 小时内子宫灌注。本药方适用于牛，用于羊时应酌情减量。

3）归戟散。当归、川芎、滑石、海金沙、大戟、芫花、甘遂各 30 克，益母草 50 克。用法：共研细末，开水冲调，候温灌服。服 1～2 剂。本药方适用于牛，用于羊时应酌情减量。

4）穿山甲、海金沙、滑石各 50 克，大戟 20 克。用法：水煎去渣，加猪油 200 克，混合灌服。本药方适用于牛，用于羊时应酌情减量。

（3）手术剥离　术者先将指甲剪平磨光，洗净消毒，涂液状石蜡，同时把阴道外部洗净，再向子宫内灌入 0.1% 高锰酸钾溶液或生理盐水 2000～3000 毫升，然后术者用左手将垂脱在阴门外的胎衣拉住，右手顺着胎衣伸入产道，用手指慢慢分离粘连处，同时左手逐渐向一个方向扭转并向外轻拉胎衣。在取出胎衣后，为了避免感染，可向子宫内灌注抗菌消毒药物，如土霉素粉 5～10 克，蒸馏水 500 毫升，每天 1 次，连用数天；或用青霉素 200 万～300 万单位，链霉素 4 克，注射用水适量，肌内注射，每天 2 次，连用 4～5 天。

【预防措施】 注意饲料营养的合理配合及矿物质的补充，特别是钙与磷的比例要适当。产前 5 天内精料不要过多饲喂，增加光照；分娩后让母牛/羊能及时吃到收集的羊水、益母草或红糖汤。如果分娩 8～10 小时不见胎衣排出，可肌内注射催产素 100 单位，静脉注射 10%～15% 葡萄糖酸钙 200～500 毫升。

六、阴道脱出

阴道壁的一部分或全部脱出于阴门外，称为阴道脱出，多发生于妊娠后期年龄较老的母牛/羊。

【病因分析】 由于年老体弱，营养不良，缺少运动、便秘、腹泻、分娩时努责过强或患有慢性、消耗性疾病（如片形吸虫病）等，使全身功能衰弱，肌肉组织松弛，韧带张力不足所致。

【典型临床症状】 一般在产前 1 个月内发生，患病牛/羊拱背努责，表现不安。初期仅在卧下时一部分阴道壁形成皱褶露出于阴门外。起立时可自行缩回，一般不影响分娩。随着脱出时间的延长，可发展为全脱出。有时由于强力努责而直接发生全脱出。全脱出的阴道壁不能自行缩回，脱出的阴道呈球形，有时可在其脱出的下端看到子宫颈的外口及子宫颈黏液栓。脱出的阴道壁内包有一部分子宫壁、膀胱和胎儿的前置部分。尿液还可排出，但不顺利。如果阴道前庭也翻出，则可见到尿道口。阴道脱出部分起初潮红、充血，以后因受粪便、褥草或泥土污染，黏膜瘀血、水肿、干裂、损伤，甚至糜烂坏死，从裂缝中渗出液体。严重时可继发全身感染。

【治疗方法】 如果阴道部分脱出又能自行缩回，可内服强壮剂，如钙剂和姜酊。如果脱出的阴道不能自行缩回，则把牛/羊牵到斜坡，使牛/羊前躯低后躯高，将后躯及脱出的阴道彻底洗净消毒后，盖上 70% 酒精浸湿的消毒纱布，趁着母牛/羊不努责时，逐步把阴道送回原处，然后在两侧阴唇的中点进行缝合。用大号的三角形弯针和 10 号缝线，在阴门右侧 2 厘米处下针，从同侧下 3 厘米处穿出。左侧同样将线穿好。然后把两侧的 4 根缝合线合拢结扎起来，既为阴门缝合，又起着埋线治疗的作用，同时投服钙剂和姜酊，促进其收缩。

七、产后败血症

产后败血症是因为局部炎症导致细菌和病毒进入血液而迅速发展成重症的全身性疾病。

【病因分析】　母牛/羊分娩时助产不当，使软产道受到损伤；子宫脱、子宫复原不全、脓性坏死性乳腺炎及胎衣不下、恶露滞留等没有得到及时处理；加之，母牛/羊产后体质虚弱，防御机能下降，生殖道黏膜上淋巴管、血管扩张，使细菌很快进入血液，子宫内的恶露又为细菌繁殖提供条件，从而导致本病的发生。溶血性链球菌、金黄色葡萄球菌、化脓性棒状杆菌和大肠杆菌等均是引起败血症的主要病原菌，大多为混合型感染。

【典型临床症状】　临床上主要分急性型和亚急性型。

（1）急性型　患病牛/羊常发生突然倒毙，死亡率高，临床上比较少见。

（2）亚急性型　患病牛/羊病初体温升高至 40～41℃，呈稽留热，皮肤温度不正常，耳及四肢有冷感。心音混浊亢进，呼吸快而浅表，脉搏增数而弱。眼结膜充血，微带黄色。精神沉郁，反射迟钝，寒战，喜饮水，食欲废绝，反刍停止，产奶量下降，甚至无乳。

有腹膜炎的病牛还会出现吊腹，腹壁紧张，触之敏感，前胃弛缓，多见腹泻，有时发生便秘。检查阴道，发现黏膜干燥或肿胀，伤口覆盖分泌物或纤维蛋白膜，阴道不见恶露排出，或有少量恶臭的褐色分泌物排出。多数病例伴有子宫内膜炎。

重症病牛卧地不起，心律不齐，心跳频数，每分钟达 90 次以上，喘息，呻吟，排粪、排尿困难等。这类病牛的病情多数转变成慢性，常因病程较长、产奶量下降，或不孕而被淘汰。

【预防措施】　在为母牛/羊接产时，严格消毒各种器械及术者的手臂和待产牛的外阴部，防止损伤软产道。产后要及时进行子宫处理。干奶期要注意观察乳房，发生乳腺炎要及时治疗。产房牛床要干净并注意消毒。

【治疗方法】 本病应及时治疗，用药要局部和全身相结合。抗菌消炎用磺胺嘧啶钠，第一次剂量为60克，用葡萄糖生理盐水稀释成2%~3%的溶液，以后每次用30克，每天2~3次，连用3~5天，静脉注射；或用青霉素200万~300万单位、链霉素4克，注射用水适量，肌内注射，每天2次，连用4~5天；也可用盐酸四环素4~6克、5%葡萄糖溶液1000毫升，静脉注射，每天1次，连用3天。临床中使用磺胺类药物时配合抗生素则效果较好，也可配合应用肾上腺皮质激素，如氢化可的松、地塞米松等。以上药物每隔6~8小时注射1次，对危重病牛/羊的治疗是很重要的。强心可用安钠咖、樟脑磺酸钠。出现酸中毒时静脉注射5%碳酸氢钠溶液200~500毫升。

伴有腹膜炎时可用腹腔注射青霉素或磺胺双甲基嘧啶注射液。对患有胎衣不下、产后恶露不尽、子宫内膜炎的牛/羊，应同时进行对症治疗。

对卧地不起的患病牛/羊应设法抬起，对虽能抬起但又不能站立的患病牛/羊应注意经常翻身，防止褥疮。对体质较差，心律不齐的患病牛/羊还可静脉注射10%磷酸二氢钠溶液200~500毫升，但静脉注射时速度要缓慢。

八、乳腺炎

乳腺炎是牛/羊常见的一种乳腺疾病，多发生于哺乳期。乳腺炎影响泌乳机能并引起产奶量下降，甚至使乳房丧失泌乳机能。同时人饮用患病牛的牛奶，对人体健康有害。

【病因分析】 引起乳腺炎的因素很多，主要由于各种机械的、物理的、生物学的和化学的作用，通过乳导管、乳头损伤或血管，使病原微生物侵入而引起本病。母牛/羊管理、利用及护理不当，如挤乳技术不当而使乳头黏膜及上皮发生损伤；或者机器挤乳时，使用时间过长，负压过高或抽动过速，也能损伤乳头皮肤和黏膜；挤乳前，手及乳房、乳头消毒不严，卫生不良，未挤尽乳汁而使其在乳房内蓄积等，给细菌侵入乳房创造条件。引起感染的病原微生物主要有葡萄球菌、链球菌和肠道杆菌等。而某些传染病的病原菌也可引起乳腺炎，如放线菌、结核杆菌和口蹄疫病毒等。临产前饲喂过多的富含蛋白质的饲料，如产后喂给大量的精料或多汁饲料，均能引起乳腺炎。

【典型临床症状】 本病主要分为3个类型。

（1）急性乳腺炎　患病乳区增大、发热、发红、变硬、疼痛（彩图9-3）。患侧乳房上淋巴结肿大、乳汁变稀薄，混有絮状或粒状物。重症时，乳汁可呈浅黄色水样或带有红色水样黏性液。同时可出现不同程度的全身症状，如食欲减退或消失，瘤胃蠕动和反刍停滞；体温上升达41～42℃；呼吸和心搏加快，眼结膜潮红，严重时眼球下陷，精神委顿。病牛起卧困难，有时站立则不愿卧地，有时体温可持久数天而不退，急剧消瘦，并常因败血症而死亡。

（2）慢性乳腺炎　多因急性型未彻底治愈而引起。一般没有全身症状，患病乳区组织弹性降低、僵硬；触诊乳房时，可发现大小不等的硬块；乳汁稀薄、清淡，产奶量显著下降，乳汁中混有粒状或絮状凝块。

（3）隐性乳腺炎　隐性型（潜在性）乳腺炎的发病率高达50%以上，危害性大而又不为人们所注意。这种乳腺炎的特点是无特定病原，病变轻微，不显临床症状或早先因为炎症造成的陈旧性损伤——萎缩、硬结、乳池和导管狭窄而未出现任何新的表现。一般只反映在乳汁的理化性质、组成成分、体细胞数及乳汁分泌量的改变上，故多属乳腺功能性障碍。最后，还因为易于感染而使部分隐性乳腺炎演变为临床性乳腺炎，给奶牛业带来一定的经济损失。

【预防措施】

（1）加强饲养管理　改善清洁卫生，合理饲养，提高牛/羊的抗病能力。牛/羊舍及放牧场注意清洁卫生，定期对牛/羊舍进行消毒。

（2）注意挤乳卫生　挤乳前用50℃左右的温水洗净乳房及乳头，并同时进行按摩。再用1:4000的漂白粉液或1:1000高锰酸钾溶液擦净乳房及乳头。挤完奶后，用0.5%碘溶液或3%次氯酸钠溶液浸泡乳头。挤乳器及用具在使用前均应拆洗并严格消毒。患乳腺炎的牛，应放在最后挤奶，挤出的奶放在专用的容器内集中处理。

（3）加强干乳期乳腺炎的防治　在干乳期最后一次挤奶后，向每个乳区注入适量的抗菌药物，可预防乳腺炎的发生。在整个干乳期中，如果发现奶牛有乳腺炎，应将病区的奶挤净，再注入适当的治疗药物。

【治疗方法】

（1）挤奶及按摩疗法　为了及时地从患处排出炎性渗出物，降低乳房内的紧张性，每经2～3小时挤奶1次，夜间5～6小时进行1次。每次挤奶时，按摩乳房15～20分钟。

（2）冷敷、热敷及涂擦刺激剂　为了制止炎性渗出物，在炎症初期需要冷敷，2～3天后可热敷或红外线照射等，以促进吸收。涂擦樟脑醋、樟脑软膏或用醋调制的复方醋酸铝散等药物，以促进吸收，消散炎症。

（3）乳房内注入药液　注入抗生素对各种类型的急性乳腺炎都有较好的疗效。在挤奶以后，将消毒过的乳导管轻轻插入乳头孔内，向乳池内注入青霉素溶液或青霉素、链霉素溶液150～200毫升（每毫升含青霉素2000～4000单位、链霉素2000～3000单位），注入后，用手指捏住乳头基部，向上轻轻推压，可使药液向上扩散。或者可将青霉素80万单位、链霉素0.5克溶解在20毫升灭菌注射用水中，用16克×10厘米针头直接注射入乳腺组织。对于严重的乳腺炎，可向乳房内注入防腐消毒药，如0.02%雷佛奴耳（依沙吖啶）、0.02%呋喃西林、0.1%高锰酸钾等药液，每天1～2次，注入2～3小时后轻轻挤出。

（4）全身疗法　对于重症乳腺炎病牛，除乳区内治疗外，还应肌内注射青霉素320万单位。少数还应同时注射链霉素4～6克，每天2次，连用数天，直至病情缓解。有的病牛，当青霉素、链霉素收效不大时，尚可应用庆大霉素、红霉素或四环素等药物。如果疗效不显著，应根据药敏试验选用合适的药物治疗。

（5）中药疗法　栝楼60克，牛蒡子、天花粉、连翘、银花、蒲公英各30克，黄芩、陈皮、栀子、皂角刺、柴胡各25克，生甘草、青皮各20克。用法：共研细末，开水冲调，候温灌服。加减：哺乳期，乳汁壅滞者，加漏芦、王不留行、木通、路路通；产后恶露不净者，加当归、赤芍、川芎。本药方适用于牛，用于羊时应酌情减量。

九、无乳和泌乳不足

无乳和泌乳不足是指在泌乳期中没有局部症状的乳腺机能紊乱，产奶量显著下降，甚至完全无乳。

【病因分析】　乳腺发育不良，母牛/羊年老而乳腺机能减退，幼牛/羊培育期和成熟饲养期饲养管理不良，泌乳反射扰乱，天气寒冷或炎热，生产利用过度及机体其他各种疾病的影响均可造成母牛/羊产后无乳和泌乳不足。

【典型临床症状】　主要是产奶量减少或无乳，乳房及乳头缩小，乳房皮肤松弛，乳腺组织松软，乳汁基本无变化，犊牛、羔羊吮乳次数增加，常用头抵撞乳房。母牛/羊拒绝犊牛吃乳。

【防治措施】　主要从改善母牛/羊（尤其妊娠牛/羊）饲养管理着手，进行预防。若找不到发病的原因，首先给予含有蛋白质的容易消化的精料、青绿饲料及多汁饲料。母牛/羊分娩后的放青是增加乳汁的一种很好的方法。

(1) 初产母牛/羊无乳　在按摩乳房并挤乳后8小时，静脉注射后叶催产素30～60单位，每天1次，连续4天，第5天停药可产生良好的泌乳效果。

(2) 中药疗法　王不留行60克、通草30克、猪蹄1对，煎汤加红糖20克灌服。

十、新生犊牛、羔羊窒息

犊牛、羔羊在产出时呼吸发生障碍或无呼吸而有心跳称为新生犊牛、羔羊窒息或假死。

【病因分析】　母牛/羊分娩时，由于产道狭窄、胎儿过大、胎位不正，同时助产延滞，强迫胎儿产出，可造成犊牛、羔羊窒息，此种情况常见于头产母牛或杂交母牛的胎儿较大时。此外，犊牛由于产出时脐带自身缠绕或受压迫，造成胎儿循环受阻或母牛由于产犊过程延滞及患有某些严重疾病而导致胎盘过早脱离母体（或大部脱离），循环障碍，胎儿严重缺氧，二氧化碳在胎儿体内急剧增加，刺激胎儿过早发生呼吸反射，致羊水吸入呼吸道等也可引起窒息。

【典型临床症状】　大多数病例均有呼吸障碍和吸入羊水，窒息程度轻者，呼吸微弱而急促，并且间隔时间长，可见黏膜发绀，舌垂于口外，口和鼻腔里充满羊水和黏液；心跳和脉搏快而弱，角膜存在反射。严重窒息者，犊牛、羔羊呼吸停止，黏膜苍白，全身松软，反射消失，脉搏极弱，只能听到心跳。

【防治措施】　当犊牛、羔羊发生窒息时，可进行人工呼吸，即将犊牛、羔羊的头部放低，后躯抬高于地面上，由一人握住两前肢，前后来回拉动，交替扩展和压迫胸腔，同时另一人用手或毛巾抹净口腔和鼻腔中的黏液和羊水。此两种动作必须同时进行才能收到良好效果，在做人工呼吸时，必须耐心、持续，直至出现正常呼吸时才能停止。也可将犊牛、羔羊后肢倒提起来，略加甩动，以使吸入的羊水迅速排出，并刺激呼吸动作的出现。在上述措施的基础上或可结合药物治疗，如应用咖啡因、樟脑制剂等，最好是脐血管内给药。

十一、犊牛、羔羊脐炎

犊牛、羔羊出生后由子脐带断端感染细菌而发生脐炎。

【病因分析】 主要是助产时脐带消毒不严或产房卫生不良以致产后受到污染，或者犊牛、羔羊相互舔吸脐带而造成脐炎。

【典型临床症状】 脐带断端或脐周围湿润、肿胀，触诊时局部有痛感，偶尔在脐带中央能摸到索状物或能挤出少许脓汁。脐炎部恶臭，重症时肿胀常波及周围腹部，脐部化脓或坏死，局部增温，或者有体温反应，脐孔处发生增生硬块或溃烂化脓。

【防治措施】 母牛/羊产前注意产房清洁卫生，分娩后要及时消毒犊牛、羔羊的脐带，同时要加强犊牛、羔羊的护理，防止犊牛、羔羊互相吸吮脐带。当发生脐炎时首先要对脐部剪毛消毒，脐孔周围皮下注射青霉素、卡那霉素等。如果有脓肿和坏死，应排出脓汁和清除坏死组织，然后消毒清洗，撒上磺胺粉或其他抗菌、消炎药物，并用绷带将局部包扎好。

参 考 文 献

[1] 林继煌，等. 牛病防治 [M]. 北京：科学技术文献出版社，2000.

[2] 岳文斌，孙产彪. 羊场疾病控制与净化 [M]. 北京：中国农业出版社，2001.

[3] 董彝. 实用牛马病临床类症鉴别 [M]. 北京：中国农业出版社，2001.

[4] 王俊东，董希德，梁占学. 畜禽营养代谢与中毒病 [M]. 北京：中国林业出版社，2001.

[5] 高云航，等. 牛病防治大全 [M]. 延吉：延边人民出版社，2003.

[6] 董彝. 实用羊病临床类症鉴别 [M]. 北京：中国农业出版社，2004.

[7] 王春仁. 牛病防治 [M]. 哈尔滨：黑龙江科学技术出版社，2004.

[8] 向华，宣华. 牛病防治手册 [M]. 2 版. 北京：金盾出版社，2004.

[9] 周庆民. 羊病防治 [M]. 哈尔滨：黑龙江科学技术出版社，2004.

[10] 蒋兆春，林继煌. 牛病鉴别诊断与防治 [M]. 北京：金盾出版社，2005.

[11] 沈正达. 羊病防治手册 [M]. 北京：金盾出版社，2005.

[12] 陈志伟，王会珍，陈立存. 牛病防治 300 问 [M]. 北京：中国农业出版社，2007.

[13] 王同英，晋爱兰. 羊病防治问答 [M]. 北京：化学工业出版社，2008.

[14] 钟静宁. 动物传染病 [M]. 北京：中国农业出版社，2010.

[15] 程凌，郭秀山. 羊的生产与经营 [M]. 2 版. 北京：中国农业出版社，2010.

[16] 张申贵. 牛的生产与经营 [M]. 2 版. 北京：中国农业出版社，2010.

[17] 王仲兵，郑明学. 舍饲羊场疾病预防与控制新技术 [M]. 北京：中国农业出版社，2013.

书 目

书 名	定 价	书 名	定 价
高效养土鸡	29.80	高效养肉牛	29.80
高效养土鸡你问我答	29.80	高效养奶牛	22.80
果园林地生态养鸡	26.80	种草养牛	39.80
高效养蛋鸡	19.90	高效养淡水鱼	29.80
高效养优质肉鸡	19.90	高效池塘养鱼	29.80
果园林地生态养鸡与鸡病防治	20.00	鱼病快速诊断与防治技术	19.80
家庭科学养鸡与鸡病防治	35.00	鱼、泥鳅、蟹、蛙稻田综合种养一本通	29.80
优质鸡健康养殖技术	29.80	高效稻田养小龙虾	29.80
果园林地散养土鸡你问我答	19.80	高效养小龙虾	25.00
鸡病诊治你问我答	22.80	高效养小龙虾你问我答	20.00
鸡病快速诊断与防治技术	29.80	图说稻田养小龙虾关键技术	35.00
鸡病鉴别诊断图谱与安全用药	39.80	高效养泥鳅	16.80
鸡病临床诊断指南	39.80	高效养黄鳝	25.00
肉鸡疾病诊治彩色图谱	49.80	黄鳝高效养殖技术精解与实例	25.00
图说鸡病诊治	35.00	泥鳅高效养殖技术精解与实例	22.80
高效养鹅	29.80	高效养蟹	25.00
鸭鹅病快速诊断与防治技术	25.00	高效养水蛭	29.80
畜禽养殖污染防治新技术	25.00	高效养肉狗	35.00
图说高效养猪	39.80	高效养黄粉虫	29.80
高效养高产母猪	35.00	高效养蛇	29.80
高效养猪与猪病防治	29.80	高效养蜈蚣	16.80
快速养猪	35.00	高效养龟鳖	19.80
猪病快速诊断与防治技术	29.80	蝇蛆高效养殖技术精解与实例	15.00
猪病临床诊治彩色图谱	59.80	高效养蝇蛆你问我答	12.80
猪病诊治160问	25.00	高效养獭兔	25.00
猪病诊治一本通	25.00	高效养兔	35.00
猪场消毒防疫实用技术	25.00	兔病诊治原色图谱	39.80
生物发酵床养猪你问我答	25.00	高效养肉鸽	29.80
高效养猪你问我答	19.90	高效养蝎子	25.00
猪病鉴别诊断图谱与安全用药	39.80	高效养貂	26.80
猪病诊治你问我答	25.00	高效养貉	29.80
图解猪病鉴别诊断与防治	55.00	高效养豪猪	25.00
高效养羊	29.80	图说毛皮动物疾病诊治	29.80
高效养肉羊	35.00	高效养蜂	25.00
肉羊快速育肥与疾病防治	35.00	高效养中蜂	25.00
高效养肉用山羊	25.00	养蜂技术全图解	59.80
种草养羊	29.80	高效养蜂你问我答	19.90
山羊高效养殖与疾病防治	35.00	高效养山鸡	26.80
绒山羊高效养殖与疾病防治	25.00	高效养驴	29.80
羊病综合防治大全	35.00	高效养孔雀	29.80
羊病诊治你问我答	19.80	高效养鹿	35.00
羊病诊治原色图谱	35.00	高效养竹鼠	25.00
羊病临床诊治彩色图谱	59.80	青蛙养殖一本通	25.00
牛羊常见病诊治实用技术	29.80	宠物疾病鉴别诊断	49.80